21世纪高等学校计算机类课程创新规划教材·微课版

实用计算机网络技术
——基础、组网和维护（第二版）

微课视频版

◎ 钱　燕　主编
田光兆　邹修国　徐大华　副主编

清华大学出版社
北京

内容简介

全书共分为10章。第1章是概述部分,讲述了计算机网络的相关概念、计算机网络的发展及现状。第2章讨论了网络协议,分层讲述不同协议的原理及作用。第3章讨论了广域网技术,包含数据交换、公用网、接入网、无线广域网、网络传输介质和组网设备等相关内容。第4章讨论了局域网技术,包含局域网结构、参考模型、虚拟局域网、高速局域网等内容。第5章引入了最新的知识,包含云计算、大数据和物联网等新兴事物。第6章介绍各类家庭网的组建方案和实例。第7、第8两章分别针对企业网和校园网,结合具体实例讲述其组建方案。第9章讲述了病毒和黑客攻击等相关知识。第10章讲述了构建安全网络相关技术。

本书结构合理,层次清楚;理论与实践相结合;与时俱进,内容新颖。同时,本书中部分知识点有配套的视频讲解和实验教材,可供拓展学习,在中国大学慕课网站中,有本书配套的国家精品在线开放课程,网站提供全套学习资料,每学期提供网络课程,能够为读者提供学以致用和在线交流互动的平台。本书可以作为高等院校计算机基础教育的教材,也可满足从事计算机网络技术开发和应用的各类工程技术人员学习网络知识的需要。

本书封面贴有清华大学出版社防伪标签,无标签者不得销售。
版权所有,侵权必究。举报: 010-62782989, beiqinquan@tup.tsinghua.edu.cn。

图书在版编目(CIP)数据

实用计算机网络技术: 基础、组网和维护: 微课视频版/钱燕主编. —2版. —北京: 清华大学出版社, 2020.10 (2021.12重印)
21世纪高等学校计算机类课程创新规划教材: 微课版
ISBN 978-7-302-56389-1

Ⅰ. ①实… Ⅱ. ①钱… Ⅲ. ①计算机网络-高等学校-教材 Ⅳ. ①TP393

中国版本图书馆CIP数据核字(2020)第166827号

责任编辑: 闫红梅 薛 阳
封面设计: 刘 键
责任校对: 徐俊伟
责任印制: 丛怀宇

出版发行: 清华大学出版社
网　址: http://www.tup.com.cn, http://www.wqbook.com
地　址: 北京清华大学学研大厦A座　　　　邮　编: 100084
社 总 机: 010-62770175　　　　　　　　　　邮　购: 010-83470235
投稿与读者服务: 010-62776969, c-service@tup.tsinghua.edu.cn
质量反馈: 010-62772015, zhiliang@tup.tsinghua.edu.cn
课件下载: http://www.tup.com.cn, 010-83470236

印 装 者: 三河市龙大印装有限公司
经　　销: 全国新华书店
开　　本: 185mm×260mm　　印　张: 18.25　　字　数: 443千字
版　　次: 2011年7月第1版　 2020年11月第2版　　印　次: 2021年12月第3次印刷
印　　数: 3501~5500
定　　价: 49.00元

产品编号: 084481-01

前言

近十几年,计算机网络技术快速发展,相关技术和产品日益成熟,并广泛应用于电子商务、电子政务、远程教学、远程医疗、通信、军事、科学研究和信息服务等领域。计算机网络技术正在改变着人们传统的工作方式与生活方式,并引发了社会诸多方面的深刻变革。网络与通信技术水平已经成为影响一个国家或地区的政治、经济、科技、教育与文化发展的重要因素之一,并引起全社会的广泛关注。我国信息技术与信息产业的发展离不开大量掌握计算机网络技术的专门技术人才。很多高校都将"计算机网络"这门课程列为大学生学习的专业基础课或者必修课。

但是,目前很多高校"计算机网络"课程的教学工作却面临着严峻挑战。一方面,"计算机网络"课程中涉及的深奥、枯燥的基础知识让学生的学习热情大打折扣;另一方面,学生希望通过这门课的学习来获取一些实用的计算机网络组建及维护技能的愿望得不到满足。鉴于此,作者结合多年计算机网络教学的经验,将晦涩难懂的计算机网络知识采用通俗易懂、言简意赅的语言来表达,希望能为广大读者呈上一本理论联系实际的、能够学以致用的计算机网络教材。

本书是南京农业大学国家精品在线开放课程"计算机网络"的配套教材,其第1版受到广大读者的普遍欢迎。本次结合慕课章节进行修订,重构知识主线,丰富表达形式,将碎片化学习的富媒体视频资源与知识点描述相结合。与此同时,在国家立德树人的教育思想指导下,将课程思考内容与知识板块的调整相融合,而且增加了计算机网络领域许多最新技术的发展动态。本书读者学习形式多样化,除可通过扫描二维码观看配套微视频资源,也可以在中国大学慕课网站(http://www.icourse.163.org)中,通过搜索该课程对应的在线课堂获得更多的富媒体学习资料以进行拓展学习。

全书共分为10章。第1章是概述部分,讲述了计算机网络的相关概念、计算机网络的发展及现状。第2章讨论了网络协议,分层讲述不同协议的原理及作用。第3章讨论了广域网技术,包含数据交换、公用网、接入网、无线网、网络传输介质和组网设备等相关内容。第4章讨论了局域网技术,包含局域网结构、参考模型、虚拟局域网、高速局域网等内容。第5章引入了最新的知识,包含云计算、大数据和物联网等新兴事物。第6章介绍各类家庭网的组建方案和实例。第7、第8两章分别针对企业网和校园网,结合具体实例讲述其组建方案。第9章讲述了病毒和黑客攻击等相关知识。第10章讲述了构建安全网络相关技术。

此外,本书还配备了一本实验教材——《实用计算机网络技术——基础、组网和维护实验指导》。本书许多章节的理论知识都能在其实验指导书中找到对应的实验篇目。这有助于读者对某一知识的深入理解,并对其应用有更加直接的认识。

本书在编写的过程中参考了其他同类书籍和计算机网络技术的最新成果资料,同时也将作者的教学成果与教学经验融入其中。在成文过程中,力求做到层次清楚、语言流畅、内容丰富,希望能够对读者学习计算机网络知识有一定的帮助。

本书由南京农业大学人工智能学院钱燕统稿,并负责主要章节的编写。田光兆负责网络组建和网络安全相关章节的编写。邹修国负责网络新技术相关章节的编写。徐大华负责网络故障维护相关章节的编写。特别感谢苏州大学计算机科学与技术学院陆建德教授、南京农业大学吉翔老师在本书撰写过程中给予的大力支持与无私帮助,对书中的关键问题提出中肯完善的修改意见。在成书过程中,南京农业大学的胡彦劼、徐蓉、张诺和何彦仪同学负责了大部分精美图表的制作等工作,在此表示由衷的感谢。本书的编写参阅了大量互联网上的技术资料和同类教材的相关内容,在此向相关作者及网站表示感谢。本书的出版得到清华大学出版社的大力支持,在此表示感谢。

由于作者学术水平有限,书中难免有疏漏和不妥之处,恳请广大读者或同行在使用本书的过程中不吝提出宝贵的意见和建议,以便我们不断改进与完善。

编　者

2020 年 1 月

目　　录

第 1 章　我们身边的网络 ··· 1
1.1　计算机网络是什么 ··· 1
1.2　计算机网络的发展史 ··· 2
1.2.1　第一代计算机网络 ·· 2
1.2.2　第二代计算机网络 ·· 3
1.2.3　第三代计算机网络 ·· 3
1.2.4　第四代计算机网络 ·· 4
1.2.5　下一代计算机网络 ·· 4
1.3　我国互联网发展及现状 ··· 5
1.3.1　我国互联网的发展 ·· 5
1.3.2　我国互联网的现状 ·· 7
1.4　互联网的新时代 ··· 9
1.4.1　虚拟现实网络 ·· 9
1.4.2　泛在物联网络 ·· 9
1.4.3　大数据网络 ·· 10
1.4.4　人工神经网络 ·· 10
习题 ··· 10

第 2 章　穿越网络协议的前世今生 ··· 11
2.1　网络协议与结构概述 ··· 11
2.1.1　网络协议 ·· 11
2.1.2　层次与接口 ·· 12
2.1.3　网络体系结构的提出 ·· 13
2.2　OSI 参考模型 ··· 14
2.2.1　OSI 参考模型的产生 ·· 14
2.2.2　OSI 参考模型的概念 ·· 14
2.2.3　OSI 参考模型的结构 ·· 15
2.2.4　OSI 参考模型的各层功能 ······································ 15
2.2.5　OSI 环境中的数据传输 ·· 16
2.3　TCP/IP 参考模型 ·· 18

2.3.1 TCP/IP 参考模型的发展 …… 18
2.3.2 TCP/IP 参考模型各层的功能 …… 18
2.4 应用层协议 …… 20
2.4.1 DNS 协议 …… 20
2.4.2 FTP 协议 …… 22
2.4.3 Telnet 协议 …… 24
2.4.4 SMTP 和 POP3 协议 …… 26
2.4.5 HTTP 协议 …… 28
2.4.6 SNMP 协议 …… 30
2.5 传输层协议 …… 31
2.5.1 TCP …… 31
2.5.2 UDP …… 33
2.6 网际层协议 …… 34
2.6.1 IP 协议 …… 34
2.6.2 IPv6 协议 …… 36
2.6.3 ICMP 协议 …… 36
2.6.4 ARP 和 RARP 协议 …… 38
2.6.5 IGMP 协议 …… 39
2.7 网络接口层协议 …… 40
2.7.1 HDLC 协议 …… 40
2.7.2 PPP 协议 …… 40
2.7.3 EthernetV2 协议 …… 40
2.7.4 PPPoE 与 PPPoA 协议 …… 41
2.7.5 ATM 协议 …… 42
习题 …… 42

第3章 谁构筑了网络的铜墙铁壁 …… 43

3.1 走进广域网 …… 43
3.2 数据交换方式 …… 44
3.2.1 电路交换 …… 44
3.2.2 存储交换 …… 46
3.2.3 信元交换 …… 50
3.2.4 多协议标签交换 …… 53
3.3 公用网技术 …… 56
3.3.1 ISDN …… 56
3.3.2 DDN …… 57
3.3.3 SDH …… 59
3.4 接入网技术 …… 60
3.4.1 帧中继接入 …… 60

3.4.2　X.25 网络 ………………………………………………………… 61
  3.4.3　拨号接入 ………………………………………………………… 61
  3.4.4　xDSL 接入 ……………………………………………………… 62
  3.4.5　HFC 接入 ………………………………………………………… 64
  3.4.6　局域网接入 ……………………………………………………… 66
 3.5　无线广域网技术 ………………………………………………………… 66
  3.5.1　无线广域网的概念 ………………………………………………… 66
  3.5.2　无线广域网的发展 ………………………………………………… 67
  3.5.3　第五代无线通信技术 ……………………………………………… 68
  3.5.4　移动互联网技术 …………………………………………………… 71
 3.6　网络传输介质 …………………………………………………………… 72
  3.6.1　双绞线 ……………………………………………………………… 72
  3.6.2　同轴电缆 …………………………………………………………… 73
  3.6.3　光纤 ………………………………………………………………… 73
  3.6.4　陆地微波 …………………………………………………………… 75
  3.6.5　卫星微波 …………………………………………………………… 76
  3.6.6　无线电 ……………………………………………………………… 76
  3.6.7　红外线 ……………………………………………………………… 77
 3.7　组网设备 ………………………………………………………………… 78
  3.7.1　集线器 ……………………………………………………………… 78
  3.7.2　网桥 ………………………………………………………………… 80
  3.7.3　交换机 ……………………………………………………………… 81
  3.7.4　路由器 ……………………………………………………………… 88
  3.7.5　网关 ………………………………………………………………… 95
 习题 …………………………………………………………………………… 97

第4章　百花齐放　局域网络的春天 ………………………………………… 98
 4.1　走进局域网 ……………………………………………………………… 98
 4.2　局域网的拓扑结构 ……………………………………………………… 99
  4.2.1　总线型拓扑结构 …………………………………………………… 99
  4.2.2　环状拓扑结构 ……………………………………………………… 100
  4.2.3　星状拓扑结构 ……………………………………………………… 101
 4.3　IEEE 802 参考模型与协议 …………………………………………… 101
  4.3.1　IEEE 802 参考模型 ……………………………………………… 102
  4.3.2　IEEE 802 标准 …………………………………………………… 102
 4.4　共享介质局域网 ………………………………………………………… 103
  4.4.1　以太网 ……………………………………………………………… 103
  4.4.2　令牌环网 …………………………………………………………… 106
  4.4.3　令牌总线网 ………………………………………………………… 107

4.4.4 三种共享介质局域网的比较 …………………………………… 108
4.5 交换式局域网 ……………………………………………………………… 109
　　4.5.1 交换式以太网 …………………………………………………… 109
　　4.5.2 ATM 局域网仿真 ………………………………………………… 109
　　4.5.3 IP over ATM ……………………………………………………… 111
　　4.5.4 MPOA …………………………………………………………… 113
4.6 IP 地址与子网划分 ………………………………………………………… 114
　　4.6.1 IP 地址的概念 …………………………………………………… 114
　　4.6.2 IP 地址的分类 …………………………………………………… 114
　　4.6.3 子网掩码 ………………………………………………………… 115
　　4.6.4 子网划分 ………………………………………………………… 115
4.7 虚拟局域网 ………………………………………………………………… 116
　　4.7.1 VLAN 的功能 …………………………………………………… 117
　　4.7.2 VLAN 的划分 …………………………………………………… 118
4.8 高速局域网 ………………………………………………………………… 119
　　4.8.1 百兆以太网 ……………………………………………………… 119
　　4.8.2 千兆以太网 ……………………………………………………… 121
　　4.8.3 万兆以太网 ……………………………………………………… 122
　　4.8.4 40Gb 以太网和 100Gb 以太网 ………………………………… 123
4.9 无线局域网 ………………………………………………………………… 124
　　4.9.1 无线局域网技术背景 …………………………………………… 124
　　4.9.2 无线局域网应用领域 …………………………………………… 124
　　4.9.3 无线局域网技术特点 …………………………………………… 125
　　4.9.4 IEEE 802.11 协议特点 ………………………………………… 125
习题 ……………………………………………………………………………… 125

第 5 章 网络盛宴里的新生代 …………………………………………………… 127

5.1 云计算 ……………………………………………………………………… 127
　　5.1.1 云计算的概念 …………………………………………………… 127
　　5.1.2 云计算的原理及特点 …………………………………………… 129
　　5.1.3 云计算的服务类型 ……………………………………………… 131
　　5.1.4 云计算应用案例 ………………………………………………… 132
5.2 大数据 ……………………………………………………………………… 133
　　5.2.1 大数据的概念 …………………………………………………… 133
　　5.2.2 大数据的特点 …………………………………………………… 133
　　5.2.3 大数据的主要问题 ……………………………………………… 134
　　5.2.4 大数据的处理过程 ……………………………………………… 134
　　5.2.5 大数据的发展趋势 ……………………………………………… 136
　　5.2.6 大数据的应用方向 ……………………………………………… 137

   5.2.7　大数据应用案例：业务分析 …………………………………… 138
   5.2.8　大数据应用案例：病虫害检测 ………………………………… 139
   5.2.9　大数据应用案例：内涝监测 …………………………………… 141
  5.3　物联网 ……………………………………………………………………… 143
   5.3.1　物联网的概念 …………………………………………………… 143
   5.3.2　物联网的体系结构 ……………………………………………… 144
   5.3.3　物联网应用案例 ………………………………………………… 147
  习题 ……………………………………………………………………………… 148

第6章　我的网络我来秀 ………………………………………………………… 149

  6.1　家庭网络组建概述 ………………………………………………………… 149
  6.2　家庭网络组建策略 ………………………………………………………… 149
   6.2.1　家庭网络接入方式 ……………………………………………… 149
   6.2.2　家庭组网设备的选择 …………………………………………… 151
  6.2　家庭网组网实例——普通家庭网络 ……………………………………… 152
   6.2.1　实例1：两台计算机组网方案 …………………………………… 152
   6.2.2　实例2：三台计算机组网方案 …………………………………… 153
   6.2.3　实例3：四台以上的计算机组网方案 …………………………… 156
   6.2.4　实例4：家庭无线网络组建方案 ………………………………… 156
  6.3　家庭网组网实例——文印室SOHO型网络 …………………………… 159
   6.3.1　需求分析 ………………………………………………………… 160
   6.3.2　网络拓扑结构 …………………………………………………… 160
   6.3.3　网络组建方案 …………………………………………………… 160
  6.4　家庭网组网实例——宿舍网络 …………………………………………… 161
   6.4.1　需求分析 ………………………………………………………… 161
   6.4.2　网络拓扑结构 …………………………………………………… 161
   6.4.3　网络组建方案 …………………………………………………… 161
  6.5　家庭网组网实例——智能家庭网络 ……………………………………… 162
   6.5.1　需求分析 ………………………………………………………… 162
   6.5.2　网络拓扑结构 …………………………………………………… 162
   6.5.3　网络组建方案 …………………………………………………… 162
  习题 ……………………………………………………………………………… 163

第7章　最重安全地带　大中型企业网络 …………………………………… 165

  7.1　企业网络设计概述 ………………………………………………………… 165
  7.2　企业网规划与设计 ………………………………………………………… 166
   7.2.1　需求分析 ………………………………………………………… 166
   7.2.2　逻辑网络设计 …………………………………………………… 166
   7.2.3　物理网络设计 …………………………………………………… 166

7.2.4　网络实施与维护 ·· 167
　7.3　企业网综合布线技术 ··· 167
　　　7.3.1　工作区子系统 ·· 168
　　　7.3.2　水平干线子系统 ·· 169
　　　7.3.3　管理间子系统 ·· 169
　　　7.3.4　垂直干线子系统 ·· 170
　　　7.3.5　设备间子系统 ·· 171
　　　7.3.6　建筑群子系统 ·· 172
　7.4　企业网中心机房建设 ··· 172
　　　7.4.1　电子信息系统机房位置选择 ·· 172
　　　7.4.2　电子信息系统办公区面积计算 ··· 172
　　　7.4.3　环境要求 ·· 173
　　　7.4.4　建筑要求 ·· 174
　　　7.4.5　机房承重要求 ·· 174
　7.5　企业网新技术应用 ·· 175
　7.6　实例1：中小型企业网络设计 ··· 175
　　　7.6.1　需求分析 ·· 175
　　　7.6.2　逻辑网络设计 ·· 176
　　　7.6.3　物理网络设计——设备选型 ·· 178
　7.7　实例2：大型企业网络设计 ·· 181
　　　7.7.1　需求分析 ·· 181
　　　7.7.2　逻辑网络设计 ·· 182
　　　7.7.3　物理网络设计——设备选型 ·· 182
　习题 ··· 185

第8章　畅游我们的网络校园 ··· 186

　8.1　校园网络设计概述 ·· 186
　8.2　校园网规划与设计 ·· 187
　　　8.2.1　大型校园网建设原则 ·· 187
　　　8.2.2　校园网的组成 ·· 188
　8.3　校园网建设 ·· 189
　　　8.3.1　电缆 ··· 189
　　　8.3.2　路由器 ··· 190
　　　8.3.3　交换机 ··· 191
　8.4　校园网管理与运维 ·· 192
　　　8.4.1　网络身份认证方式 ··· 192
　　　8.4.2　网络计费方式 ·· 192
　　　8.4.3　内外网安全 ··· 192
　8.5　网络优化和升级 ··· 193

  8.5.1 调整路由策略 193
  8.5.2 引入 OSPF 193
  8.5.3 采用链路均衡 193
 8.6 实例1：南京某高校的网络设计 193
  8.6.1 网络需求分析 193
  8.6.2 网络拓扑结构设计 194
  8.6.3 网络设备选型 195
  8.6.4 网络安全 198
  8.6.5 网络管理 200
 8.7 实例2：南京某中学的网络设计 201
  8.7.1 网络总体设计 201
  8.7.2 网络详细设计 202
  8.7.3 系统功能 204
  8.7.4 系统特点 204
 习题 205

第9章 那些看不见的网络阴云 206
 9.1 计算机病毒 206
  9.1.1 病毒的特点 206
  9.1.2 病毒的分类 207
  9.1.3 木马病毒 208
  9.1.4 后门病毒 213
  9.1.5 蠕虫病毒 214
  9.1.6 病毒的发展趋势 216
  9.1.7 典型病毒举例 216
 9.2 黑客攻击 217
  9.2.1 黑客行为 218
  9.2.2 拒绝服务攻击 218
  9.2.3 缓冲区溢出攻击 220
  9.2.4 漏洞扫描 220
  9.2.5 端口扫描 221
  9.2.6 黑客攻击事件 222
  9.2.7 预防黑客攻击 223
 9.3 技术与法律 224
  9.3.1 计算机犯罪 224
  9.3.2 法律法规 224
  9.3.3 警钟长鸣 225
 习题 225

第10章 拨云见日 构建安全网络 226

10.1 网络安全概述 226
- 10.1.1 网络安全的重要性 226
- 10.1.2 网络安全的基本问题 227
- 10.1.3 网络安全服务的主要内容 230

10.2 网络故障与维护 231
- 10.2.1 网络故障排除思路 232
- 10.2.2 网络故障排除工具 233
- 10.2.3 网络故障分层诊断 238
- 10.2.4 端口安全及防护 239
- 10.2.5 实例1：病毒引发的网络故障 240
- 10.2.6 实例2：用户端交换机环路引起故障 241

10.3 防火墙技术 242
- 10.3.1 防火墙的定义 242
- 10.3.2 防火墙的分类 243
- 10.3.3 防火墙体系结构 244
- 10.3.4 分布式防火墙 248
- 10.3.5 防火墙应用规则 251

10.4 密码学基础 253
- 10.4.1 对称加密 253
- 10.4.2 公钥加密 255

10.5 公钥基础设施 256
- 10.5.1 电子交易所面临的安全问题 257
- 10.5.2 PKI系统的组成 257
- 10.5.3 PKI的原理 258
- 10.5.4 认证中心 259

10.6 安全应用协议 261
- 10.6.1 SSL协议 261
- 10.6.2 SET协议 263
- 10.6.3 HTTPS协议 265
- 10.6.4 IPSec协议 266

10.7 Ad Hoc网络安全技术 270
- 10.7.1 Ad Hoc网络安全的概念 270
- 10.7.2 Ad Hoc网络安全的威胁 270
- 10.7.3 Ad Hoc网络安全体系结构 271

10.8 WSN安全技术 272
- 10.8.1 WSN安全的概念 272
- 10.8.2 物理层攻击 272

    10.8.3　数据链路层攻击 ·· 273
    10.8.4　网络层攻击 ·· 273
  10.9　树立正确的三观 ·· 274
  习题 ··· 274

参考文献 ·· 275

第 1 章　我们身边的网络

> 计算机网络技术已经成为世界上应用最广泛的技术之一。众多新兴技术都是在计算机网络的平台上施展其卓越才能。本章回顾了计算机网络的发展历史，描绘了下一代计算机网络的宏伟蓝图，同时也分析了我国互联网事业的发展现状。种种迹象表明，计算机网络的"全球统治"地位依然坚不可摧，人们需要网络，世界需要网络！

1.1　计算机网络是什么

计算机网络
是什么

计算机网络，是指将地理位置不同的具有独立功能的多台计算机及其外部设备，通过通信线路连接起来，在网络操作系统、网络管理软件及网络通信协议的管理和协调下，实现资源共享和信息传递的计算机系统。

关于计算机网络的最简单的定义是：一些相互连接的、以共享资源为目的的、自治的计算机的集合。

21世纪的一些重要特征就是数字化、网络化和信息化，它是一个以网络为核心的信息时代。要实现信息化就必须依靠完善的网络，因为网络可以非常迅速地传递信息。因此网络现在已经成为信息社会的命脉和发展知识经济的重要基础。网络对社会生活的很多方面以及对社会经济的发展已经产生了不可估量的影响。

这里所说的网络是指"三网"，即电信网络、有线电视网络和计算机网络。这三种网络向用户提供的服务不同。电信网络的用户可得到电话、电报以及传真等服务。有线电视网络的用户能够观看各种电视节目。计算机网络则可使用户能够迅速传送数据文件，以及从网络上查找并获取各种有用资料，包括图像和视频文件。这三种网络在信息化过程中都起到十分重要的作用，但其中发展最快的并起到核心作用的是计算机网络，而这正是本书所要讨论的内容。随着技术的发展，电信网络和有线电视网络都逐渐融入了现代计算机网络技术，这就产生了"网络融合"的概念。

20世纪90年代以来，以因特网（Internet）为代表的计算机网络得到了飞速的发展，已从最初的教育科研网络逐步发展成为商业网络，并已成为仅次于全球电话网的世界第二大网络。不少人认为现在已经是因特网的时代，这是因为因特网正在改变着人们工作和生活的各个方面，它已经给很多国家（尤其是因特网的发源地美国）带来了巨大的好处，并加速了全球信息革命的进程。毫不夸张地说，因特网是人类自印刷术发明以来在通信方面最大的变革。现在人们的生活、工作、学习和交往都已离不开因特网。

计算机网络向用户提供的最重要的功能有两个,即连通性、共享性。

连通性,就是计算机网络使上网用户之间都可以交换信息,好像这些用户的计算机都可以彼此直接连通一样。用户之间的距离也似乎因此而变得更近了。共享性是指资源共享。资源共享的含义是多方面的,可以是信息共享、软件共享,也可以是硬件共享。例如,计算机网络上有许多主机存储了大量有价值的电子文档,可供上网的用户自由读取或下载(无偿或有偿)。由于网络的存在,这些资源好像就在用户身边一样。又如,在实验室中的所有连接在局域网上的计算机可以共享一台比较昂贵的彩色激光打印机。

现在人们的生活、工作、学习和交往都已离不开计算机网络。设想在某一天我们的计算机网络突然出故障不能工作了,那时会出现什么结果呢?这时,我们将无法购买机票或火车票,因为售票员无法知道还有多少票可供出售;我们也无法到银行存钱或取钱,无法交纳水电费和煤气费等;股市交易都将停顿;在图书馆我们也无法检索所需要的图书和资料。网络出了故障后,我们既不能上网查询有关的资料,也无法使用电子邮件和朋友及时交流信息。

计算机网络也是向广大用户提供休闲娱乐的场所。例如,计算机网络可以向用户提供多种音频和视频节目。用户可以利用鼠标随时选择观看各种在线节目。计算机网络还可提供一对一或多对多的网上聊天(包括视频图像的传送)服务。计算机网络提供的网络游戏已经成为许多人(特别是年轻人)非常喜爱的一种娱乐方式。

当然,计算机网络也给人们带来了一些负面影响:有人肆意利用网络传播计算机病毒,破坏计算机网络上数据的正常传送和交换;有的犯罪分子利用计算机网络窃取国家机密和盗窃银行或储户的钱财;网上欺诈或在网上肆意散布不良信息和播放不健康的视频节目也时有发生;有的青少年弃学而沉溺于网吧的网络游戏中;等等。

即便如此,计算机网络的负面影响还是次要的(这需要有关部门加强对计算机网络的管理),计算机网络给社会带来的积极作用仍然是主要的。

现在因特网已成为全球性的信息基础结构的雏形。全世界所有的工业发达国家和许多发展中国家都纷纷研究和制定本国建设信息基础结构的计划。这就使得计算机网络的发展进入了一个新的历史阶段,变成了几乎人人都知道而且都十分关心的热门学科。

1.2 计算机网络的发展史

计算机网络
的发展史

1.2.1 第一代计算机网络

早期的计算机系统是高度集中的,所有的设备都安装在单独的机房中,后来出现了批处理和分时系统,分时系统所连接的多个终端连接着主计算机。20世纪50年代中后期,许多系统都将地理上分散的多个终端通过通信线路连接到一台中心计算机上,出现了第一代计算机网络。它是以单个计算机为中心的远程联机系统。典型应用是美国航空公司与IBM在20世纪50年代初开始联合研究,20世纪60年代投入使用的飞机订票系统SABRE-I。它由一台计算机和全美范围内2000个终端组成(这里的终端是指由一台计算机外部设备组成的简单计算机,类似现在所提的"瘦客户端",仅包括CRT控制器、键盘,没有CPU、内存和硬盘)。

随着远程终端的增多,为了提高通信线路的利用率并减轻主机负担,已经使用了多点通信线路、终端集中器、前端处理机(Front-End Processor,FEP),这些技术对以后计算机网络的发展有着深刻影响,以多条线路连接的终端和主机间的通信建立过程,可以用主机对各终端轮询或者由各终端连接成雏菊链的形式实现。考虑到远程通信的特殊情况,对传输的信息还要按照一定的通信规程进行特别的处理。

当时的计算机网络定义为"以传输信息为目的而连接起来,以实现远程信息处理或进一步达到资源共享的计算机系统",这样的计算机系统具备了通信的雏形。

1.2.2 第二代计算机网络

20世纪60年代出现了大型主机,因而也提出了对大型主机资源远程共享的要求,以程控交换为特征的电信技术的发展为这种远程通信需求提供了实现手段。第二代网络以多个主机通过通信线路互联,为用户提供服务,兴起于20世纪60年代后期。这种网络中主机之间不是直接用线路相连,而是由接口报文处理机(IMP)转接后互连。IMP和它们之间互连的通信线路一起负责主机间的通信任务,构成通信子网。通信子网互联的主机负责运行程序,提供资源共享,组成了资源子网。

两个主机间通信时对传送信息内容的理解、信息的表示形式,以及各种情况下的应答信号必须遵守一个共同的约定,这就是"协议"。在ARPAnet中,将协议按功能分成了若干层次。如何分层,以及各层中具体采用的协议总和,称为网络体系结构。

现代意义上的计算机网络是从1969年美国国防部高级研究计划局(DARPA)建成的ARPAnet开始的。该网络当时只有4个结点,以电话线路为主干网络,两年后,建成15个结点,进入工作阶段。此后规模不断扩大,20世纪70年代后期,网络结点超过60个,主机一百多台,地理范围跨越美洲大陆,连通了美国东部和西部的许多大学和研究机构,而且通过通信卫星与夏威夷和欧洲地区的计算机网络相互联通。其特点主要是:资源共享,分散控制,分组交换,采用专门的通信控制处理机,分层的网络协议。

这些特点被认为是现代计算机网络的一般特征。20世纪70年代后期是关于通信网大发展的时期,各发达国家政府部门、研究机构和电报电话公司都在发展分组交换网络。这些网络都以实现计算机之间的远程数据传输和信息共享为主要目的,通信线路大多采用租用电话线路,少数铺设专用线路,这一时期的网络称为第二代网络,以远程大规模互联为主要特点。

第二代计算机网络开始以通信子网为中心,这时候的定义为"以能够相互共享资源为目的,互连起来的具有独立功能的计算机的集合体"。

1.2.3 第三代计算机网络

随着计算机网络技术的成熟,网络应用越来越广泛,网络规模增大,通信变得复杂。各大计算机公司纷纷制定了自己的网络技术标准。IBM于1974年推出了系统网络结构(System Network Architecture,SNA),为用户提供能够互联的成套通信产品。1975年,DEC公司宣布了自己的数字网络体系结构(Digital Network Architecture,DNA)。1976年,UNIVAC宣布了该公司的分布式通信体系结构(Distributed Communication

Architecture,DCA)。这些网络技术标准只是在一个公司范围内有效。网络通信市场这种各自为政的状况使得用户在投资方向上无所适从，也不利于多厂商之间的公平竞争。1977年，ISO组织的TC97信息处理系统技术委员会SC16分技术委员会开始着手制定开放系统互连参考模型。

OSI/RM标志着第三代计算机网络的诞生。此时的计算机网络在共同遵循OSI标准的基础上，形成了一个具有统一网络体系结构，并遵循国际标准的开放式和标准化的网络。OSI/RM参考模型把网络划分为七个层次，并规定计算机之间只能在对应层进行通信，大大简化了网络通信原理，是公认的新一代计算机网络体系结构的基础，为普及局域网奠定了基础。

1.2.4 第四代计算机网络

20世纪80年代末，局域网技术发展成熟，出现了光纤及高速网络技术，整个网络就像一个对用户透明的、大的计算机系统，并最终发展为以Internet为代表的计算机网络，这就是直到现在的第四代计算机网络时期。

此时的计算机网络定义为"将多个具有独立工作能力的计算机系统通过通信设备和线路由功能完善的网络软件实现资源共享和数据通信的系统"。事实上，对于计算机网络从未有过一个标准的定义。

1972年，Xerox公司发明了以太网。1980年2月，IEEE组织了802委员会，开始制定局域网标准。1985年，美国国家科学基金会（National Science Foundation，NSF）利用ARPAnet协议建立了用于科学研究和教育的骨干网络NSFnet。1990年，NSFnet取代ARPAnet成为国家骨干网，并且走出了大学和研究机构进入社会，从此网上的电子邮件、文件下载和信息传输受到人们的欢迎和广泛使用。1992年，Internet学会成立，该学会把Internet定义为"组织松散的、独立的国际合作互联网络""通过自主遵守计算协议和过程支持主机对主机的通信"。1993年，伊利诺斯大学国家超级计算中心成功开发网上浏览工具Mosaic(后来发展为Netscape)。同年，克林顿宣布正式实施国家信息基础设施（National Information Infrastructure）计划，从此在世界范围内开展了争夺信息化社会领导权和制高点的竞争。与此同时，NSF不再向Internet注入资金，使其完全进入商业化运作。20世纪90年代后期，Internet以惊人速度发展。

1.2.5 下一代计算机网络

目前，互联网体系结构的特点主要表现为以下几点。

(1) 分层的分布式网络结构；

(2) 简单的无连接分组交换技术；

(3) 基于端-端的分布式进程通信机制；

(4) 自治系统基础上的可扩展路由寻址技术；

(5) 开放的应用层协议体系与层次结构的域名命名体制。

这样的体系结构设计思路促进了互联网的发展，同时也带来了与生俱来的弱点。人们在欣赏互联网的辉煌的同时，也在思考新的问题：如何克服当前互联网体系结构的局限，促进互联网更大的发展，深层次的思考使人们明白了两点。

第一，无论是在化学还是在物理学、生物学等各个领域，人类重大的科学发明都有坚实的理论基础。然而回顾互联网的发展历程，可以清晰地看到：互联网一直在工程实践中不断地摸索、修正和前行，用"摸着石头过河"去描述这个过程是恰如其分的。人们至今还不能用数学的方法去描述互联网的流量规律与对用户行为的预测。互联网对人类发展的伟大作用与它的基础理论研究的薄弱形成了巨大的反差。在互联网与计算机网络经过近五十年的发展与实践之际，应该回过头来认真地加强互联网的基础理论研究。

第二，目前采用的互联网体系结构造就了互联网的辉煌，但是要希望互联网能够做到人们所预想的更高的"性能、安全、可管、可控、可靠"，那么就需要从互联网体系结构的角度重新思考新一代互联网的体系结构，从更基础的角度考虑问题。新一代互联网体系结构研究的技术路线基本上可以分为两种：改良式与革命式。

1. 改良式的研究思路

改良式的研究思路又称为增量式或进化式的研究思路。改良式的研究思路的核心是：针对现有的互联网体系结构存在的问题，进行增量式修补。目前正在按这种思路开展的研究与应用主要有以下几个方面。

（1）缓解路由表膨胀的位置/身份分离的 LISP 技术；
（2）提高流媒体传输质量与服务质量的内容分发网络（CDN）技术；
（3）扩展路由器功能的可编程、虚拟化、可重构与软件定义网络（SDN）技术；
（4）在 IPv6 的基础上研发下一代互联网；
（5）支持移动计算的 Mobile IP 技术；
（6）提高网络层协议安全性的 IPSec 技术。

2. 革命式的研究思路

革命式的研究思路又称为改革式的研究思路。它的主导思想是：突破已有技术的限制，放弃现有互联网的体系结构与协议体系，重新设计全新的一代互联网体系结构，从根本上解决当前存在的问题。最有代表性的研究主要是美国的新体系结构（New Architecture，NewArch）项目、全球网络创新环境（Global Environment for Network Innovations，GENI）项目、未来互联网研究与实验（Future Internet Research and Experimentation，FIRE）项目、NetSE & FIA 项目、中国的"下一代互联网"（China Next Generation Internet，CNGI）项目、欧盟的 GEANT 项目，以及日本国家信息通信技术研究所资助的 AKARI 研究项目与"下一代实验床 JGN2＋"项目等。

1.3 我国互联网发展及现状

1.3.1 我国互联网的发展

中国的互联网

我国 Internet 的发展以 1987 年通过中国学术网 CANET 向世界发出第一封 E-mail 为标志。我国的互联网发展大事记如下。

1988 年，中国科学院高能物理研究所采用 X.25 协议使该单位成为西欧中心 DECnet 的延伸，实现了计算机国际远程联网以及与欧洲和北美地区的电子邮件通信。

1989年11月,中关村地区教育与科研示范网络(简称NCFC)正式启动,由中国科学院主持,联合北京大学、清华大学共同实施。

1992年12月底,清华大学校园网(TUNET)建成并投入使用,是中国第一个采用TCP/IP体系结构的校园网。

1993年3月2日,中国科学院高能物理研究所接入美国斯坦福线性加速器中心(SLAC)的64K专线正式开通。这条专线是中国部分连入Internet的第一根专线。

1993年6月,NCFC专家们在INET'93会议和CCIRN会议上利用各种机会重申了中国联入Internet的要求。

1994年4月,NCFC网络与美国Internet互联成功,这是我国最早的国际互联网络。

1995年,张树新创立首家互联网服务供应商,老百姓进入互联网。

1998年,CERNET研究者在中国首次搭建IPv6实验床。

2000年,中国三大门户网站——搜狐、新浪、网易在美国纳斯达克挂牌上市。

2001年,下一代互联网地区实验网在北京建成验收。

2002年第二季度,搜狐率先宣布盈利,并宣布互联网的春天已经来临。

2003年,下一代互联网示范工程CNGI项目开始实施。

2004年12月25日,中国第一个下一代互联网示范工程(CNGI)核心网之一CERNET2主干网正式开通。

2006年12月,中国电信、中国网通、中国联通、中华电信、韩国电信和美国Verizon公司六家运营商在北京宣布,共同建设跨太平洋直达光缆系统。

2007年9月30日,国家电子政务网络中央级传输骨干网正式开通,这标志着统一的国家电子政务网络框架基本形成。

2009年1月,工业和信息化部为中国移动通信集团、中国电信集团公司和中国联合网络通信有限公司发放3张第三代移动通信(3G)牌照。

2010年6月,第38届互联网名称与编号分配机构(ICANN)年会决议通过,将".中国"域名纳入全球互联网根域名体系。同年7月,".中国"域名正式写入全球互联网根域名系统(DNS)。

2012年1月,由我国主导制定、大唐电信集团提出的TD-LTE被国际电信联盟确定为第四代移动通信国际标准之一。

2014年6月,我国网民已达6.32亿,其中手机网民达5.27亿。手机网民规模首次超越传统网民规模。

2018年12月,工业和信息化部向中国电信、中国移动、中国联通发放了5G系统中低频段实验频率使用许可,进一步推动了我国5G产业链的成熟与发展。

到20世纪末,国内形成了四大主流网络体系,即:中国科学院的科学技术网CSTNET、国家教育部的教育和科研网CERNET,原邮电部的ChinaNET和原电子部的金桥网ChinaGBN,如图1-1所示。

Internet在中国的发展历程可以粗略地划分为以下三个阶段。

第一阶段为1987—1993年,是研究实验阶段。在此期间,中国一些科研部门和高等院

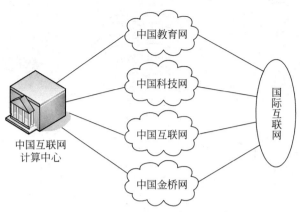

图 1-1　20 世纪末国内互联网示意图

校开始研究 Internet 技术,并开展了科研课题和科技合作工作,但这个阶段的网络应用仅限于小范围内的电子邮件服务。

第二阶段为 1994—1996 年,是起步阶段。1994 年 4 月,中关村地区教育与科研示范网络工程进入 Internet,从此中国被国际上正式承认为有 Internet 的国家。之后,ChinaNET、CERNET、CSTNET、ChinaGBN 等多个 Internet 项目在全国范围相继启动,Internet 开始进入公众生活,并在中国得到了迅速的发展。至 1996 年年底,中国 Internet 用户数已达 20 万,利用 Internet 开展的业务与应用逐步增多。

第三阶段为从 1997 年—至今,是 Internet 在我国发展最为快速的阶段。国内 Internet 用户数自 1997 年以后基本保持每半年翻一番的增长速度。

1.3.2　我国互联网的现状

目前,国内形成了面向教育、科技、经贸等领域的九大骨干网络,如图 1-2 所示。有六百多家网络接入服务提供商(ISP),其中跨省经营的有 140 家。

九大骨干网络分别如下:

中国公用计算机互联网(ChinaNET):已基本覆盖全国所有地市,中国公众多媒体通信网全国联网工作基本完成,国际出入口信道带宽为 711Mb/s,已建成连接省会城市的 155M 宽带骨干网,骨干网的传输速率将达到 2.5Gb/s。

中国金桥信息网(ChinaGBN):覆盖 24 个城市,在北京、上海、广州等 10 座城市利用卫星信道组成骨干网,区域网和接入网主要利用微波或租用 DDN、公众电信网等设施,有 4 个独立国际出口,国际线路带宽 69Mb/s,有三百多家集团用户。

中国联通计算机互联网(UNINET):面向 ISP 和 ICP,骨干网已覆盖全国各省会城市,网络结点遍布全国 230 个城市。国际线路带宽为 55Mb/s。

中国网通公用互联网(CNCNET):由中国科学院、国家广电总局、铁道部、上海市联合,利用广播电视、铁道等部门已经铺设的光缆网络,连接北京、上海、广州、武汉等城市,全程 8000km,最高传输速率可达 40Gb/s。国际线路带宽为 377Mb/s。

中国移动互联网(CMNET):面向社会党政机关团体、企业集团、各行业单位和各阶层

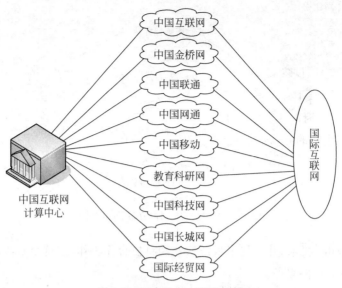

图1-2 国内的九大骨干网络

公众的经营性互联网络,主要提供无线上网服务。

以上5个互联单位为经营性互联单位,下面4个互联单位为公益性互联单位。

中国教育和科研计算机网(CERNET):联网的国内高校已达一百多所,已建成64kb/s DDN专线连接全国八大区网络中心的主干网。国际线路带宽为12Mb/s。

中国科技网(CSTNET):连接全国各地45个城市的科研机构,共1000多家科研院所、科技部门和高新技术企业,上网用户达40万人。国际线路带宽为10Mb/s。

中国长城网(CGWNET):军队专用网。

中国国际经济贸易互联网(CIETNET):非经营性的、面向全国外贸系统企事业单位的专用互联网络。

其中,非盈利单位有四家:中国科技网、中国教育和科研计算机网、中国国际经济贸易互联网和中国长城互联网。这些互联网络单位都拥有独立的国际出口。

2019年2月28日,中国互联网络信息中心(CNNIC)在京发布第四十三次《中国互联网络发展状况统计报告》。

《报告》显示,截至2018年12月,我国网民规模为8.29亿,全年新增网民5653万,互联网普及率达59.6%,较2017年年底提升3.8%。我国手机网民规模达8.17亿,全年新增手机网民6433万;网民中使用手机上网的比例由2017年年底的97.5%提升至2018年年底的98.6%,手机上网已成为最常用的上网渠道之一。

《报告》显示,我国在线政务服务用户规模达3.94亿,占整体网民的47.5%。2018年,我国"互联网+政务服务"深化发展,各级政府依托网上政务服务平台,推动线上线下集成融合,实时汇入网上申报、排队预约、审批审查结果等信息,加强建设全国统一、多级互联的数据共享交换平台,通过"数据多跑路",实现"群众少跑腿"。同时,各地相继开展县级融媒体中心建设,将县广播电视台、县党报、县属网站等媒体单位全部纳入,负责全县所有信息发布服务,实现资源集中、统一管理、信息优质、服务规范,更好地传递政务信息,为当地群众服务。

《报告》显示,49.2%的网民表示,在过去半年中未遭遇网络安全问题,较2017年年底提升1.8%。通过分析用户遭遇的网络安全问题发现,上网设备中病毒或木马的用户比例较2017年年底降低7.3%。虚拟中奖信息诈骗是用户最常遭遇的网络诈骗类型,较2017年年底下降9.2%。此外,网络购物诈骗、利用虚假招工信息诈骗和钓鱼网站诈骗的发生比例,较2017年年底分别下降了4.6%、7.3%和5.8%。

综上,在党和政府的正确领导下,我国互联网事业蒸蒸日上。最新科技成果已经逐渐渗透并融入了人们生活的方方面面,为百姓提供了极大的便利。在互联网应用方面,我们国家已经走在世界的前列。作为一名中国公民,应该为此感到骄傲和自豪!

1.4 互联网的新时代

互联网的新时代

下一代互联网的四大发展方向包括虚拟现实网络、泛在物联网络、大数据网络、人工神经网络。

1.4.1 虚拟现实网络

虚拟现实是利用以现代高速电子计算机为核心的信息处理设备、相应的软件系统和微电子传感技术模拟或创造出来的、与现实的真实世界相同、相似或不相似的仿真图景。虚拟现实本质上主要是针对单个的个人而设计的模拟局部现实世界的技术系统,目前还没有一个得到广泛接受的关于虚拟现实的精确定义,研究它的人众说纷纭。人们大致上都认可一种描述性的定义:"虚拟现实是实际上而不是事实上为真实的事件或实体。"这样的定义有进行哲学讨论的空间。

虚拟现实有两大类:一类是对真实世界的模拟,如数字化地球、数字化城市或社区、虚拟故宫;另一类是虚构的,如网上新闻主持人安娜诺娃(Ananowa),以及名目繁多的三维立体动画游戏。无论哪一类虚拟现实,其实质都如 Nicholas Negroponte 所说,"虚拟现实背后的构想是,通过让眼睛接收到在真实情境中才能接收到的信息,使人产生'身临其境'的感觉"。其实,虚拟现实所利用的不只是人的视觉,它把计算机处理出来的数据转换成视觉、听觉和触觉信号,再以适当方式直接输送到人的相应的感觉器官,使人感受到计算机"需要"或"希望"他感受到的情景。

1.4.2 泛在物联网络

物联网拥有万亿美元级的市场潜力。相比互联网,物联网连接的是现实物理世界,其规模将会比互联网更大。根据 Forrester 预测,到2020年,全球物物互联的业务与现有的人人互联业务之比将达到30∶1,物联网将实现大规模普及,发展成一个万亿美元级的产业。

构建网络无所不在的信息社会已成为全球趋势,软件服务与应用将是重点。

物联网将信息化进行到底。物联网将信息化贯穿到生产以及生活的各个方面,其大规模应用将有效促进工业化和信息化"两化融合",成为经济转型期产业升级、技术进步、经济发展的重要推动力。

1.4.3 大数据网络

大数据(Big Data)又称为巨量资料,指需要新处理模式才能具有更强的决策力、洞察力和流程优化能力的海量、高增长率和多样化的信息资产。"大数据"的概念最早由维克托·迈尔·舍恩伯格和肯尼斯·库克耶在编写的《大数据时代》中提出,指不用随机分析法(抽样调查)的捷径,而是采用所有数据进行分析处理。大数据具有 4V 特点,即 Volume(大量)、Velocity(高速)、Variety(多样)、Value(价值)。

1.4.4 人工神经网络

人工神经网络(Artificial Neural Network,ANN),是 20 世纪 80 年代以来人工智能领域兴起的研究热点。它从信息处理角度对人脑神经元网络进行抽象,建立某种简单模型,按不同的连接方式组成不同的网络。在工程与学术界也常直接简称为神经网络或类神经网络。神经网络是一种运算模型,由大量的结点(或称神经元)相互连接构成。每个结点代表一种特定的输出函数,称为激励函数。每两个结点间的连接都代表一个对于通过该连接信号的加权值,称为权重,这相当于人工神经网络的记忆。网络的输出则依网络的连接方式、权重值和激励函数的不同而不同。而网络自身通常都是对自然界某种算法或者函数的逼近,也可能是对一种逻辑策略的表达。

近十几年,人工神经网络的研究工作不断深入,已经取得了很大的进展,其在模式识别、智能机器人、自动控制、预测估计、生物、医学、经济等领域已成功地解决了许多现代计算机难以解决的实际问题,表现出了良好的智能特性。

人工神经网络的特点和优越性,主要表现在以下三个方面。

第一,具有自学习功能。例如,实现图像识别时,只需先把许多不同的图像样板和对应的应识别的结果输入人工神经网络,网络就会通过自学习功能,慢慢学会识别类似的图像。自学习功能对于预测有特别重要的意义。预期未来的人工神经网络计算机将为人类提供经济预测、市场预测、效益预测,其应用前途是很远大的。

第二,具有联想存储功能。用人工神经网络的反馈网络就可以实现这种联想。

第三,具有高速寻找优化解的能力。寻找一个复杂问题的优化解,往往需要很大的计算量,利用一个针对某问题而设计的反馈型人工神经网络,发挥计算机的高速运算能力,可能很快找到优化解。

习　题

(1) 计算机网络的定义是什么?
(2) 计算机网络向用户提供的重要功能有哪些?
(3) 简述计算机网络的发展历史。
(4) 什么是下一代计算机网络?
(5) 简述我国互联网的发展过程。
(6) 简述我国九大骨干网络的现状。

第 2 章　穿越网络协议的前世今生

> 计算机网络的协议与体系结构是计算机网络中最重要的基础理论知识。本章从协议与结构的概念开始说起,然后深化到当今最流行的两种计算机网络参考模型:OSI 和 TCP/IP。通过本章的学习,读者将参透计算机网络体系结构的本质,同时,读者的计算机网络知识也在悄悄地发生着量变。

2.1　网络协议与结构概述

2.1.1　网络协议

计算机网络是由多个互连的结点组成的,结点之间需要不断地交换数据与控制信息。要做到有条不紊地交换数据,每个结点都必须遵守一些事先约定好的规则。这些规则明确地规定了所交换数据的格式和时序。这些为网络数据交换而制定的规则、约定与标准被称为网络协议(protocol)。网络协议主要由以下三个要素组成。

(1) 语法:用户数据与控制信息的结构与格式。

(2) 语义:需要发出何种控制信息,以及完成的动作与做出的响应。

(3) 时序:对事件实现顺序的详细说明。

在邮政通信系统中,存在着很多通信规则。例如,写信人在写信之前要确定是用中文还是英文,或是其他文字。如果对方只懂英文,那么如果用中文写信,对方一定得请人译成英文后才能阅读。不管选择中文还是英文,写信人在内容书写中一定要严格遵照中文或英文的写作规范(包括语义、语法等)。其实,语言本身就是一种协议。另一个协议的例子是信封的书写方法。图 2-1 和图 2-2 比较了中英文信封的书写规范。

如果你写的信在中国国内邮寄,那么信封的书写规范如前所述。如果要给住在美国的一位朋友写信,那么信封就要用英文书写,并且左上方应该是发信人的姓名与地址,中间部分是收信人的姓名与地址。显然,国内中文信件与国际英文信件的书写规范是不相同的。这本身也是一种通信规则,即关于信封书写格式的一种协议。对于普通的邮递员,也许他不懂英文,他可以不管信是寄到哪儿去的,只需要按照普通信件的收集、传送方法,送到邮政局,由那里的分拣人员阅读寄到国外的用英文书写信封的目的地址,然后确定传送的路由。

从广义的角度讲,人们之间的交往就是一种信息交互的过程,我们每做一件事都必须遵

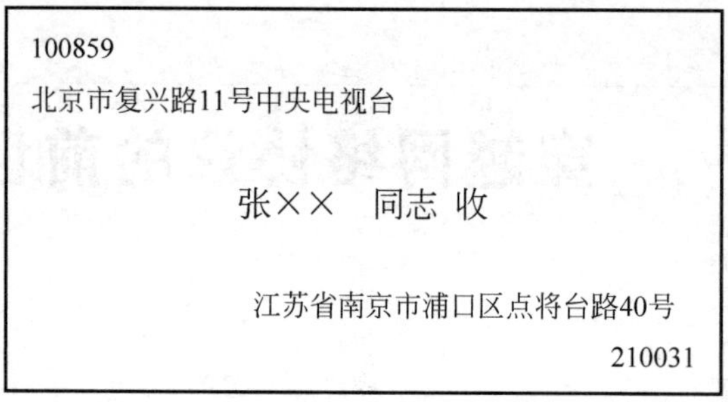

```
100859
北京市复兴路11号中央电视台

       张××  同志 收

       江苏省南京市浦口区点将台路40号
                        210031
```

图 2-1　中文信封

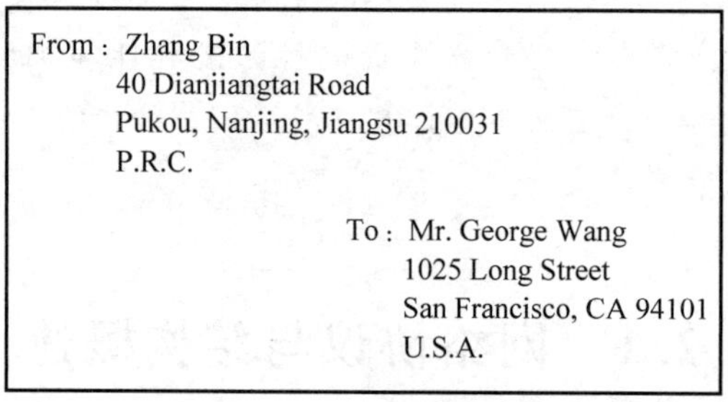

```
From： Zhang Bin
       40 Dianjiangtai Road
       Pukou, Nanjing, Jiangsu 210031
       P.R.C.

              To： Mr. George Wang
                  1025 Long Street
                  San Francisco, CA 94101
                  U.S.A.
```

图 2-2　英文信封

循一种事先规定好的规则与约定。因此，为了保证在计算机网络中的大量计算机之间有条不紊地交换数据，必须制定一系列的通信协议。协议是计算机网络中一个重要与基本的概念。

2.1.2　层次与接口

无论是邮政通信系统还是计算机网络，它们都有以下几个重要的概念：协议(protocol)，层次(layer)，接口(interface)，体系结构(architecture)。

层次是人们对复杂问题处理的基本方法。人们对于一些难以处理的复杂问题，通常将其分解为若干个较容易处理的小一些的问题。对于邮政通信系统，它是一个涉及全国乃至世界各地区亿万人民之间信件传送的复杂问题。它解决的方法是：将总体要实现的很多功能分配在不同的层次中，每个层次要完成的服务及服务实现的过程都有明确规定。

不同地区的系统分成相同的层次；不同系统的同等层具有相同的功能；高层使用低层提供的服务时，并不需要知道低层服务的具体实现方法。邮政通信系统层次结构的方法，与计算机网络的层次化的体系结构有很多相似之处，如图 2-3 所示。层次结构体现出对复杂问题采取"分而治之"的模块化方法，它可以大大降低复杂问题处理的难度，这正是网络研究中采用层次结构的直接动力。因此，层次是计算机网络体系结构中又一个重要与基本的概念。

接口是同一结点内相邻层之间交换信息的连接点。在邮政系统中，邮箱就是发信人与邮递员之间规定的接口。同一个结点的相邻层之间存在着明确规定的接口，低层向高层通过接口提供服务。只要接口条件、低层功能不变，低层功能的具体实现方法与技术的变化就

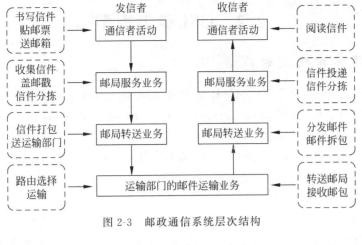

图 2-3 邮政通信系统层次结构

不会影响整个系统的工作。因此,接口同样是计算机网络实现技术中一个重要与基本的概念。

2.1.3 网络体系结构的提出

网络协议对计算机网络是不可缺少的,一个功能完备的计算机网络需要制定一整套复杂的协议集。对于结构复杂的网络协议来说,最好的组织方式是层次结构模型。计算机网络协议就是按照层次结构模型来组织的。我们将网络层次结构模型与各层协议的集合定义为网络体系结构(network architecture)。网络体系结构对计算机网络应该实现的功能进行了精确的定义,而这些功能是用什么样的硬件与软件去完成的,则是具体的实现(implementation)问题。体系结构是抽象的;而实现是具体的,它指能够运行的一些硬件和软件。

计算机网络采用层次结构,具有以下优点。

(1) 各层之间相互独立。高层不需要知道低层是如何实现的,而仅知道该层通过层间的接口所提供的服务。

(2) 当任何一层发生变化时,例如,由于技术进步促进实现技术的变化,只要接口保持不变,则在这层以上或以下的各层均不受影响。

(3) 各层都可以采用最合适的技术来实现,各层实现技术的改变不影响其他层。

(4) 整个系统被分解为若干个易于处理的部分,这种结构使得一个庞大而复杂系统的实现和维护比较容易控制。

(5) 每层的功能与所提供的服务都已有精确的说明,因此这有利于促进标准化的过程。

1974 年,IBM 公司提出了世界上第一个网络体系结构,这就是系统网络体系结构(System Network Architecture,SNA)。此后,许多公司纷纷提出了各自的网络体系结构。这些网络体系结构的共同之处在于它们都采用了分层技术,但层次的划分、功能的分配与采用的技术术语均不相同。随着信息技术的发展,各种计算机系统联网和各种计算机网络的互联成为人们迫切需要解决的课题。OSI 参考模型就是在这个背景下提出与研究的。

2.2 OSI 参考模型

2.2.1 OSI 参考模型的产生

OSI 参考模型

从历史上来看,在制定计算机网络标准方面,起着很大作用的两大国际组织是:国际电报与电话咨询委员会(Consultative Committee on International Telegraph and Telephone,CCITT)与国际标准化组织(ISO)。CCITT 与 ISO 的工作领域是不同的。CCITT 主要是从通信的角度考虑一些标准的制定,而 ISO 则关心信息的处理与网络体系结构。但是随着科学技术的发展,通信与信息处理之间的界限变得比较模糊。于是,通信与信息处理就都成为 CCITT 与 ISO 共同关心的领域。

1974 年,ISO 发布了著名的 ISO/IEC 7498 标准,它定义了网络互联的 7 层框架,也就是开放系统互连(Open System Internetwork,OSI)参考模型。在 OSI 框架下,进一步详细规定了每一层的功能,以实现开放系统环境中的互连性(interconnection)、互操作性(interoperation)与应用的可移植性(portability)。CCITT 的建议书 X.400 也定义了一些相似的内容。

2.2.2 OSI 参考模型的概念

在 OSI 中的"开放"是指只要遵循 OSI 标准,一个系统就可以与位于世界上任何地方、同样遵循同一标准的其他任何系统进行通信。在 OSI 标准的制定过程中,采用的方法是将整个庞大而复杂的问题划分为若干个容易处理的小问题,这就是分层的体系结构方法。在 OSI 标准中,采用的是三级抽象:

(1) 体系结构(architecture);
(2) 服务定义(service definition);
(3) 协议规格说明(protocol specification)。

OSI 参考模型定义了开放系统的层次结构、层次之间的相互关系及各层所包括的可能的服务。它是作为一个框架来协调和组织各层协议的制定,也是对网络内部结构最精炼的概括与描述。

OSI 的服务定义详细地说明了各层所提供的服务。某一层的服务就是该层及其以下各层的一种能力,它通过接口提供给更高一层。各层所提供的服务与这些服务是怎样实现的无关。同时,各种服务还定义了层与层之间的接口与各层使用的原语,但不涉及接口是怎么实现的。

OSI 标准中的各种协议精确地定义了:应当发送什么样的控制信息,以及应当用什么样的过程来解释这个控制信息。协议的规程说明具有最严格的约束。

OSI 参考模型并没有提供一个可以实现的方法。OSI 参考模型只是描述了一些概念,用来协调进程间通信标准的制定。在 OSI 的范围内,只有各种协议是可以被实现的,而各种产品只有和 OSI 的协议相一致时才能互连。也就是说,OSI 参考模型并不是一个标准,而是一个在制定标准时所使用的概念性的框架。

2.2.3 OSI 参考模型的结构

OSI 是分层体系结构的一个实例,每一层是一个模块,用于执行某种主要功能,并具有自己的一套通信指令格式(称为协议)。用于相同层的两个功能间通信的协议称为对等协议。根据分而治之的原则,ISO 将整个通信功能划分为 7 个层次。划分层次的主要原则如下:

(1) 网络中各结点都具有相同的层次。
(2) 不同结点的同等层具有相同的功能。
(3) 同一结点内相邻层之间通过接口通信。
(4) 每一层可以使用下层提供的服务,并向其上层提供服务。
(5) 不同结点的同等层通过协议来实现对等层之间的通信。

OSI 参考模型的结构如图 2-4 所示。将信息从一层传送到下一层是通过命令方式实现的,这里的命令称为原语(primitive)。被传送的信息称为协议数据单元(Protocol Data Unit,PDU)。在 PDU 进入下层之前,会在 PDU 中加入新的控制信息,这种控制信息称为协议控制信息(Protocol Control Information,PCI)。接下来,会在 PDU 中加入发送给下层的指令,这些指令称为接口控制信息(Interface Control Information,ICI)。PDU、PCI 与 ICI 共同组成了接口数据单元(Interface Data Unit,IDU)。下层接收到 IDU 后,就会从 IDU 中去掉 ICI。这时的数据包被称为服务数据单元(Service Data Unit,SDU)。随着 SDU 一层层向下传递,每一层都要加入自己的信息。

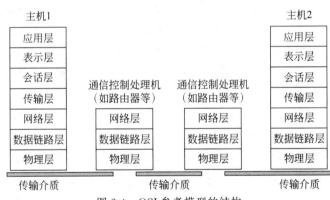

图 2-4 OSI 参考模型的结构

2.2.4 OSI 参考模型的各层功能

1. 物理层

定义了为建立、维护和拆除物理链路所需的机械的、电气的、功能的和规程的特性,其作用是使原始的数据比特流能在物理媒体上传输。具体涉及接插件的规格,0、1 信号的电平表示,收发双方的协调等内容。

2. 数据链路层

比特流被组织成数据链路协议数据单元(通常称为帧),并以其为单位进行传输。帧中包含地址、控制、数据及校验码等信息。数据链路层的主要作用是通过校验、确认和反馈重发等手段,将不可靠的物理链路改造成对网络层来说无差错的数据链路。数据链路层还要协调收发双方的数据传输速率,即进行流量控制,以防止接收方因来不及处理发送方发来的高速数据而导致缓冲器溢出及线路阻塞。

3. 网络层

数据以网络协议数据单元(分组)为单位进行传输。网络层关心的是通信子网的运行控制,主要解决如何使数据分组跨越通信子网从源传送到目的地的问题,这就需要在通信子网中进行路由选择。另外,为避免通信子网中出现过多的分组而造成网络阻塞,需要对流入的分组数量进行控制。当分组要跨越多个通信子网才能到达目的地时,还要解决网际互联的问题。

4. 传输层

该层是第一个端-端,也即主机-主机的层次。传输层提供的端到端的透明数据运输服务,使高层用户不必关心通信子网的存在,由此用统一的运输原语书写的高层软件便可运行于任何通信子网上。传输层还要处理端到端的差错控制和流量控制问题。

5. 会话层

该层是进程-进程的层次,其主要功能是组织和同步不同的主机上各种进程间的通信(也称为对话)。会话层负责在两个会话层实体之间进行对话连接的建立和拆除。在半双工情况下,会话层提供一种数据权标来控制某一方何时有权发送数据。会话层还提供在数据流中插入同步点的机制,使得数据传输因网络故障而中断后,可以不必从头开始而仅重传最近一个同步点以后的数据。

6. 表示层

为上层用户提供共同的数据或信息的语法表示变换。为了让采用不同编码方法的计算机在通信中能相互理解数据的内容,可以采用抽象的标准方法来定义数据结构,并采用标准的编码表示形式。表示层管理这些抽象的数据结构,并将计算机内部的表示形式转换成网络通信中采用的标准表示形式。数据压缩和加密也是表示层可提供的表示变换功能。

7. 应用层

该层是开放系统互连环境的最高层。不同的应用层为特定类型的网络应用提供访问OSI环境的手段。网络环境下不同主机间的文件传送访问和管理(FTAM)、传送标准电子邮件的文电处理系统(MHS)、使不同类型的终端和主机通过网络交互访问的虚拟终端(VT)协议等都属于应用层的范畴。

2.2.5 OSI环境中的数据传输

假设应用进程A要与应用进程B交换数据。进程A与进程B分别处于主机A与计算机B的本地系统环境中,即处于OSI环境之外。进程A首要要通过本地的计算机系统来调用实现应用层功能的软件模块,应用层模块将主机A的通信请求传送到表示层;表示层再向会话层传送,直至物理层。物理层通过连接主机A与通信控制处理机(CCP_A)的传输介质,将数据传送到CCP_A。CCP_A的物理层接收到主机A传送的数据后,通过数据链路层检查是否存在传输错误;如果没有错误的话,CCP_A通过它的网络层来确定下面应该把数据传送到哪一个CCP。如果通过路由选择算法,确定下一个结点是CCP_B的话,那么CCP_A就将数据传送到CCP_B。CCP_B采用同样的方法,将数据传送到主机B。主机B将接收到的数据,从物理层逐层向高层传送,直至主机B的应用层。应用层再将数据传送给主机B的进程B。

图 2-5 和图 2-6 分别给出了 OSI 环境示意图以及 OSI 环境中的数据流。OSI 环境中数据传输过程包括以下几步：当应用进程 A 的数据传送到应用层时,应用层为数据加上本层控制报头后,组织成应用层的数据服务单元,然后再传输到表示层。表示层接收到这个数据单元后,加上本层的控制报头,组成表示层的数据服务单元,再传送到会话层。以此类推,数据传送到传输层；传输层接收到这个数据单元后,加上本层的控制报头,就构成了传输层的数据服务单元,它被称为报文(message)。传输层的报文传送到网络层时,由于网络层数据单元的长度有限制,传输层长报文将被分成多个较短的数据字段,加上网络层的控制报头,就构成了网络层的数据服务单元,它被称为分组(packet)。网络层的分组传送到数据链路层时,加上数据链路层的控制信息,就构成了数据链路层的数据服务单元,它被称为帧(frame)。数据链路层的帧传送到物理层后,物理层将以比特流的方式通过传输介质传输出去。当比特流到达目的结点主机 B 时,再从物理层依次上传,每层对各层的控制报头进行处理,将用户数据上交高层,最终将进程 A 的数据送给主机 B 的进程 B。

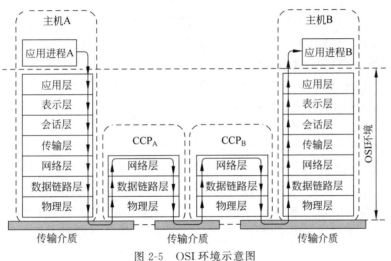

图 2-5 OSI 环境示意图

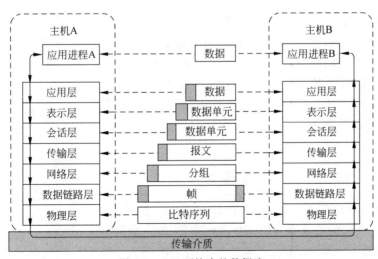

图 2-6 OSI 环境中的数据流

尽管应用进程 A 的数据在 OSI 环境中经过复杂的处理过程，才能送到另一台计算机的应用进程 B，但对于每台计算机的应用进程来说，OSI 环境中数据流的复杂处理过程是透明的。应用进程 A 的数据好像是"直接"传送给应用进程 B。这就是开放系统在网络通信过程中最重要、最本质的作用。

2.3 TCP/IP 参考模型

2.3.1 TCP/IP 参考模型的发展

在讨论了 OSI 参考模型的基本内容后，我们要回到现实的网络技术发展状况中。OSI 参考模型研究的初衷是希望为网络体系结构与协议的发展提供一种国际标准。但是，我们不能不看到 Internet 在全世界的飞速发展，以及 TCP/IP 的广泛应用对网络技术发展的影响。

ARPAnet 是最早出现的计算机网络之一，现代计算机网络的很多概念与方法都是从它的基础上发展出来的。DARPA 提出 ARPAnet 研究计划的要求是：在战争中，如果它的主机、通信控制处理机与通信线路的某些部分遭到攻击而损坏，那么其他部分还能够正常工作；同时，还希望适应从文件传送到实时数据传输的各种应用需求。因此，它要求的是一种灵活的网络体系结构，能够实现异型网络的互联(interconnection)与互通(intercommunication)。

最初，ARPAnet 使用的是租用线路。卫星通信系统与通信网发展起来之后，ARPAnet 最初开发的网络协议使用在通信可靠性较差的通信子网中出现了不少问题，这就导致了新的网络协议 TCP/IP 的出现。虽然 TCP/IP 都不是 OSI 标准，但它们是目前最流行的商业化的协议，并被公认为当前的工业标准或"事实上的标准"。在 TCP/IP 出现后，出现了 TCP/IP 参考模型。1974 年，Kahn 定义了最早的 TCP/IP 参考模型，1985 年，Leiner 等进一步对它开展了研究。1988 年，Clark 在参考模型出现后对其设计思想进行了改进。

Internet 上的 TCP/IP 之所以能够迅速发展，不仅是因为它是美国军方指定使用的协议，更重要的是它适应了世界范围内的数据通信的需要。TCP/IP 具有以下几个特点。

(1) 开放的协议标准，可以免费使用，并且独立于特定的计算机硬件与操作系统。

(2) 独立于特定的网络硬件，可以运行在局域网、广域网中，更适用于互联网中。

(3) 统一的网络地址分配方案，使得整个 TCP/IP 设备在网中都具有唯一的地址。

(4) 标准化的高层协议，可以提供多种可靠的用户服务。

2.3.2 TCP/IP 参考模型各层的功能

在如何使用分层模型来描述 TCP/IP 的问题上争论很多，但共同的观点是 TCP/IP 的层次数比 OSI 参考模型的 7 层要少。图 2-7 给出了 TCP/IP 参考模型与 OSI 参考模型的层次对应关系。

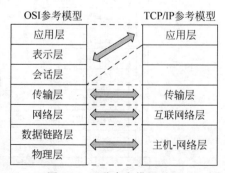

图 2-7 两种参考模型对比

TCP/IP 参考模型可以分为以下 4 个层次。

(1) 应用层(application layer);

(2) 传输层(transport layer);

(3) 互联网络层(internet layer);

(4) 主机-网络层(host to network layer)。

其中,TCP/IP 参考模型的应用层与 OSI 参考模型的应用层相对应,TCP/IP 参考模型的传输层与 OSI 参考模型的传输层相对应,TCP/IP 参考模型的互联网络层与 OSI 参考模型的网络层相对应,TCP/IP 参考模型的主机-网络层与 OSI 参考模型的数据链路层和物理层相对应。在 TCP/IP 参考模型中,对 OSI 参考模型的表示层、会话层没有对应的协议。

1. 主机-网络层

在 TCP/IP 参考模型中,主机-网络层是参考模型的最底层,它负责通过网络发送和接收 IP 数据报。TCP/IP 参考模型允许主机连入网络时使用多种现成的与流行的协议,例如,局域网协议或其他一些协议。

在 TCP/IP 的主机-网络层中,包括各种物理网协议,例如,局域网的 Ethernet、局域网的 Token Ring、分组交换网的 X.25 等。当这种物理网被用作传送 IP 数据包的通道时,我们就可以认为是这一层的内容。这体现了 TCP/IP 的兼容性与适应性,它也为 TCP/IP 的成功奠定了基础。

2. 互联网络层

在 TCP/IP 参考模型中,互联网络层是参考模型的第二层,它相当于 OSI 参考模型网络层的无连接网络服务。互联网络层负责将源主机的报文分组发送到目的主机,源主机与目的主机可以在一个网上,也可以在不同的网上。

互联网络层的主要功能包括以下几点。

(1) 处理来自传输层的分组发送请求。

在收到分组发送请求之后,将分组装入 IP 数据报,填充报头,选择发送路径,然后将数据报发送到相应的网络输出线。

(2) 处理接收的数据报。

在接收到其他主机发送的数据报之后,检查目的地址,如需要转发,则选择发送路径,转发出去;如目的地址为本结点 IP 地址,则除去报头,将分组交送传输层处理。

(3) 处理互联的路径、流程与拥塞问题。

TCP/IP 参考模型中网络层协议是 IP(Internet Protocol)。IP 协议是一种不可靠、无连接的数据报传送服务的协议,它提供的是一种"尽力而为(best-effort)"的服务,IP 协议的协议数据单元是 IP 分组。

3. 传输层

在 TCP/IP 参考模型中,传输层是参考模型的第 3 层,它负责在应用进程之间的端到端通信。传输层的主要目的是在互联网中源主机与目的主机的对等实体间建立用于会话的端到端连接。从这点上来说,TCP/IP 参考模型与 OSI 参考模型的传输层功能是相似的。

在 TCP/IP 参考模型中的传输层,定义了以下这两种协议。

(1) 传输控制协议(Transmission Control Protocol,TCP)。

TCP 是一种可靠的面向连接的协议,它允许将一台主机的字节流(byte stream)无差错地传送到目的主机。TCP 将应用层的字节流分成多个字节段(byte segment),然后将一个个字节段传送到互联网络层,发送到目的主机。当互联网络层将接收到的字节段传送给传输层时,传输层再将多个字节段还原成字节流传送到应用层。TCP 同时要完成流量控制功能,协调收发双方的发送与接收速度,达到正确传输的目的。

(2) 用户数据报协议(User Datagram Protocol,UDP)。

UDP 是一种不可靠的无连接协议,它主要用于不要求分组顺序到达的传输中,分组传输顺序检查与排序由应用层完成。

4. 应用层

在 TCP/IP 参考模型中,应用层是参考模型的最高层。应用层包括所有的高层协议,并且总是不断有新的协议加入。目前,应用层协议主要有以下几种。

(1) 远程登录协议(Telnet);
(2) 文件传送协议(File Transfer Protocol,FTP);
(3) 简单邮件传送协议(Simple Mail Transfer Protocol,SMTP);
(4) 域名系统(Domain Name System,DNS);
(5) 简单网络管理协议(Simple Network Management Protocol,SNMP);
(6) 超文本传送协议(Hyper Text Transfer Protocol,HTTP)。

应用层协议可以分为三类:一类依赖于面向连接的 TCP;一类依赖于面向连接的 UDP;而另一类则既可依赖于 TCP,也可依赖于 UDP。其中,依赖 TCP 的主要有网络终端协议、电子邮件协议、文件传送协议等;依赖 UDP 的主要有简单网络管理协议、简单文件传输协议等;既依赖 TCP 又依赖 UDP 的主要有域名系统等。

2.4 应用层协议

2.4.1 DNS 协议

1. DNS 基础理论

1) 域名结构

域名系统并不像电话号码通讯录那么简单,通讯录主要是单个个体在使用,同一个名字出现在不同个体的通讯录里并不会出现问题,但域名是群体中所有人都在用的,必须要保持唯一性。为了达到唯一性的目的,因特网在命名的时候采用了层次结构的命名方法。每一个域名(本文只讨论英文域名)都是一个标号序列(labels),用字母(A~Z,a~z,大小写等价)、数字(0~9)和连接符(-)组成,标号序列总长度不能超过 255 个字符,它由点号分隔成一个个的标号(label),每个标号应该在 63 个字符之内,每个标号都可以看成一个层次的域名。级别最低的域名写在左边,级别最高的域名写在右边。域名服务主要是基于 UDP 实现的,服务器的端口号为 53。

例如,网站的域名 jocent.me 由点号分隔成两个域名 jocent 和 me,其中,me 是顶级域名(Top-Level Domain,TLD),jocent 是二级域名(Second Level Domain,SLD)。关于域名的层次结构,如图 2-8 所示。

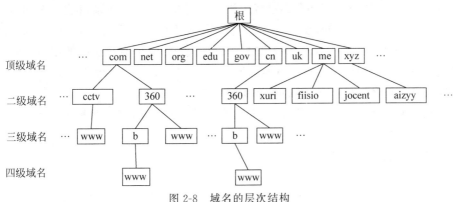

图 2-8 域名的层次结构

注意：最开始的域名最后都是带了点号的，比如 jocent.me 在以前应该是 jocent.me.，最后面的点号表示根域名服务器，后来发现所有的网址都要加上最后的点，就简化了写法，干脆所有的都不加，但是在网址后面加上点号也是可以正常解析的。

2）域名服务器

有域名结构还不行，还需要有一个东西去解析域名，手机通讯录是由通讯录软件解析的，域名需要由遍及全世界的域名服务器去解析，域名服务器实际上就是装有域名系统的主机。如图 2-9 所示，由高向低进行层次划分，可分为以下几大类。

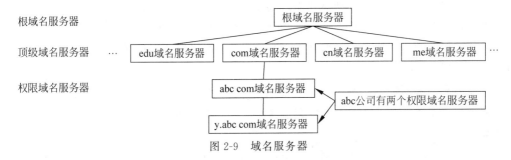

图 2-9 域名服务器

根域名服务器：最高层次的域名服务器，也是最重要的域名服务器，本地域名服务器如果解析不了域名就会向根域名服务器求助。全球共有 13 个不同 IP 地址的根域名服务器，它们的名称用一个英文字母命名，从 a 一直到 m。这些服务器由各种组织控制，并由 ICANN（互联网名称和数字地址分配公司）授权，由于每分钟都要解析的名称数量多得令人难以置信，所以实际上每个根服务器都有镜像服务器，每个根服务器与它的镜像服务器共享同一个 IP 地址，中国大陆地区内只有 6 组根服务器镜像（F,I（3 台），J,L）。当你对某个根服务器发出请求时，请求会被路由到该根服务器离你最近的镜像服务器。所有的根域名服务器都知道所有的顶级域名服务器的域名和地址，如果向根服务器发出对"jocent.me"的请求，则根服务器不能在它的记录文件中找到与"jocent.me"匹配的记录，但是它会找到"me"的顶级域名记录，并把负责"me"地址的顶级域名服务器的地址发回给请求者。

顶级域名服务器：负责管理在该顶级域名服务器下注册的二级域名。当根域名服务器告诉查询者顶级域名服务器地址时，查询者紧接着就会到顶级域名服务器进行查询。比如还是查询"jocent.me",根域名服务器已经告诉了查询者"me"顶级域名服务器的地址,"me"顶级域名服务器会找到"jocent.me"的域名服务器的记录,域名服务器检查其区域文件,并发现它有与"jocent.me"相关联的区域文件。在此文件的内部,有该主机的记录。此记录说明此主机所在的 IP 地址,并向请求者返回最终答案。

权限域名服务器:负责一个区的域名解析工作。

本地域名服务器:当一个主机发出 DNS 查询请求的时候,这个查询请求首先就是发给本地域名服务器的。

2. 域名解析过程

域名解析总体可分为两大步骤,第一个步骤是本机向本地域名服务器发出一个 DNS 请求报文,报文里携带需要查询的域名;第二个步骤是本地域名服务器向本机回应一个 DNS 响应报文,里面包含域名对应的 IP 地址。从如图 2-10 所示对 jocent.me 进行域名解析的报文中可明显看出这两大步骤。注意:第二大步骤中采用的是迭代查询,其实是包含很多小步骤的,详情见下面的流程分析。

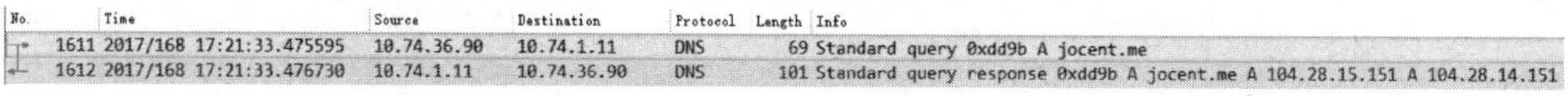

No.	Time	Source	Destination	Protocol	Length	Info
1611	2017/168 17:21:33.475595	10.74.36.90	10.74.1.11	DNS	69	Standard query 0xdd9b A jocent.me
1612	2017/168 17:21:33.476730	10.74.1.11	10.74.36.90	DNS	101	Standard query response 0xdd9b A jocent.me A 104.28.15.151 A 104.28.14.151

图 2-10 域名解析

其具体的流程可描述如下。

主机 10.74.36.90 先向本地域名服务器 10.74.1.11 进行递归查询。

本地域名服务器采用迭代查询,向一个根域名服务器进行查询。

根域名服务器告诉本地域名服务器,下一次应该查询的顶级域名服务器 dns.me 的 IP 地址。

本地域名服务器向顶级域名服务器 dns.me 进行查询。

顶级域名服务器 me 告诉本地域名服务器,下一步查询权限服务器 dns.jocent.me 的 IP 地址。

本地域名服务器向权限服务器 dns.jocent.me 进行查询。

权限服务器 dns.jocent.me 告诉本地域名服务器所查询的主机的 IP 地址。

本地域名服务器最后把查询结果告诉 10.74.36.90。

2.4.2 FTP 协议

FTP 协议

FTP(File Transfer Protocol,文件传输协议)是 TCP/IP 协议簇中的协议之一。FTP 包括两个组成部分,其一为 FTP 服务器,其二为 FTP 客户端。其中,FTP 服务器用来存储文件,用户可以使用 FTP 客户端通过 FTP 访问位于 FTP 服务器上的资源。在开发网站的时候,通常利用 FTP 把网页或程序传到 Web 服务器上。此外,由于 FTP 传输效率非常高,在网络上传输大的文件时,一般也采用该协议。

默认情况下,FTP 使用 TCP 端口中的 20 和 21 这两个端口,其中,端口 20 用于传输数据,端口 21 用于传输控制信息。但是,是否使用端口 20 作为传输数据的端口与 FTP 使用的传输模式有关,如果采用主动模式,那么数据传输端口就是 20;如果采用被动模式,则具体最终使用哪个端口要由服务器端和客户端协商决定。

FTP支持两种模式,一种方式叫作Standard（也就是Port方式,主动方式）,另一种方式叫作Passive(也就是Pasv,被动方式)。Standard模式下FTP的客户端发送Port命令到FTP服务器。Passive模式下FTP的客户端发送Pasv命令到FTP Server。

1. 工作原理

下面介绍这两种方式的工作原理。

1) Port方式

FTP客户端首先和FTP服务器的TCP 21端口建立连接,通过这个通道发送命令,客户端需要接收数据的时候在这个通道上发送Port命令。Port命令包含客户端用什么端口接收数据。在传送数据的时候,服务器端通过自己的TCP 20端口连接至客户端的指定端口发送数据。FTP Server必须和客户端建立一个新的连接用来传送数据。

2) Passive方式

在建立控制通道的时候和Standard模式类似,但建立连接后发送的不是Port命令,而是Pasv命令。FTP服务器收到Pasv命令后,随机打开一个高端端口（端口号大于1024）并且通知客户端在这个端口上传送数据的请求,客户端连接FTP服务器的此端口,通过三次握手建立通道,然后FTP服务器将通过这个端口进行数据的传送。

很多防火墙在设置的时候都是不允许接受外部发起的连接的,所以许多位于防火墙后或内网的FTP服务器不支持Pasv模式,因为客户端无法穿过防火墙打开FTP服务器的高端端口；而许多内网的客户端不能用Port模式登录FTP服务器,因为从服务器的TCP 20无法和内部网络的客户端建立一个新的连接,造成无法工作。

FTP的任务是从一台计算机将文件传送到另一台计算机,它与这两台计算机所处的位置、连接的方式甚至是是否使用相同的操作系统无关。假设两台计算机通过FTP对话,并且能访问Internet,可以用ftp命令来传输文件。每种操作系统在使用上有某一些细微差别,但是每种协议基本的命令结构是相同的。

2. 传输模式

FTP有两种传输方式：ASCII传输模式和二进制数据传输模式。

1) ASCII传输模式

假定用户正在复制的文件包含简单的ASCII码文本,如果在远程机器上运行的是不同的操作系统,当文件传输时FTP通常会自动地调整文件的内容以便于把文件解释成另外那台计算机存储文本文件的格式。但是常常有这样的情况,用户正在传输的文件包含的不是文本文件,它们可能是程序、数据库、字处理文件或者压缩文件(尽管字处理文件包含的大部分是文本,其中也包含指示页尺寸、字库等信息的非打印字符)。

在复制任何非文本文件之前,应使用binary命令告诉FTP逐字复制,不要对这些文件进行处理,这也是下面要讲的二进制传输。

2) 二进制数据传输模式

在二进制传输中,保存文件的位序,以便原始的和复制的是逐位一一对应的,即使目的地机器上包含位序列的文件是没意义的。例如,Macintosh以二进制方式传送可执行文件到Windows系统,在对方系统上,此文件不能执行。

如果在ASCII方式下传输二进制文件,即使不需要也仍会转译。这会使传输稍微变慢,也会损坏数据,使文件变得不能用。在大多数计算机上,ASCII方式一般假设每一字符的第一有效位无意义,因为 ASCII 字符组合不使用它。如果传输二进制文件,则所有的位都是重要的。

2.4.3 Telnet 协议

Telnet 协议是 TCP/IP 协议族中的一员,是 Internet 远程登录服务的标准协议和主要方式。它为用户提供了在本地计算机上完成远程主机工作的能力。在终端使用者的计算机上使用 Telnet 程序,用它连接到服务器。终端使用者可以在 Telnet 程序中输入命令,这些命令会在服务器上运行,就像直接在服务器的控制台上输入一样,在本地就能控制服务器。要开始一个 Telnet 会话,必须输入用户名和密码来登录服务器。Telnet 是常用的远程控制 Web 服务器的方法。

1. 协议特点

1)适应异构

为了使多个操作系统间的 Telnet 交互操作成为可能,就必须详细了解异构计算机和操作系统。例如,一些操作系统需要每行文本用 ASCII 回车控制符(CR)结束,另一些系统则需要使用 ASCII 换行符(LF),还有一些系统需要用两个字符的序列回车-换行(CR-LF);再例如,大多数操作系统为用户提供了一个中断程序运行的快捷键,但这个快捷键在各个系统中有可能不同(一些系统使用 Ctrl+C 快捷键,而另一些系统使用 Esc 键)。如果不考虑系统间的异构性,那么在本地发出的字符或命令,传送到远地并被远地系统解释后很可能会不准确或者出现错误。因此,Telnet 协议必须解决这个问题。

为了适应异构环境,Telnet 协议定义了数据和命令在 Internet 上的传输方式,此定义被称作网络虚拟终端(Net Virtual Terminal,NVT)。它的应用过程如下。

对于发送的数据:客户机软件把来自用户终端的按键和命令序列转换为 NVT 格式,并发送到服务器,服务器软件将收到的数据和命令从 NVT 格式转换为远地系统需要的格式。

对于返回的数据:远地服务器将数据从远地机器的格式转换为 NVT 格式,而本地客户机将接收到的 NVT 格式数据再转换为本地的格式。

2)传送远地命令

我们知道绝大多数操作系统都提供各种快捷键来实现相应的控制命令,当用户在本地终端按这些快捷键的时候,本地系统将执行相应的控制命令,而不把这些快捷键作为输入。那么对于 Telnet 来说,它是用什么来实现控制命令的远地传送呢?

Telnet 同样使用 NVT 来定义如何从客户机将控制功能传送到服务器。我们知道 ASCII 字符集包括 95 个可打印字符和 33 个控制码。当用户从本地输入普通字符时,NVT 将按照其原始含义传送;当用户按快捷键(组合键)时,NVT 将把它转换为特殊的 ASCII 字符在网络上传送,并在其到达远地机器后转换为相应的控制命令。将正常 ASCII 字符集与控制命令区分主要有以下两个原因。

这种区分意味着 Telnet 具有更大的灵活性:它可在客户机与服务器间传送所有可能的 ASCII 字符以及所有控制功能。

这种区分使得客户机可以无二义性地指定信令,而不会产生控制功能与普通字符的混乱。

3) 数据流向

将 Telnet 设计为应用级软件有一个缺点，那就是效率不高。这是为什么呢？下面给出 Telnet 中的数据流向。

数据信息被用户从本地键盘输入并通过操作系统传到客户机程序，客户机程序将其处理后返回操作系统，并由操作系统经过网络传送到远地机器，远地操作系统将所接收数据传给服务器程序，并经服务器程序再次处理后返回到操作系统上的伪终端入口点，最后，远地操作系统将数据传送到用户正在运行的应用程序，这便是一次完整的输入过程；输出将按照同一通路从服务器传送到客户机。

因为每一次的输入和输出，计算机将切换进程环境好几次，这个开销是很昂贵的。还好用户的输入速率并不算高，因此这个缺点人们尚能接受。

4) 强制命令

我们应该考虑到这样一种情况：假设本地用户运行了远地机器的一个无休止循环的错误命令或程序，且此命令或程序已经停止读取输入，那么操作系统的缓冲区可能因此而被占满，如果这样，远地服务器也无法再将数据写入伪终端，并且最终导致停止从 TCP 连接读取数据，TCP 连接的缓冲区最终也会被占满，从而导致阻止数据流流入此连接。如果以上事情真的发生了，那么本地用户将失去对远地机器的控制。

为了解决此问题，Telnet 协议必须使用外带信令以便强制服务器读取一个控制命令。我们知道 TCP 用紧急数据机制实现外带数据信令，那么 Telnet 只要再附加一个被称为数据标记(data mark)的保留八位组，并通过让 TCP 发送已设置紧急数据比特的报文段通知服务器便可以了，携带紧急数据的报文段将绕过流量控制直接到达服务器。作为对紧急信令的响应，服务器将读取并抛弃所有数据，直到找到一个数据标记。服务器在遇到了数据标记后将返回正常的处理过程。

5) 选项协商

由于 Telnet 两端的机器和操作系统的异构性，使得 Telnet 不可能也不应该严格规定每一个 Telnet 连接的详细配置，否则将大大影响 Telnet 的适应异构性。因此，Telnet 采用选项协商机制来解决这一问题。

Telnet 选项的范围很广：一些选项扩充了大方向的功能，而一些选项涉及一些微小细节。例如，有一个选项可以控制 Telnet 是在半双工还是全双工模式下工作(大方向)；还有一个选项允许远地机器上的服务器决定用户终端类型(小细节)。

Telnet 选项的协商方式也很有意思，它对于每个选项的处理都是对称的，即任何一端都可以发出协商申请；任何一端都可以接受或拒绝这个申请。另外，如果一端试图协商另一端不了解的选项，则接受请求的一端可简单地拒绝协商。因此，有可能将更新、更复杂的 Telnet 客户机服务器版本与较老的、不太复杂的版本进行交互操作。如果客户机和服务器都理解新的选项，可能会对交互有所改善，否则，它们将一起转到效率较低但可工作的方式下运行。这些设计都是为了增强适应异构性，可见 Telnet 的适应异构性对其应用和发展是多么重要。

2. 工作过程

使用 Telnet 协议进行远程登录时需要满足以下条件：在本地计算机上必须安装包含 Telnet 协议的客户程序；必须知道远程主机的 IP 地址或域名；必须知道登录标识与口令。

Telnet 远程登录服务分为以下 4 个过程。

（1）本地与远程主机建立连接。该过程实际上是建立一个 TCP 连接，用户必须知道远程主机的 IP 地址或域名。

（2）将本地终端上输入的用户名和口令及以后输入的任何命令或字符以 NVT（Net Virtual Terminal）格式传送到远程主机。该过程实际上是从本地主机向远程主机发送一个 IP 数据包。

（3）将远程主机输出的 NVT 格式的数据转换为本地所接受的格式送回本地终端，包括输入命令回显和命令执行结果。

（4）本地终端对远程主机进行撤销连接。该过程是撤销一个 TCP 连接。

2.4.4 SMTP 和 POP3 协议

1. SMTP 的作用及原理

SMTP 目前已是事实上的在 Internet 传输 E-mail 的标准，是一个相对简单的基于文本的协议。在其之上指定了一条消息的一个或多个接收者（在大多数情况下被确定是存在的），然后消息文本就传输了。可以很简单地通过 Telnet 程序来测试一个 SMTP 服务器，SMTP 使用 TCP 端口 25。要为一个给定的域名配置 SMTP 服务器，需要使用 MX（Mail eXchange）DNS。

1）SMTP 的作用

在 SMTP 这种方式下，邮件的发送可能经过从发送端到接收端路径上的大量中间中继器或网关主机。域名服务系统（DNS）的邮件交换服务器可以用来识别出传输邮件的下一跳 IP 地址。

Sendmail 是最早实现 SMTP 的邮件传输代理之一。到 2001 年至少有 50 个程序将 SMTP 实现为一个客户端（消息的发送者）或一个服务器（消息的接收者）。一些其他的流行的 SMTP 服务器包括 Philip Hazel 的 Exim，IBM 的 Postfix，D. J. Bernstein 的 Qmail，以及 Microsoft Exchange Server。

由于这个协议开始是基于纯 ASCII 文本的，在二进制文件上处理得并不好。后来开发了用来编码二进制文件的标准，如 MIME，以使其通过 SMTP 来传输。今天，大多数 SMTP 服务器都支持 8 位 MIME 扩展，它使二进制文件的传输变得几乎和纯文本一样简单。

注意：SMTP 是一个"推"的协议，它不允许根据需要从远程服务器上"拉"来消息。要做到这点，邮件客户端必须使用 POP3 或 IMAP。另外，SMTP 服务器可以使用 ETRN（Extended Turn，扩展回车）命令在 SMTP 上触发一个发送。

2）SMTP 的工作原理

SMTP 命令是发送于 SMTP 主机之间的 ASCII 信息，可能使用到的命令如表 2-1 所示。

SMTP 工作在两种情况下：一是电子邮件从客户机传输到服务器；二是从某一个服务器传输到另一个服务器。SMTP 也是个请求/响应协议，命令和响应都是基于 ASCII 文本，并以 CR 和 LF 符结束。响应包括一个表示返回状态的三位数字代码。SMTP 在 TCP 的 25 号端口监听连接请求。

表 2-1　SMTP 命令

命　　令	描　　述
DATA	开始信息写作
EXPN<string>	验证给定的邮箱列表是否存在,扩充邮箱列表,也常被禁用
HELO<domain>	向服务器标识用户身份,返回邮件服务器身份
HELP<command>	查询服务器支持什么命令,返回命令中的信息
MAIL FROM<host>	在主机上初始化一个邮件会话
NOOP	无操作,服务器应响应 OK
QUIT	终止邮件会话
RCPT TO<user>	标识单个的邮件接收人;在 MAIL 命令后面可有多个 rcpt to
RSET	重置会话,当前传输被取消
SAML FROM<host>	发送邮件到用户终端和邮箱
SEND FROM<host>	发送邮件到用户终端
SOML FROM<host>	发送邮件到用户终端或邮箱
TURN	接收端和发送端交换角色
VRFY<user>	用于验证指定的用户/邮箱是否存在;由于安全方面的原因,服务器常禁止此命令

SMTP 连接和发送过程如下。

(1) 建立 TCP 连接。

(2) 客户端发送 HELO 命令以标识发件人自己的身份,然后客户端发送 MAIL 命令;服务器端以 OK 作为响应,表明准备接收。

(3) 客户端发送 RCPT 命令,以标识该电子邮件的计划接收人,可以有多个 RCPT 行;服务器端则表示是否愿意为收件人接收邮件。

(4) 协商结束,发送邮件,用命令 DATA 发送。

(5) "."号表示结束输入内容一起发送出去,结束此次发送,用 QUIT 命令退出。

2. POP3 协议作用及原理

POP3 是 Post Office Protocol 3 的简称,即邮局协议的第 3 个版本,是 TCP/IP 协议族中的一员(默认端口是 110)。本协议主要用于支持使用客户端远程管理在服务器上的电子邮件,它规定怎样将个人计算机连接到 Internet 的邮件服务器和下载电子邮件的电子协议。它是因特网电子邮件的第一个离线协议标准,允许用户从服务器上把邮件存储到本地主机(即自己的计算机)上,同时删除保存在邮件服务器上的邮件,而 POP3 服务器则是遵循 POP3 协议的接收邮件服务器,用来接收电子邮件。

用户从邮件服务器上接收邮件的典型通信过程如下。

(1) 用户运行用户代理(如 Foxmail、Outlook Express)。

(2) 用户代理(以下简称客户端)与邮件服务器(以下简称服务器端)的 110 端口建立 TCP 连接。

(3) 客户端向服务器端发出各种命令,来请求各种服务(如查询邮箱信息,下载某封邮件等)。

(4) 服务器端解析用户的命令,做出相应动作并返回给客户端一个响应。

(5) 步骤(3)和(4)交替进行,直到接收完所有邮件转到步骤(6),或两者的连接被意外中断而直接退出。

(6) 用户代理解析从服务器端获得的邮件,以适当的形式(如可读)呈现给用户。

POP3 常见的指令包括下面几种。

CAPA：获取服务器的功能选项清单。

USER：向服务器校验用户名。

PASS：向服务器校验密码。

STLS：MUA 或 MTA 通过 CAPA 指令确认服务器支持 TLS 后,可以送出 STLS 指令要求进行 TLS 握手交涉。

STAT：取得服务器上本账户存在的信件数量。

LIST：取得信件数、序列号和每封信件的大小。

TOP n m：取得第 n 封信件前 m 行的内容。

RETR n：取得第 n 封信件完整内容。

DELE n：删除第 n 封信件。

QUIT 告知 POP3 服务器即将说再见。

对于 POP3 客户程序发送的每一条 POP3 命令,POP3 服务器都将回应一些响应信息。响应信息由一行或多行文本信息组成,其中的第一行始终以"+OK"或"-ERR"开头,它们分别表示当前命令执行成功或执行失败。

2.4.5 HTTP 协议

HTTP(HyperText Transfer Protocol,超文本传输协议)是一种详细规定了浏览器和万维网(World Wide Web,WWW)服务器之间互相通信的规则,通过因特网传送万维网文档的数据传送协议。

HTTP 是一个应用层协议,由请求和响应构成,是一个标准的客户端/服务器模型。HTTP 是一个无状态的协议。

在 Internet 中所有的传输都是通过 TCP/IP 进行的。HTTP 作为 TCP/IP 模型中应用层的协议也不例外。HTTP 通常承载于 TCP 之上,有时也承载于 TLS 或 SSL 协议层之上,这个时候,就成了人们常说的 HTTPS,如图 2-11 所示。

HTTP 默认的端口号为 80,HTTPS 的端口号为 443。

图 2-11　HTTPS

浏览网页是 HTTP 的主要应用,但是这并不代表 HTTP 就只能应用于网页的浏览。HTTP 是一种协议,只要通信的双方都遵守这个协议,HTTP 就能有用武之地。比如人们常用的 QQ、迅雷这些软件,都会使用 HTTP(还包括其他的协议)。

1. 协议特点

HTTP 永远都是客户端发起请求,服务器回送响应。这样就限制了使用 HTTP,无法实现在客户端没有发起请求的时候,服务器将消息推送给客户端。

HTTP 的主要特点可概括如下。

(1) 支持客户端/服务器模式。支持基本认证和安全认证。

(2) 简单快速。客户端向服务器请求服务时,只需传送请求方法和路径。请求方法常用的有 GET、HEAD、POST。每种方法规定了客户端与服务器联系的类型不同。由于 HTTP 简单,使得 HTTP 服务器的程序规模小,因而通信速度很快。

(3) 灵活。HTTP 允许传输任意类型的数据对象。正在传输的类型由 Content-Type 加以标记。

(4) HTTP 0.9 和 1.0 使用非持续连接:限制每次连接只处理一个请求,服务器处理完客户的请求,并收到客户的应答后,即断开连接。HTTP 1.1 使用持续连接:不必为每个 Web 对象创建一个新的连接,一个连接可以传送多个对象,采用这种方式可以节省传输时间。

(5) 无状态。HTTP 是无状态协议。无状态是指协议对于事务处理没有记忆能力。缺少状态意味着如果后续处理需要前面的信息,则它必须重传,这样可能导致每次连接传送的数据量增大。

协议的状态是指下一次传输可以"记住"这次传输信息的能力。

HTTP 是不会为了下一次连接而维护这次连接所传输的信息的,这是为了保证服务器有足够的内存。

比如客户获得一个网页之后关闭浏览器,然后再一次启动浏览器,再登录该网站,但是服务器并不知道客户关闭了一次浏览器。

由于 Web 服务器要面对很多浏览器的并发访问,为了提高 Web 服务器对并发访问的处理能力,在设计 HTTP 时规定 Web 服务器发送 HTTP 应答报文和文档时,不保存发出请求的 Web 浏览器进程的任何状态信息。这有可能出现一个浏览器在短短几秒之内两次访问同一对象时,服务器进程不会因为已经给它发过应答报文而不接受第二次服务请求。由于 Web 服务器不保存发送请求的 Web 浏览器进程的任何信息,因此 HTTP 属于无状态协议(Stateless Protocol)。

无状态是指协议对于事务处理没有记忆能力,服务器不知道客户端是什么状态。从另一方面讲,打开一个服务器上的网页和之前打开这个服务器上的网页之间没有任何联系。HTTP 是一个无状态的面向连接的协议,无状态不代表 HTTP 不能保持 TCP 连接,更不能代表 HTTP 使用的是 UDP(无连接)。从 HTTP 1.1 起,默认都开启了 Keep-Alive,即保持连接特性,简单地说,当一个网页打开完成后,客户端和服务器之间用于传输 HTTP 数据的 TCP 连接不会关闭,如果客户端再次访问这个服务器上的网页,会继续使用这一条已经建立的连接。Keep-Alive 不会永久保持连接,它有一个保持时间,可以在不同的服务器软件(如 Apache)中设定这个时间。

2. 工作流程

一次 HTTP 操作称为一个事务,其工作过程可分为以下四步。

(1) 首先客户机与服务器需要建立连接。只要单击某个超链接,HTTP 的工作即开始。

(2) 建立连接后,客户机发送一个请求给服务器,请求方式的格式为:统一资源标识符(URL)、协议版本号,后边是 MIME 信息,包括请求修饰符、客户机信息和可能的内容。

(3) 服务器接收到请求后,给予相应的响应信息,其格式为一个状态行,包括信息的协议版本号、一个成功或错误的代码,后边是 MIME 信息,包括服务器信息、实体信息和可能的内容。

（4）客户端接收服务器所返回的信,通过浏览器显示在用户的显示屏上,然后客户机与服务器断开连接。

如果在以上过程中的某一步出现错误,那么产生错误的信息将返回到客户端,由显示屏输出。对于用户来说,这些过程是由 HTTP 自己完成的,用户只要用鼠标单击,等待信息显示就可以了。

2.4.6 SNMP 协议

简单网络管理协议(Simple Network Management Protocol,SNMP)由一组网络管理的标准组成,包含一个应用层协议、数据库模型和一组资源对象。该协议能够支持网络管理系统,用以监测连接到网络上的设备是否有任何引起管理上关注的情况。该协议是互联网工程工作小组(Internet Engineering Task Force,IETF)定义的 Internet 协议簇的一部分。SNMP 的目标是管理 Internet 上众多厂家生产的软硬件平台,因此 SNMP 受 Internet 标准网络管理框架的影响也很大。SNMP 已经出到第四个版本,其功能较以前已经大大地加强和改进了。

1. 应用模型

SNMP 是基于 TCP/IP 协议族的网络管理标准,是一种在 IP 网络中管理网络结点(如服务器、工作站、路由器、交换机等)的标准协议。SNMP 能够使网络管理员提高网络管理效能,及时发现并解决网络问题以及规划网络的增长。网络管理员还可以通过 SNMP 接收网络结点的通知消息以及告警事件报告等来获知网络出现的问题。

SNMP 管理的网络主要由以下三部分组成。

（1）被管理的设备。

（2）SNMP 代理。

（3）网络管理系统(NMS)。

它们之间的关系如图 2-12 所示。

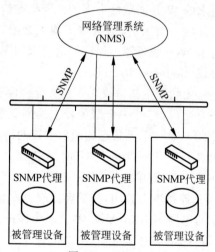

图 2-12 SNMP

网络中被管理的每一个设备都存在一个管理信息库(MIB),用于收集并存储管理信息。通过 SNMP,NMS 能获取这些信息。被管理设备,又称为网络单元或网络结点,可以是支持 SNMP 的路由器、交换机、服务器或者主机等。

SNMP 代理是被管理设备上的一个网络管理软件模块,拥有本地设备的相关管理信息,并用于将它们转换成与 SNMP 兼容的格式,传递给 NMS。

NMS 运行应用程序来实现监控被管理设备的功能。另外,NMS 还为网络管理提供大量的处理程序及必需的存储资源。

2. 工作原理

驻留在被管理设备上的 AGENT 从 UDP 端口 161 接收来自网管站的串行化报文,经解码、团体名验证、分析得到管理变量在 MIB 树中对应的结点,从相应的模块中得到管理变量的值,再形成响应报文,编码发送回网管站。网管站得到响应报文后,再经同样的处理,最终显示结果。

下面根据 RFC1157 详细介绍 Agent 接收到报文后采取的动作。

(1) 首先解码生成用内部数据结构表示的报文,解码依据 ASN.1 的基本编码规则,如果在此过程中出现错误导致解码失败则丢弃该报文,不做进一步处理。

(2) 将报文中的版本号取出,如果与本 Agent 支持的 SNMP 版本不一致,则丢弃该报文,不做进一步处理。

(3) 将报文中的团体名取出,此团体名由发出请求的网管站填写。如与本设备认可的团体名不符,则丢弃该报文,不做进一步处理,同时产生一个陷阱报文。SNMPv1 只提供较弱的安全措施,在版本 3 中这一功能大大加强。

(4) 从通过验证的 ASN.1 对象中提出协议数据单元 PDU,如果失败,丢弃报文,不做进一步处理。否则处理 PDU,结果将产生一个报文,该报文的发送目的地址应同收到报文的源地址一致。

(5) 根据不同的 PDU,SNMP 实体将做不同的处理。

2.5 传输层协议

2.5.1 TCP

TCP(Transmission Control Protocol,传输控制协议)是一种面向连接的、可靠的、基于字节流的传输层通信协议,由 IETF 的 RFC793 定义。在简化的计算机网络 OSI 模型中,它完成第四层传输层所指定的功能。用户数据报协议(UDP)是同一层内另一个重要的传输协议。在因特网协议族中,TCP 层是位于 IP 层之上,应用层之下的中间层。不同主机的应用层之间经常需要可靠的、像管道一样的连接,但是 IP 层不提供这样的流机制,而是提供不可靠的包交换。

应用层向 TCP 层发送用于网间传输的、用 8 位字节表示的数据流,然后 TCP 把数据流分区成适当长度的报文段(通常受该计算机连接的网络的数据链路层的最大传输单元(MTU)的限制)。之后 TCP 把结果包传给 IP 层,由它来通过网络将包传送给接收端实体的 TCP 层。TCP 为了保证不发生丢包,就给每个包一个序号,同时序号也保证了传送到接收端实体的包的按序接收。然后接收端实体对已成功收到的包发回一个相应的确认(ACK);如果发送端实体在合理的往返时延(RTT)内未收到确认,那么对应的数据包就被假设为已丢失,将会被进行重传。TCP 用一个校验和函数来检验数据是否有错误;在发送和接收时都要计算校验和。

TCP 是因特网中的传输层协议,使用三次握手协议建立连接。当主动方发出 SYN 连接请求后,等待对方回答 SYN+ACK,并最终对对方的 SYN 执行 ACK 确认,如图 2-13 所示。这种建立连接的方法可以防止产生错误的连接。TCP 使用的流量控制协议是可变大小的滑动窗口协议。

TCP 三次握手的过程如下。

客户端发送 SYN(SEQ=x)报文给服务器端,进入 SYN_SEND 状态。

服务器端收到 SYN 报文,回应一个 SYN(SEQ=y)ACK(ACK=x+1)报文,进入 SYN

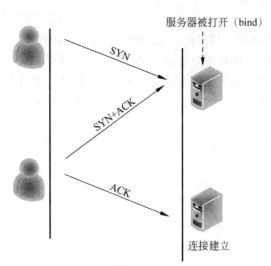

图 2-13 TCP 连接

_RECV 状态。

客户端收到服务器端的 SYN 报文,回应一个 ACK(ACK = y + 1)报文,进入 Established 状态。

三次握手完成,TCP 客户端和服务器端成功地建立连接,可以开始传输数据了。

建立一个连接需要三次握手,而终止一个连接要经过四次握手,这是由 TCP 的半关闭(half-close)造成的。具体过程如图 2-14 所示。

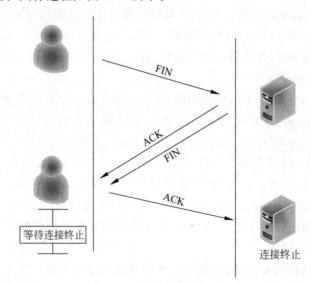

图 2-14 TCP 连接的终止

(1) 某个应用进程首先调用 close,称该端执行"主动关闭"(active close)。该端的 TCP 于是发送一个 FIN 分节,表示数据发送完毕。

(2) 接收到这个 FIN 的对端执行"被动关闭"(passive close),这个 FIN 由 TCP 确认。

注意:FIN 的接收也作为一个文件结束符(end-of-file)传递给接收端应用进程,放在已排队等候该应用进程接收的任何其他数据之后,因为FIN的接收意味着接收端应用进程在相应连接上再无额外数据可接收。

(3) 一段时间后,接收到这个文件结束符的应用进程将调用close关闭它的套接字。这导致它的TCP也发送一个FIN。

(4) 接收这个最终FIN的原发送端TCP(即执行主动关闭的那一端)确认这个FIN。

既然每个方向都需要一个FIN和一个ACK,因此通常需要4个分节。

2.5.2 UDP

UDP是User Datagram Protocol的简称,中文名是用户数据报协议,是OSI(Open System Interconnection,开放式系统互连)参考模型中一种无连接的传输层协议,提供面向事务的简单不可靠信息传送服务,IETF RFC 768是UDP的正式规范。UDP在IP报文中的协议号是17。

UDP在网络中与TCP一样,用于处理数据包,是一种无连接的协议。在OSI模型中,在第四层——传输层,处于IP协议的上一层。UDP有不提供数据包分组、组装和不能对数据包进行排序的缺点,也就是说,当报文发送之后,是无法得知其是否安全完整到达的。UDP用来支持那些需要在计算机之间传输数据的网络应用。包括网络视频会议系统在内的众多的客户端/服务器模式的网络应用都需要使用UDP。UDP从问世至今已经被使用了很多年,虽然其最初的光彩已经被一些类似协议所掩盖,但是即使是在今天UDP仍然不失为一项非常实用和可行的网络传输层协议。

与所熟知的TCP(传输控制协议)一样,UDP直接位于IP(网际协议)的顶层。根据OSI(开放系统互连)参考模型,UDP和TCP都属于传输层协议。UDP的主要作用是将网络数据流量压缩成数据包的形式。一个典型的数据包就是一个二进制数据的传输单位。每一个数据包的前8个字节用来包含报头信息,剩余字节则用来包含具体的传输数据。

UDP是一个无连接协议,传输数据之前源端和终端不建立连接,当它想传送时就简单地去抓取来自应用程序的数据,并尽可能快地把它扔到网络上。在发送端,UDP传送数据的速度仅仅是受应用程序生成数据的速度、计算机的能力和传输带宽的限制;在接收端,UDP把每个消息段放在队列中,应用程序每次从队列中读一个消息段。

由于传输数据不建立连接,因此也就不需要维护连接状态,包括收发状态等,因此一台服务机可同时向多个客户机传输相同的消息。

UDP信息包的标题很短,只有8字节,相对于TCP的20字节信息包的额外开销很小。吞吐量不受拥挤控制算法的调节,只受应用软件生成数据的速率、传输带宽、源端和终端主机性能的限制。UDP使用尽最大努力交付,即不保证可靠交付,因此主机不需要维持复杂的连接状态表(这里面有许多参数)。

UDP是面向报文的。发送方的UDP对应用程序交下来的报文,在添加首部后就向下交付给IP层,既不拆分,也不合并,而是保留这些报文的边界,因此,应用程序需要选择合适的报文大小。

虽然UDP是一个不可靠的协议,但它是分发信息的一个理想协议。例如,在屏幕上报告股票市场、在屏幕上显示航空信息等。UDP也用在路由信息协议(Routing Information Protocol,RIP)中修改路由表。在这些应用场合下,如果有一个消息丢失,几秒之后另一个新的消息就会替换它。UDP 广泛用在多媒体应用中。

UDP 和 TCP 的主要区别是两者在如何实现信息的可靠传递方面不同。TCP 中包含专门的传递保证机制,当数据接收方收到发送方传来的信息时,会自动向发送方发出确认消息;发送方只有在接收到该确认消息之后才继续传送其他信息,否则将一直等待直到收到确认信息为止。与 TCP 不同,UDP 并不提供数据传送的保证机制,如果在从发送方到接收方的传递过程中出现数据报的丢失,协议本身并不能做出任何检测或提示。因此,通常人们把 UDP 称为不可靠的传输协议。相对于 TCP,UDP 的另一个不同之处在于如何接收突发性的多个数据报。不同于 TCP,UDP 并不能确保数据的发送和接收顺序。事实上,UDP 的乱序性基本上很少出现,通常只会在网络非常拥挤的情况下才有可能发生。

2.6 网际层协议

2.6.1 IP 协议

IP 协议是将多个包交换网络连接起来,它在源地址和目的地址之间传送一种称为数据包的东西,它还提供对数据大小的重新组装功能,以适应不同网络对包大小的要求。

IP 不提供可靠的传输服务,它不提供端到端的或(路由)结点到(路由)结点的确认,对数据没有差错控制,它只使用报头的校验码,不提供重发和流量控制。如果出错可以通过 ICMP 报告,ICMP 在 IP 模块中实现。

IP 实现两个基本功能:寻址和分段。IP 可以根据数据包包头中包括的目的地址将数据包传送到目的地址,在此过程中 IP 负责选择传送的道路,这种选择道路称为路由功能。如果有些网络内只能传送小数据包,IP 可以将数据包重新组装并在报头域内注明。IP 模块中包括这些基本功能,这些模块存在于网络中的每台主机和网关上,而且这些模块(特别在网关上)有路由选择和其他服务功能。对 IP 来说,数据包之间没有什么联系,对 IP 不好说什么连接或逻辑链路。

IP 使用四个关键技术提供服务:服务类型、生存时间、选项和报头校验码。服务类型指希望得到的服务质量。服务类型是一个参数集,这些参数是 Internet 能够提供服务的代表。这种服务类型由网关使用,用于在特定的网络,或是用于下一个要经过的网络,或是下一个要对这个数据包进行路由的网关上选择实际的传送参数。生存时间是数据包可以生存的时间上限。它由发送者设置,由经过路由的地方处理。如果未到达时生存时间为零,则抛弃此数据包。对于控制函数来说选项是重要的,但对于通常的通信来说它没有存在的必要。选项包括时间戳、安全和特殊路由。报头校验码保证数据的正确传输。如果校验出错,则抛弃整个数据包。

IP 报文的基本格式如图 2-15 所示。

版本号:4b,用来标识 IP 版本号。这个 4b 字段的值设置为二进制的 0100 表示 IPv4,设置为 0110 表示 IPv6。目前使用的 IP 协议版本号是 4。

首部长度:4b。标识包括选项在内的 IP 头部字段的长度。

服务类型:8b。服务类型字段被划分成两个子字段:3b 的优先级字段和 4b 的 TOS 字

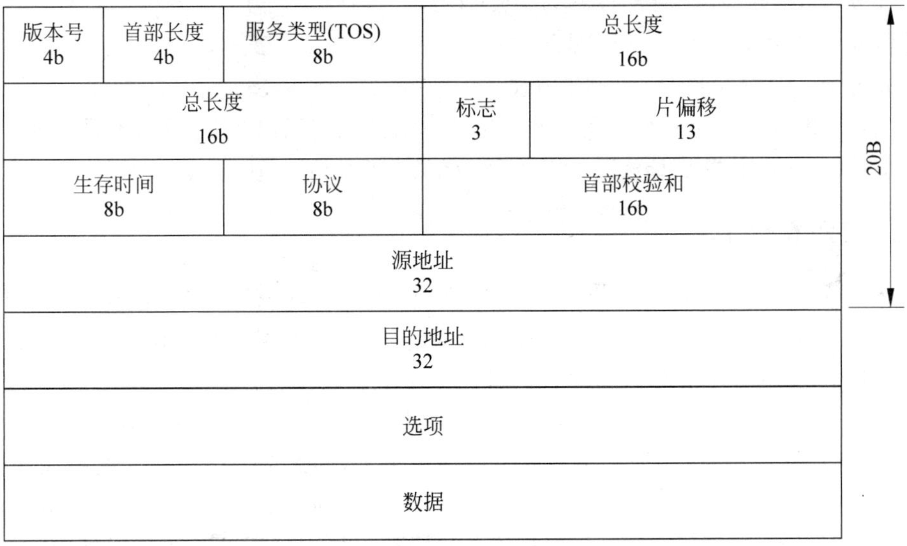

版本号 4b	首部长度 4b	服务类型(TOS) 8b	总长度 16b	
总长度 16b			标志 3	片偏移 13
生存时间 8b	协议 8b		首部校验和 16b	
源地址 32				
目的地址 32				
选项				
数据				

图 2-15 IP 报文的基本格式

段,最后一位置为 0。4b 的 TOS 分别代表最小时延、最大吞吐量、最高可靠性和最小花费。4b 中只能将其中 1b 置 1。如果 4b 均为 0,则代表一般服务。

总长度:16b。接收者用 IP 数据报总长度减去 IP 报头长度就可以确定数据包数据有效负荷的大小。IP 数据报最长可达 65 535B。

标识:16b。唯一地标识主机发送的每一份数据报。接收方根据分片中的标识字段是否相同来判断这些分片是否是同一个数据报的分片,从而进行分片的重组。通常每发送一份报文它的值就会加 1。

标志:3b。用于标识数据报是否分片。第 1 位没有使用,第 2 位是不分段(DF)位。当 DF 位被设置为 1 时,表示路由器不能对数据包进行分段处理。如果数据包由于不能分段而未能被转发,那么路由器将丢弃该数据包并向源发送 ICMP 不可达。第 3 位是分段(MF)位。当路由器对数据包进行分段时,除了最后一个分段的 MF 位被设置为 0 外,其他的分段的 MF 位均设置为 1,以便直到收到 MF 位为 0 的分片为止。

片偏移:13b。在接收方进行数据报重组时用来标识分片的顺序。用于指明分段起始点相对于报头起始点的偏移量。由于分段到达时可能错序,所以位偏移字段可以使接收者按照正确的顺序重组数据包。当数据包的长度超过它所要去的那个数据链路的 MTU 时,路由器要将它分片。数据包中的数据将被分成小片,每一片被封装在独立的数据包中。接收端使用标识符,分段偏移以及标记域的 MF 位来进行重组。

生存时间:8b。TTL 域防止丢失的数据包再无休止地传播。该域包含一个 8b 整数,此数由产生数据包的主机设定。TTL 值设置了数据报可以经过的最多的路由器数。TTL 的初始值由源主机设置(通常为 32 或 64),每经过一个处理它的路由器,TTL 值减 1。如果一台路由器将 TTL 减至 0,它将丢弃该数据包并发送一个 ICMP 超时消息给数据包的源地址。

协议:8b。用来标识是哪个协议向 IP 传送数据。ICMP 为 1,IGMP 为 2,TCP 为 6,UDP 为 17,GRE 为 47,ESP 为 50。

首部校验和：根据 IP 首部计算的校验和码。

源地址：IP 报文发送端的 IP 地址。

目的地址：IP 报文接收端的 IP 地址。

选项：是数据报中的一个可变长的可选信息。选项字段以 32b 为界，不足时插入值为 0 的填充字节。保证 IP 首部始终是 32b 的整数倍。

2.6.2 IPv6 协议

IPv6 是 Internet Protocol Version 6 的缩写，也被称作下一代互联网协议，它是由 IETF 小组（Internet Engineering Task Force，Internet 工程任务组）设计的用来替代现行的 IPv4（现行的 IP）协议的一种新的 IP 协议。

Internet 的主机都有一个唯一的 IP 地址，IP 地址用一个 32b 二进制数表示一个主机号码，但 32b 地址资源有限，已经不能满足用户的需求了，因此 Internet 研究组织发布了新的主机标识方法，即 IPv6。在 RFC1884 中（RFC 是 Request for Comments Document 的缩写。RFC 实际上就是 Internet 有关服务的一些标准），规定的标准语法建议把 IPv6 地址的 128b(16B) 写成 8 个 16b 的无符号整数，每个整数用四个十六进制位表示，这些数之间用冒号（:）分开，例如 3ffe:3201:1401:1280:c8ff:fe4d:db39:1984。

IPv6 具有如下特点。

1. 扩展的寻址能力

IPv6 将 IP 地址长度从 32b 扩展到 128b，支持更多级别的地址层次、更多的可寻址结点数以及更简单的地址自动配置。通过在组播地址中增加一个"范围"域提高了多点传送路由的可扩展性。还定义了一种新的地址类型，称为"任意播地址"，用于发送包给一组结点中的任意一个。

2. 简化的报头格式

一些 IPv4 报头字段被删除或变为可选项，以减少包处理中例行处理的消耗并限制 IPv6 报头消耗的带宽。

3. 对扩展报头和选项支持的改进

IP 报头选项编码方式的改变可以提高转发效率，使得对选项长度的限制更宽松，且提供了将来引入新的选项的更大的灵活性。

4. 标识流的能力

增加了一种新的能力，使得标识属于发送方要求特别处理（如非默认的服务质量获"实时"服务）的特定通信"流"的包成为可能。

5. 认证和加密能力

IPv6 中指定了支持认证、数据完整性和（可选的）数据机密性的扩展功能。

2.6.3 ICMP 协议

ICMP(Internet Control Message Protocol，Internet 控制报文协议）是 TCP/IP 协议簇的一个子协议，用于在 IP 主机、路由器之间传递控制消息。控制消息是指网络通不通、主机是否可达、路由是否可用等网络本身的消息。这些控制消息虽然并不传输用户数据，但是对于用户数据的传递起着重要的作用。

ICMP(图 2-16)是一种面向无连接的协议,用于传输出错报告控制信息。它是一个非常重要的协议,对于网络安全具有极其重要的意义。它是 TCP/IP 协议族的一个子协议,属于网络层协议,主要用于在主机与路由器之间传递控制信息,包括报告错误、交换受限控制和状态信息等。当遇到 IP 数据无法访问目标、IP 路由器无法按当前的传输速率转发数据包等情况时,会自动发送 ICMP 消息。ICMP 报文在 IP 帧结构的首部协议类型字段的值为1。

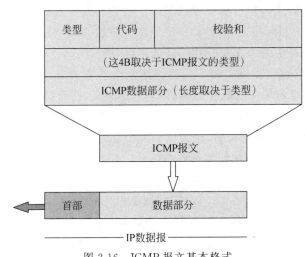

图 2-16　ICMP 报文基本格式

ICMP 报文包含在 IP 数据报中,属于 IP 的一个用户,IP 头部就在 ICMP 报文的前面,所以一个 ICMP 报文包括 IP 头部、ICMP 头部和 ICMP 报文。IP 头部的 Protocol 值为1就说明这是一个 ICMP 报文。ICMP 头部中的类型(Type)域用于说明 ICMP 报文的作用及格式。此外,还有一个代码(Code)域用于详细说明某种 ICMP 报文的类型。所有数据都在 ICMP 头部后面。

ICMP 主要应用在 ping 命令中。通常使用 ping 命令测试互通性时有以下几种消息反馈。

(1) Request Time Out。

(2) Destination Unreachable。

(3) TTL Expired in transit。

情况 1:当信源机 ping 某信宿机时,信源机在一段时间内(信源机发送 ICMP 请求报文后,会启动定时器0)无法收到 ICMP 响应报文,就会产生该种情况。出现上述问题的原因在于,信源到信宿的路由正常,而信宿到信源无可用通路。

情况 2:当信源机到信宿机无可用通路时,就会产生该种原因。

情况 3:当信源机发送 IP 数据包时(ICMP 是被直接封装在 IP 包中),会加上包的 TTL (Time to Live),数据包在每经过一个路由器时,路由器会将包的 TTL 减1,如果在 ICMP 请求报文未到信宿机之前,该数据包的 TTL 为0,则相应的网关丢弃该报文,同时向信源机发送 ICMP 的超时报文,在信源机上应显示 TTL Expired in transit 消息。该问题主要是在网络内部出现了路由循环造成数据包无法到达信宿机,可使用 Tracert 跟踪,判断故障出处(使用该命令时最好在主机上完成)。

2.6.4 ARP 和 RARP 协议

1. ARP

ARP(Address Resolution Protocol,地址解析协议)是根据 IP 地址获取物理地址的一个 TCP/IP 协议。主机发送信息时将包含目标 IP 地址的 ARP 请求广播到网络上的所有主机,并接收返回消息,以此确定目标的物理地址;收到返回消息后将该 IP 地址和物理地址存入本机 ARP 缓存中并保留一定时间,下次请求时直接查询 ARP 缓存以节约资源。地址解析协议是建立在网络中各个主机互相信任的基础上的,网络上的主机可以自主发送 ARP 应答消息,其他主机收到应答报文时不会检测该报文的真实性就会将其记入本机 ARP 缓存;由此攻击者就可以向某一主机发送伪 ARP 应答报文,使其发送的信息无法到达预期的主机或到达错误的主机,这就构成了一个 ARP 欺骗。ARP 命令可用于查询本机 ARP 缓存中 IP 地址和 MAC 地址的对应关系、添加或删除静态对应关系等。相关协议有 RARP、代理 ARP。NDP 用于在 IPv6 中代替地址解析协议。

其工作过程如下。

主机 A 的 IP 地址为 192.168.1.1,MAC 地址为 0A-11-22-33-44-01。

主机 B 的 IP 地址为 192.168.1.2,MAC 地址为 0A-11-22-33-44-02。

当主机 A 要与主机 B 通信时,地址解析协议可以将主机 B 的 IP 地址(192.168.1.2)解析成主机 B 的 MAC 地址,以下为工作流程。

第 1 步:根据主机 A 上的路由表内容,确定用于访问主机 B 的转发 IP 地址是 192.168.1.2。然后 A 主机在自己的本地 ARP 缓存中检查主机 B 的匹配 MAC 地址。

第 2 步:如果主机 A 在 ARP 缓存中没有找到映射,它将询问 192.168.1.2 的硬件地址,从而将 ARP 请求帧广播到本地网络上的所有主机。源主机 A 的 IP 地址和 MAC 地址都包括在 ARP 请求中。本地网络上的每台主机都接收到 ARP 请求并且检查是否与自己的 IP 地址匹配。如果主机发现请求的 IP 地址与自己的 IP 地址不匹配,它将丢弃 ARP 请求。

第 3 步:主机 B 确定 ARP 请求中的 IP 地址与自己的 IP 地址匹配,则将主机 A 的 IP 地址和 MAC 地址映射添加到本地 ARP 缓存中。

第 4 步:主机 B 将包含其 MAC 地址的 ARP 回复消息直接发送回主机 A。

第 5 步:当主机 A 收到从主机 B 发来的 ARP 回复消息时,会用主机 B 的 IP 和 MAC 地址映射更新 ARP 缓存。本机缓存是有生存期的,生存期结束后,将再次重复上面的过程。主机 B 的 MAC 地址一旦确定,主机 A 就能向主机 B 发送 IP 通信了。

2. RARP

RARP(Reverse Address Resolution Protocol,反向地址转换协议)就是将局域网中某个主机的物理地址转换为 IP 地址,比如局域网中有一台主机只知道物理地址而不知道 IP 地址,那么可以通过 RARP 发出征求自身 IP 地址的广播请求,然后由 RARP 服务器负责回答。RARP 广泛用于获取无盘工作站的 IP 地址。

RARP 允许局域网的物理机器从网关服务器的 ARP 表或者缓存上请求其 IP 地址。网络管理员在局域网网关路由器里创建一个表以映射物理地址(MAC)和与其对应的 IP 地址。当设置一台新的机器时,其 RARP 客户机程序需要向路由器上的 RARP 服务器请求相应的 IP 地址。假设在路由表中已经设置了一个记录,RARP 服务器将会返回 IP 地址给机器,此机器就会存储起来以便日后使用。RARP 可以使用于以太网、光纤分布式数据接口及令牌环 LAN。

其工作过程如下。

(1) 给主机发送一个本地的 RARP 广播,在此广播包中,声明自己的 MAC 地址并且请求任何收到此请求的 RARP 服务器分配一个 IP 地址。

(2) 本地网段上的 RARP 服务器收到此请求后,检查其 RARP 列表,查找该 MAC 地址对应的 IP 地址。

(3) 如果存在,RARP 服务器就给源主机发送一个响应数据包并将此 IP 地址提供给对方主机使用。

(4) 如果不存在,RARP 服务器对此不做任何的响应。

(5) 源主机收到从 RARP 服务器的响应信息,就利用得到的 IP 地址进行通信;如果一直没有收到 RARP 服务器的响应信息,表示初始化失败。

2.6.5 IGMP 协议

IGMP(Internet Group Management Protocol,Internet 组管理协议)是因特网协议家族中的一个组播协议。该协议运行在主机和组播路由器之间。IGMP 共有三个版本,即 v1、v2 和 v3。

主机 IP 软件需要进行组播扩展,才能使主机在本地完成收发组播分组。但仅靠这一点是不够的,因为跨越多个网络的组播转发必须依赖于路由器。路由器为建立组播转发路由必须了解每个组员在 Internet 中的分布,这要求主机必须能将其所在的组播通知给本地路由器,这也是建立组播转发路由的基础。主机与本地路由器之间使用 Internet 组管理协议(Internet Group Management Protocol,IGMP)来进行组播组成员信息的交互。在此基础上,本地路由器再将信息与网络组播路由器通信,传播组播组的成员信息,并建立组播路由。这个过程与路由器之间的常规单播路由的传播十分相似。IGMP 是 TCP/IP 中的重要标准之一,所有 IP 组播系统(包括主机和路由器)都需要支持 IGMP。

组播协议包括组成员管理协议和组播路由协议。组成员管理协议用于管理组播组成员的加入和离开,组播路由协议负责在路由器之间交互信息来建立组播树。IGMP 属于前者,是组播路由器用来维护组播组成员信息的协议,运行于主机和组播路由器之间。IGMP 信息封装在 IP 报文中,其 IP 的协议号为 2。

若一个主机想要接收发送到一个特定组的组播数据包,它需要监听发往那个特定组的所有数据包。为解决 Internet 上组播数据包的路径选择,主机需通过通知其子网上的组播路由器来加入或离开一个组,组播中采用 IGMP 来完成这一任务。这样,组播路由器就可以知道网络上组播组的成员,并由此决定是否向它们的网络转发组播数据包。当一个组播路由器收到一个组播分组时,它检查数据包的组播目的地址,仅当接口上有那个组的成员时才向其转发。

IGMP 提供了在转发组播数据包到目的地的最后阶段所需的信息,实现如下双向的功能。

(1) 主机通过 IGMP 通知路由器希望接收或离开某个特定组播组的信息。

(2) 路由器通过 IGMP 周期性地查询局域网内的组播组成员是否处于活动状态,实现所连网段组成员关系的收集与维护。

2.7 网络接口层协议

2.7.1 HDLC 协议

HDLC 协议(High Level Data Link Control,高级数据链路控制规程)是面向比特的数据链路控制协议的典型代表,该协议不依赖于任何一种字符编码集;数据报文可透明传输,用于实现透明传输的"0 比特插入法"易于硬件实现;全双工通信,有较高的数据链路传输效率;所有帧采用 CRC 检验,对信息帧进行顺序编号,可防止漏收或重发,传输可靠性高;传输控制功能与处理功能分离,具有较大灵活性。

面向比特的协议中最有代表性的是 IBM 的同步数据链路控制规程(Synchronous Data Link Control,SDLC)、国际标准化组织(International Standards Organization,ISO)的高级数据链路控制规程(High Level Data Link Control,HDLC)、美国国家标准协会(American National Standards Institute,ANSI)的先进数据通信规程(Advanced Data Communications Control Procedure,ADCCP)。这些协议的特点是所传输的一帧数据可以是任意位,而且它是靠约定的位组合模式,而不是靠特定字符来标志帧的开始和结束,故称为"面向比特"的协议。

2.7.2 PPP 协议

PPP(Point to Point Protocol,点对点协议)为在点对点连接上传输多协议数据包提供了一个标准方法。PPP 最初设计是为两个对等结点之间的 IP 流量传输提供一种封装协议。在 TCP/IP 协议集中它是一种用来同步调制连接的数据链路层协议(OSI 模式中的第二层),替代了原来非标准的第二层协议,即 SLIP。除了 IP 以外,PPP 还可以携带其他协议,包括 DECnet 和 Novell 的 Internet 网包交换(IPX)。

PPP 是为在同等单元之间传输数据包这样的简单链路设计的链路层协议。这种链路提供全双工操作,并按照顺序传递数据包。其设计目的主要是用来通过拨号或专线方式建立点对点连接发送数据,使其成为各种主机、网桥和路由器之间简单连接的一种共通的解决方案。

PPP 的功能如下。

(1) PPP 具有动态分配 IP 地址的能力,允许在连接时刻协商 IP 地址。
(2) PPP 支持多种网络协议,比如 TCP/IP、NetBEUI、NWLINK 等。
(3) PPP 具有错误检测能力,但不具备纠错能力,所以 PPP 是不可靠传输协议。
(4) PPP 支持数据压缩。
(5) PPP 具有身份验证功能。
(6) PPP 可以用于多种类型的物理介质上,包括串口线、电话线、移动电话和光纤(例如 SDH),PPP 也用于 Internet 接入。

2.7.3 EthernetV2 协议

以太网是当今现有局域网采用的最通用的通信协议标准。该协议定义了局域网中采用的电缆类型和信号处理方法。它包括6B的目的MAC地址,6B的源MAC地址,2B的类型域(用于标示封装在这个Frame里面的数据的类型),以及46～1500B的数据和4B的帧校验。

报头:8B,前7个字节为0,1交替的字节(10101010)用来同步接收站,一个10101011字节指出帧的开始位置。报头提供接收器同步和帧界定服务。

目标地址:6B,可以是单播或者广播地址。单播地址为对方MAC地址,广播地址为0xFF FF FF FF。

源地址:6B。指出发送结点的单点广播地址。

以太类型:2B,用来指出以太网帧内所含的上层协议,即帧格式的协议标识符。对于IP报文来说,该字段的值是0x0800;对于ARP信息来说,该字段的值是0x0806。

有效负载:由一个上层协议的协议数据单元PDU构成。可以发送的最大有效负载是1500B。由于以太网的冲突检测特性,有效负载至少是46B。如果上层协议数据单元长度少于46B,必须增补到46B。

帧校验序列:4B。验证比特完整性。

2.7.4 PPPoE 与 PPPoA 协议

1. PPPoE 协议

PPPoE(Point-to-Point Protocol Over Ethernet,以太网上的点对点协议)是将点对点协议(PPP)封装在以太网(Ethernet)框架中的一种网络隧道协议。由于协议中集成PPP,所以可实现传统以太网不能提供的身份验证、加密以及压缩等功能,也可用于缆线调制解调器(cable modem)和数字用户线路(DSL)等以以太网协议向用户提供接入服务的协议体系。

本质上,它是一个允许在以太网广播域中的两个以太网接口间创建点对点隧道的协议。以Linux系统常用的pppd为例,支持PPP接口上面的IP、IPv6和IPX网络层协议。

它使用传统的基于PPP的软件来管理一个不是使用串行线路而是使用类似于以太网的有向分组网络的连接。这种有登录和口令的标准连接,方便了接入供应商的记费。并且,连接的另一端仅当PPPoE连接接通时才分配IP地址,所以允许IP地址的动态复用。

PPPoE是由UUNET、Redback Networks和RouterWare所开发的,发表于RFC2516说明中。

PPPoE分为以下两个阶段。

1) PPPoE 发现

由于传统的PPP连接是创建在串行链路或拨号时创建的ATM虚电路连接上的,所有的PPP帧都可以确保通过电缆到达对端。但是以太网是多路访问的,每一个结点都可以相互访问。以太帧包含目的结点的物理地址(MAC地址),这使得该帧可以到达预期的目的结点。因此,为了在以太网上创建连接而交换PPP控制报文之前,两个端点都必须知道对端的MAC地址,这样才可以在控制报文中携带MAC地址。PPPoE发现阶段做的就是这件事。除此之外,在此阶段还将创建一个会话ID,以供后面交换报文使用。

2) PPP 会话

一旦连接的双方知道了对端的MAC地址,会话就创建了。

2. PPPoA 协议

PPPoA(Point-to-Point Protocol over Asynchronous Transfer Mode,异步传输模式上的点对点协议)是 OSI 模型中资料连接层的协定,常用来通过电话线连接家用的宽带 Modem 和网络服务供应商(ISP)。

PPPoA 常用在有线电缆数据服务接口规范(DOCSIS)及 DSL 营运者中,将 PPP 的帧封装在 AAL5 中。PPPoA 有标准的 PPP 功能,例如身份验证、加密及数据压缩。若是在一个以异步传输模式为基础的网络中用 PPPoA 作为连接加密的方式,相较于 PPPoE,PPPoA 可以略为减轻负载(0.58%)。PPPoA 也避免了 PPPoE 常遇到的一个问题,就是其最大传输单元比标准以太网传输协定要少的问题。PPPoA 也提供以下的加密方式:VC-MUX 及逻辑链路控制。

2.7.5 ATM 协议

ATM(Asynchronous Transfer Mode)是一种以信元为单位的异步转移模式。它是基于 B-ISDN 宽带综合服务数字网标准而设计的用来提高用户综合访问速度的一项技术。从交换形式而言,ATM 是面向连接的链路,任何一个 ATM 终端与另一个用户通信的时候都需要建立连接,从这一方面来看,ATM 拥有电路交换的特点;另一方面,ATM 采用信元(Cell)交换的方式,信元长度固定为 53B。

ATM 信元是固定长度的分组,共有 53B,分为两个部分。前面 5B 为信头,主要完成寻址的功能;后面的 48B 为信息段,用来装载来自不同用户、不同业务的信息。话音、数据、图像等所有的数字信息都要经过切割,封装成统一格式的信元在网中传递,并在接收端恢复成所需格式。由于 ATM 技术简化了交换过程,去除了不必要的数据校验,采用易于处理的固定信元格式,所以 ATM 交换速率大大高于传统的数据网,如 x.25、DDN、帧中继等。另外,对于如此高速的数据网,ATM 网络采用了一些有效的业务流量监控机制,对网上用户数据进行实时监控,把网络拥塞发生的可能性降到最小。对不同业务赋予不同的特权,如语音的实时性特权最高,一般数据文件传输的正确性特权最高,网络对不同业务分配不同的网络资源,这样不同的业务在网络中才能做到和平共处。在一条物理链路上,可同时建立多条承载不同业务的虚电路,如语音、图像、文件传输等。

习 题

(1) OSI 参考模型是什么?
(2) OSI 参考模型包含哪些层次?
(3) 简述 OSI 参考模型数据传输过程。
(4) TCP/IP 包含哪些层次?
(5) TCP/IP 各层的具体服务协议有哪些?

第 3 章 谁构筑了网络的铜墙铁壁

> 本章从广域网的概念、数据交换方式、公用网技术、传输介质、接入网和无线广域网技术等方面全面剖析了广域网技术的本质。人们常说的通信技术其实就是以广域网技术为基础的技术。通过本章的学习,对读者来说,广域网通信将变得透明而清晰。

3.1 走进广域网

广域网(Wide Area Network,WAN)也称远程网,是一种用来实现不同地区的局域网或城域网的互联,可提供不同地区、城市和国家之间的计算机通信的远程计算机网。

广域网是在传输距离较长的前提下所发展的相关技术的集合,用于将大区域范围内的各种计算机设备和通信设备互连在一起,组成一个资源共享的通信网络。其主要特点如下。

(1) 长距离。一般跨越城市,甚至是进行全球的远距离连接。

(2) 低速率。在很早的时候,广域网的传输速率是以 kb/s 为单位的。当然随着应用的需要,技术的不断创新,现在也出现了许多像 ISDN、ADSL、ATM 这样的高速广域网,其传输速率能达到 Mb/s 级,甚至更高。

(3) 高成本。相对于城域网、局域网来说,广域网的架设成本是很昂贵的。不过,它却给世界带来了前所未有的大发展。

(4) 维护困难。相对于局域网维护来说,广域网管理、维护更为困难。

(5) 传输介质多样。可以使用多种介质进行数据传输,如光纤、双绞线、同轴电缆、微波、卫星、红外线、激光等。

从整个电信网的角度来讲,可以将全网划分为公用网和用户驻地网(Customer Premises Network,CPN)两大块。其中,CPN 属用户所有,因而,通常意义的公用网指的是公用电信网部分。公用网又可以划分为长途网、中继网和接入网(Access Network,AN)三部分。长途网和中继网合并称为核心网。相对于核心网,接入网介于本地交换机和用户之间,主要完成使用户接入到核心网的任务。

具体地说,接入网是由业务结点接口(Service Node Interface,SNI)和相关用户网络接口(User Network Interface,UNI)及为传送电信业务所需承载能力的系统组成的,经 Q3 接口进行配置和管理。因此,接入网可由三个接口界定,即网络经由 SNI 与业务结点相连,用户则通过 UNI 与用户相连,管理方面则经 Q3 接口与电信管理网(Telecommunications

Management Network，TMN)相连。接入网的引入给通信网带来新的变革,使整个通信网络结构发生了根本的变化。

ITU-T 根据近年来电信网的发展演变趋势,提出了接入网的概念。接入网的重要特征可以归纳为如下几点。

(1) 接入网对于所接入的业务提供承载能力,实现业务的透明传送。

(2) 接入网对用户信令是透明的,除了一些用户信令格式转换外,信令和业务处理的功能依然在业务结点中。

(3) 接入网的引入不应限制现有的各种接入类型和业务,接入网应通过有限的标准化的接口与业务结点相连。

(4) 接入网有独立于业务结点的网络管理系统,该系统通过标准化的接口连接 TMN,TMN 实施对接入网的操作、维护和管理。

3.2 数据交换方式

数据传输的双方若有点对点的链路连接,那么实现数据通信最为方便。但现实中很多时候这种配置很难实现,当数据传输的双方物理距离很远,或者需要相连的传输设备很多,就需要在各工作站之间建立一个通信网络。

这个通信网络通常分成两种：广域网和局域网。虽然现在广域网和局域网无论从技术还是应用上,其分界线都变得越来越模糊,其区别主要在于认为局域网通常在一个较小的范围或组织之内,而且数据的传播速度比广域网快得多。从技术上来说,局域网使用广播,而广域网使用数据交换。

交换即转接,是在交换通信网中实现数据传输必不可少的技术。交换方式按照性质可以分为电路交换、存储交换和信元交换。其中,存储交换又分为报文交换和报文分组交换,而后者通常简称为分组交换。

3.2.1 电路交换

电路交换又称为线路交换。在所有的交换方式中,电路交换是一种直接的交换方式。这种方式提供了一条临时的专用通道,这个通道既可以是物理通道,也可以是逻辑通道(使用时分或频分复用技术)。通信的双方在通信时,确实占有了一条专用的通道,而这个临时的专用通道在双方通信的接收前,即使双方并没有进行任何数据传输,也不能为其他站点服务。

线路交换按其结点直接连通一个输入线和一个输出线(空间分割)或按时间片分配物理通路给多个通道(时间分割)方式又分为空间分割线路交换和时间分割线路交换。

目前公用电话网广泛使用的交换方式是电路交换,经由电路交换的通信包括电路建立、数据传输、电路拆除三个阶段。通过源站点请求完成交换网中对应的所需逐个结点的接续(连接)过程,以建立起一条由源站到目的站的传输通道。在通道建立之后,传输双方可以进行全双工传输。在完成数据或信号的传输后,由源站或目站提出终止通信,各结点相应拆除该电路的对应连接,释放由原电路占用的结点和信道资源。

1. 电路交换的特点

电路交换要在两站间建立一条专用通信链路需要花费一段时间,这段时间称为呼叫建立时间。在此过程中,会由于交换网繁忙等原因而使建立失败,对于交换网则要拆除已建立的部分电路,用户需要挂断重拨,这称为呼损。电路交换工作原理如图3-1所示。

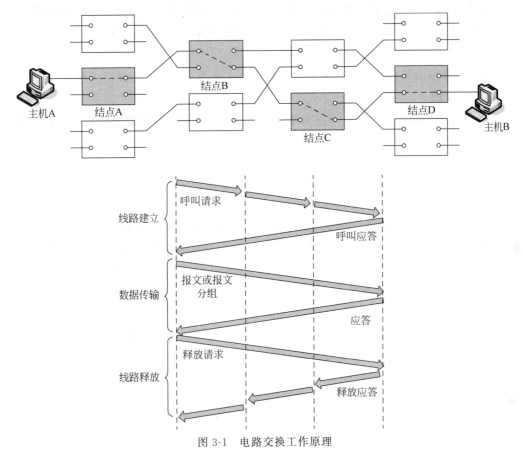

图 3-1 电路交换工作原理

电路交换方式利用率低。通信链路建立,进行数据传输,直至通信链路拆除为止,信道是专用的,即使传输双方暂时没有任何数据,通道也不能为其他任何传输方利用,再加上通信建立时间、拆除时间和呼损,因此,其利用率较低。

2. 电路交换的优势

电路交换的一个优势是,提供给用户的是"透明通路",即交换网对用户信息的编码方法、信息格式以及传输控制程序等都不加以限制,通信双方的收发速度、编码方法、信息格式、传输控制等完全由传输双方决定。

在传输的过程中,在每个结点的延迟是可以忽略的,数据以固定的数据率传输,除通过传输链路的传播延迟以外,没有别的延迟,适用于实时大批量连续的数据传输。

在交换的数据是相对较为连续的数据流时(如语音),电路交换是一种适宜的、容易使用的交换技术。

3.2.2 存储交换

在数据交换中,对一些实时性要求不高的信息,如图书管理系统中备份数据库信息,允许信息等待一些时间再转发出去,在等待的时间里能进行一些必要的数据处理工作,此时,采用存储转发式的存储交换方式比较合适。存储交换原理是输入信息在交换装置控制下先存入缓冲存储器暂存,并对存储的数据进行一些必要的处理,待输出线路空闲时,再将数据转发输出。转换交换装置起到了交换开关的作用,它可控制输入信息存入缓冲区等待输出口的空闲,接通输出并传送信息。存储交换分为报文交换和报文分组交换两种。

1. 报文交换

目前数字数据通信广泛使用报文交换。在报文交换网中,网络结点通常为一台专用计算机配备足够的外存,以便在报文进入时进行缓冲存储。结点接收一个报文之后,暂时将报文存放在结点的存储设备之中,等输出线路空闲时,再根据报文中所附的目的地址将其转发到下一个合适的结点,如此往复,直到报文到达目标数据终端。所以报文交换也称为存储转发(Store and Forward)交换。

在报文交换中,每一个报文由传输的数据和报头组成,报头中有源地址和目标地址。结点根据报头中的目标地址为报文进行路径选择。并且对收发的报文进行相应的处理,如差错检查和纠错、调节输入/输出速度进行数据速率转换,进行流量控制,甚至可以进行编码方式的转换等,所以报文交换是在两个结点间的一段链路上逐段传输,不需要在两个主机间建立多个结点组成的电路通道。

与电路交换相比,报文交换方式不要求交换网为通信双方预先建立一条专用的数据通路,因此就不存在建立电路和拆除电路的过程。报文交换中每个结点都对报文进行"存储转发",报文数据在交换网中是按接力方式发送的。通信双方事先并不知道报文所要经过的传输路径,并且各个结点不被特定报文所独占。

报文交换具有下列特征。

(1) 在通信时不需要建立一条专用的通路,不会像电路占用专有线路那样而造成线路浪费,线路利用率高,同时也就没有建立和拆除线路所需要的等待和时延。

(2) 每一个结点在存储转发中都有校验、纠错功能,数据传输的可靠性高。

报文交换的主要缺点是,由于采用了对完整报文的存储/转发,要求各站点和网中结点有较大的存储空间,以备存整个报文,只有当链路空闲时才能进行发送,故时延较大,不适用于交互式通信(如电话通信);由于每个结点都要把报文完整地接收、存储、检错、纠错、转发,产生了结点延迟,并且报文交换对报文长度没有限制,报文可以很长,这样就有可能使报文长时间占用某两结点之间的链路,不利于实时交互通信。分组交换即所谓的包交换正是针对报文交换的缺点而提出的一种改进方式。

2. 报文分组交换

该方式是把长的报文分成若干较短的、标准的"报文分组"(Packet),以报文分组为单位进行发送、暂存和转发。每个报文分组,除要传送的数据地址信息外,还有数据分组编号。报文在发送端被分组后,各组报文可按不同的传输路径进行传输,经过结点时,同样要存储、转发,最后在接收端将各报文分组按编号顺序再重新组成报文。报文与报文分组的结构如图 3-2 所示。

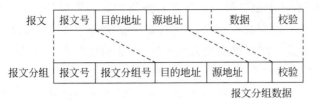

图 3-2 报文与报文分组的结构

与报文交换方式相比,报文分组交换的优点有以下几点。

(1) 分组本身较短,在各个结点之间传送比较灵活。

(2) 各分组路径自行选择,每个结点在收到一个报文后,即可向下一个结点转发,不必等其他分组到齐,因此大大减少了对各结点存储容量的要求,同时也缩短了网络延时。

(3) 报文分组传输中由于报文短,故传输中差错较少且一旦出错容易纠正。

当然报文分组也带来一定的复杂性,即发送端要求能将报文分组,而接收端则要求能将报文分组组合成报文,这增加了报文加工处理的时间。

报文分组的主要特点如下。

(1) 报文分组除数据信息外,还必须包括目的地址、分组编号、校验码等控制信息,并按规定的格式排列。每个分组大小限制在 1000 位。

(2) 报文分组采用存储交换方式,一般由存储交换机进行高速传输,分组容量小,交换时间短,因此可传输实时性信息。

(3) 每个报文分组不要求都走相同的路线,各分组可自行选择最佳路径,自己进行差错校验。报文分组到达目的结点时,先去掉附加的冗余控制信号,再按编号组装成原来的报文,传送给目的用户。上述功能在结点机和通信软件的配合下完成。

存储转发方式实际上是报文在各结点可以暂存于缓冲区内,缓冲区大,暂存的信息就多,当结点输入线传来的报文量超过输出线传输容量时,报文就要在缓冲器中暂存、等待,一旦输出线空闲时,暂存的报文就再传送。可见,报文通过结点时会产生延时,报文在一个结点的延迟时间=接收一个报文分组的时间+排队等待发送到下一个结点的时间。采用限定报文长度的方法可以控制报文通过结点的延时,但网络上被访问结点的总延时必须考虑。

应用排队理论分析,一般认为网络中被访问结点上总延时等于报文分组平均长度与线路速度之比。因此采用可变长度的报文,即使有个别的长报文也会严重影响平均延时。因为报文是顺序处理的,一个长报文产生额外的延时势必会影响其后各报文的处理,所以,必须规定报文分组的最大长度。超过规定最大长度的报文需拆成报文组后再发送。

报文分组交换虽然可以控制延时,但由于报文分组各自选择,相应地也存在一些缺点。

(1) 增加了信息传输量。报文分组方式要在每个分组内增加传输的目的地址和附加传输控制信息,因此总的信息量增加约 5%~10%。

(2) 由于报文分组交换允许各报文分组自己选择传输路径,使报文分组到达目的点时的顺序没有规则,可能出现丢失、重复报文分组的情况。因此,接收端需要将报文分组编号进行排序等工作。这需要通过端对端协议解决,因此数据报文分组交换方式适用于传输距离短、结点不多、报文分组较少的情况。

对于短报文来说，一个报文分组就足够容纳所传送的数据信息。一般单个报文分组称为数据报(Datagram)。数据报的服务以传送单个报文分组为主要目标。数据报是报文分组存储转发的一种形式。与线路交换方式相比，在数据报方式中，分组传送不需要预先在源主机与目的主机之间建立"线路连接"。源主机所发送的每一个分组都可以独立地选择一条传输路径。每个分组在通信子网中可能是通过不同的传输路径，从源主机到达目的主机。典型的数据报方式的工作过程，如图3-3所示。

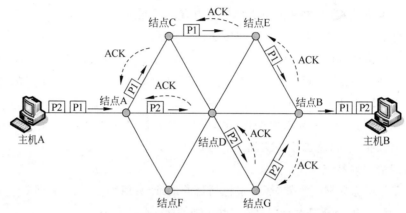

图 3-3 数据报方式工作过程

(1) 源主机 A 将报文 M 分成多个分组 P1，P2，…，Pn，依次发送到与其直接连接的通信子网的通信控制处理机 A(即结点 A)。

(2) 结点 A 每接收一个分组均要进行差错检测，以保证主机 A 与结点 A 的数据传输的正确性；结点 A 接收到分组 P1，P2，…，Pn 后，要为每个分组进入通信子网的下一结点启动路由选择算法。由于网络通信状态是不断变化的，分组 P1 的下一个结点可能选择为结点 C，而分组 P2 的下一个结点可能选择为结点 D，因此同一报文的不同分组通过子网的路径可能是不同的。

(3) 结点 A 向结点 C 发送分组 P1 时，结点 C 要对 P1 传输的正确性进行检测。如果传输正确，结点 C 向结点 A 发送正确传输的确认信息 ACK；结点 A 接收到结点 C 的 ACK 信息后，确认 P1 已正确传输，则废弃 P1 的副本。其他结点的工作过程与结点 C 的工作过程相同。这样，报文分组 P1 通过通信子网中多个结点的存储转发，最终正确地到达目的主机 B。

数据报工作方式的特点如下。

(1) 同一报文的不同分组可以由不同的传输路径通过通信子网。

(2) 同一报文的不同分组到达目的结点时可能出现乱序、重复与丢失现象。

(3) 每一个分组在传输过程中都必须带有目的地址与源地址。

(4) 数据报方式报文传输延迟较大，适用于突发性通信，不适用于长报文、会话式通信。

3. 虚电路服务

为了弥补报文分组交换方式的不足，减轻目的结点对报文分组进行重组的负担，引进了虚电路(Virtual Circuit)服务。为了进行数据传输，在发送者和接收者之间首先建立一条逻辑电路，以后的数据就按照相同的路径进行传送，直到通信完毕后该通路被拆除。在一条物理通路上可以建立多条逻辑通路，一对用户之间通信，占用其中一条逻辑通路。虚电路可以包括各段不相同的实际电路,经过若干中间结点的交换机或通信处理机制连接起来的逻辑通路构成。它是一条物理链路,在逻辑上复用为多条逻辑信道。虚电路一经建立就要赋予虚电路号,它反映信息的传输通道。这样报文分组中就不必再注明全部地址,相应地缩短了信息量,每个报文分组的虚电路可以各不相同。虚电路的工作原理如图 3-4 所示。

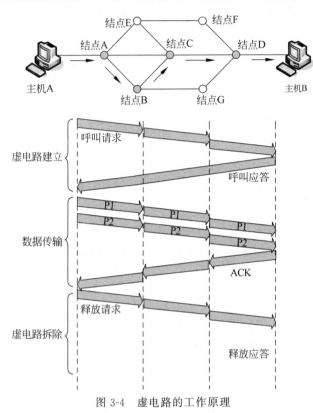

分组交换技术
——虚电路

图 3-4　虚电路的工作原理

虚电路服务的工作过程如下。

1) 虚电路建立阶段

在虚电路建立阶段,结点 A 启动路由选择算法选择下一个结点(例如结点 B),向结点 B 发送呼叫请求分组;同样,结点 B 也要启动路由选择算法选择下一个结点。以此类推,呼叫请求分组依次经过结点 A、结点 B、结点 C,送到目的结点 D。目的结点 D 向源结点 A 发送呼叫接收分组,至此虚电路建立。

2) 数据传输阶段

在数据传输阶段,虚电路方式利用已建立的虚电路,逐站以存储转发方式顺序传送分组。

3) 虚电路拆除阶段

在虚电路拆除阶段,将按照结点 D—结点 C—结点 B—结点 A 的顺序依次拆除虚电路。

虚电路方式的特点如下。

(1) 在每次报文分组发送之前,必须在发送方与接收方之间建立一条逻辑连接。之所以说是一条逻辑连接,是因为不需要真正去建立一条物理链路,因为连接发送方与接收方的物理链路已经存在。

(2) 一次通信的所有报文分组都通过这条虚电路顺序传送,因此报文分组不必带目的地址、源地址等辅助信息。报文分组到达目的结点时不会出现丢失、重复与乱序的现象。

(3) 报文分组通过虚电路上的每个结点时,结点只需要做差错检测,而不需要做路径选择。

(4) 通信子网中每个结点可以和任何结点建立多条虚电路连接。

有以下两种建立虚电路的方法。

1) 交换虚电路

交换虚电路的建立像打电话一样,按主叫用户的要求临时在两个(主、被叫)客户之间建立虚电路。使用这种方式通信的客户,一次完整的通信过程分为3个阶段:呼叫建立、数据传送和拆线阶段。它适用于数据传送量小、随机性强的场合。

2) 永久虚电路

这种方式如同租用专线一样,在两个客户之间建立固定的通路。它的建立由网络管理中心预先根据客户需求而设定,因此在客户使用中,只有数据传送阶段,而无呼叫建立和拆线阶段。

表 3-1 列出了虚电路服务和数据报服务之间的不同点。

表 3-1 虚电路服务和数据报服务的比较

比 较 项 目	虚 电 路	数 据 报
端-端连接	要	不要
目标站地址	仅连接时需要	每个分组都需要
分组顺序	按序	不保证
端-端差错处理和流程	均由通信子网负责	均由主机负责
状态信息	建立好的每条虚电路都要占用子网路由表的空间	子网不存储状态信息
路由器失败的影响	所有经过失效路由器的虚电路都要终止	除了崩溃丢失全部分组外,无其他影响
拥塞控制	比较容易	难

信元交换

3.2.3 信元交换

信元交换又叫 ATM(异步传输模式)交换,是一种面向连接的快速分组交换技术,它是通过建立虚电路来进行数据传输的。

1. ATM 交换的原理

信元交换技术是一种快速分组交换技术,它结合了电路交换技术延迟小和分组交换技术灵活的优点。信元是固定长度的分组,ATM 采用信元交换技术,其信元长度为 53B。信元头长 5B,数据长 48B。ATM 信元结构如图 3-5 所示。

信元传输采用异步时分复用(Asynchronous Time Division Multiplexing,ATDM),又称统计复用(Statistic Multiplexing)。信息源随机地产生信息,因为信元到达队列也是随机的。高速的业务信元来得十

图 3-5 ATM 信元结构

分频繁、集中,低速的业务信元来得很稀疏。这些信元都按顺序在队列中排队,然后按输出次序复用到传输线上。具有同样标志的信元在传输线上并不对应某个固定的时间间隙,也不是按周期出现的,信息和它在时域的位置之间没有关系,信息只是按信头中的标志来区分的。而在同步时分复用方式(如 PCM 复用方式)中,信息以它在一帧中的时间位置(时隙)来区分,一个时隙对应着一条信道,不需要另外的信息头来表示信息的身份。

ATM 网中的 ATM 主机在传输数据之前,首先将数据组织成若干个信元,每个信元的长度为 53B。通信子网中的 ATM 交换机的数据交换单元是信元。由于信元长度与格式固定,因此可以减少交换机的处理负荷,这就为交换机的高速交换创造了有利条件。

在 ATM 网中,ATM 主机也称为 ATM 端用户。ATM 端用户与 ATM 交换机统称为 ATM 设备。源 ATM 端主机在数据传输之前将根据对网络带宽的需求,发出连接建立请求。ATM 交换机在接收到请求后,将根据网络状况选择从源 ATM 端主机,经过 ATM 网到达目的 ATM 端主机的路径,构造相应的路由表,从而建立源与目的 ATM 主机的虚拟连接。这种虚拟连接也是一种逻辑连接,因为网络只需要为这条虚电路分配一定的网络资源(如带宽),而不需要建立真正的物理链路。每个信元的信元头部分不需要带有目的地址与源地址,只需要带有虚连接标识符。ATM 交换机根据虚连接标识符和路由表中的记录,就可以将信元送到合适的交换机输出端口。

物理链路是连接 ATM 交换机—ATM 交换机、ATM 交换机—ATM 主机的物理线路。每条物理链路可以包含一条或多条虚通路,每条虚通路又可以包含一条或多条虚通道。有人形象地把它们比喻成:物理链路好比是连接两个城市之间的高速公路,虚通路好比是高速公路上的两个方向的道路,而虚通道好比是每条道路中的一条条的车道,那么信元就好比是高速公路上行驶的车辆。ATM 中的物理链路、虚通路与虚通道间的关系如图 3-6 所示。

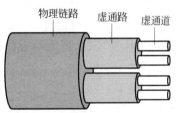

图 3-6　物理链路、虚通路与虚通道间的关系

1) 虚通路

在虚通路一级,两个 ATM 端用户间建立的连接被称为虚通路连接,而两个 ATM 设备间的链路被称为虚通路链路(Virtual Path Link,VPL)。那么,一条虚通路连接是由多段虚通路链路组成的。图 3-7(a)给出了虚通路连接的工作原理。

每一段虚通路链路 VPL 都是由虚通路标识符(Virtual Path Identifier,VPI)标识的。每条物理链路中的 VPI 值是唯一的。虚通路可以是永久的,也可以是交换式的。每条虚通路中可以有单向或双向的数据流,ATM 支持不对称的数据传输速率,即允许两个方向的数据传输速率可以是不同的。

2) 虚通道

在虚通道一级,两个 ATM 端用户间建立的连接被称为虚通道连接,而两个 ATM 设备间的链路称为虚通道链路(Virtual Channel Link,VCL)。虚通道连接 VCC 是由多条虚通道链路 VCL 组成的。每一条虚通道链路 VCL 都是用虚通道标识符(Virtual Channel Identifier,VCI)来标识的。图 3-7(b)给出了虚通道连接的工作原理。

根据虚通道建立方式的不同,虚通道又可分为以下两类:永久虚通道(Permanent Virtual Channel,PVC)、交换虚通道(Switched Virtual Channel,SVC)。虚通道中的数据流

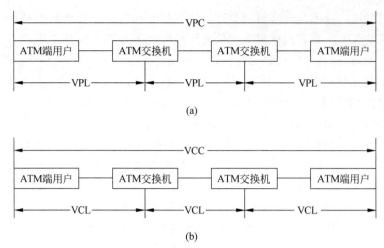

图 3-7 虚通路连接与虚通道连接

可以是单向的,也可以是双向的。当虚通道双向传输信元时,两个方向的通信参数可以是不相同的。

2. ATM 交换的应用

图 3-8 给出了利用 ATM 进行远程教学的例子。这个例子说明的是一位教授与一位学生通过 ATM 网络授课的过程。这位教授的工作站装有 ATM 接口卡、声卡、摄像机,并连接到本地的 ATM 交换机,成为一台能产生多媒体信息的 ATM 端主机。学生的计算机也连接到 ATM 网中,形成一种基于 ATM 网络的远程教学系统。在教学过程中,教授与学生之间要传送文本、语音、视频信息。对于这种应用要求,传统的数据通信网是无法满足的。但是,可以通过 ATM 网络为教授与学生的 ATM 端主机之间建立一条虚通路(VPI=1)。在 VPI=1 的虚通路上,可以分别为文本、语音与视频数据的传输定义三条虚通道 VC,如图 3-9 所示。

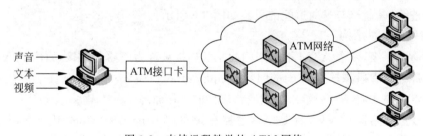

图 3-8 支持远程教学的 ATM 网络

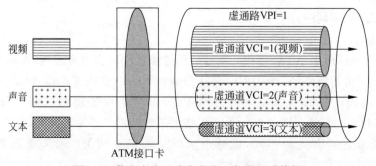

图 3-9 信息在虚通路内分为三条虚通道传播

3.2.4 多协议标签交换

1. MPLS 概述

多协议标签交换(Multi-Protocol Label Switching,MPLS)是新一代的 IP 高速骨干网络交换标准,由因特网工程任务组(Internet Engineering Task Force,IETF)提出。

MPLS 是利用标记(label)进行数据转发的。当分组进入网络时,要为其分配固定长度的短标记,并将标记与分组封装在一起,在整个转发过程中,交换结点仅根据标记进行转发。

MPLS 独立于第二和第三层协议,如 ATM 和 IP。它提供了一种方式,将 IP 地址映射为简单的具有固定长度的标签,用于不同的包转发和包交换技术。它是现有路由和交换协议的接口,如 IP、ATM、帧中继、资源预留协议(RSVP)、开放最短路径优先(OSPF)等。

在 MPLS 中,数据传输发生在标签交换路径(LSP)上。LSP 是每一个沿着从源端到终端的路径上的结点的标签序列。

MPLS 主要设计来解决网络问题,如网络速度、可扩展性、服务质量(QoS)管理以及流量工程,同时也为下一代 IP 中枢网络解决宽带管理及服务请求等问题。

在这部分,主要关注通用 MPLS 框架。有关 LDP、CR-LDP 和 RSVP-TE 的具体内容可以参考个别文件。

MPLS 最初是为了提高转发速度而提出的。与传统 IP 路由方式相比,它在数据转发时,只在网络边缘分析 IP 报文头,而不用在每一跳都分析 IP 报文头,从而节约了处理时间。

MPLS 起源于 IPv4(Internet Protocol version 4),其核心技术可扩展到多种网络协议,包括 IPX(Internet Packet eXchange)、Appletalk、DECnet、CLNP(Connectionless Network Protocol)等。MPLS 中的"Multiprotocol"指的就是支持多种网络协议。

2. MPLS 基本结构

1) 网络拓扑结构

MPLS 网络的典型结构如图 3-10 所示。MPLS 基于标签进行转发,图 3-10 中进行 MPLS 标签交换和报文转发的网络设备称为标签交换路由器(Label Switching Router,LSR);由 LSR 构成的网络区域称为 MPLS 域(MPLS Domain)。位于 MPLS 域边缘、连接其他网络的 LSR 称为边缘路由器(Label Edge Router,LER),区域内部的 LSR 称为核心 LSR(Core LSR)。

IP 报文进入 MPLS 网络时,MPLS 入口的 LER 分析 IP 报文的内容并且为这些 IP 报文添加合适的标签,所有 MPLS 网络中的 LSR 根据标签转发数据。当该 IP 报文离开 MPLS 网络时,标签由出口 LER 弹出。

IP 报文在 MPLS 网络中经过的路径称为标签交换路径(Label Switched Path,LSP)。LSP 是一个单向路径,与数据流的方向一致。

如图 3-10 所示,LSP 的入口 LER 称为入结点(Ingress);位于 LSP 中间的 LSR 称为中间结点(Transit);LSP 的出口 LER 称为出结点(Egress)。一条 LSP 可以有 0 个、1 个或多个中间结点,但有且只有一个入结点和一个出结点。

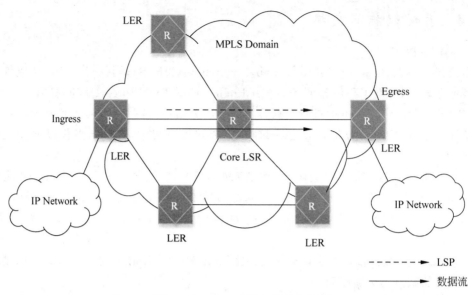

图 3-10　MPLS 网络拓扑结构图

根据 LSP 的方向，MPLS 报文由 Ingress 发往 Egress，则 Ingress 是 Transit 的上游结点，Transit 是 Ingress 的下游结点。同理，Transit 是 Egress 的上游结点，Egress 是 Transit 的下游结点。

2) 体系结构

MPLS 的体系结构如图 3-11 所示，它由控制平面(Control Plane)和转发平面(Forwarding Plane)组成。

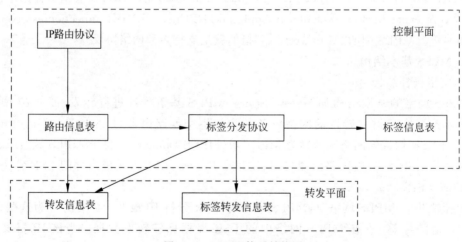

图 3-11　MPLS 体系结构图

(1) 控制平面：负责产生和维护路由信息以及标签信息。

路由信息表(Routing Information Base，RIB)：由 IP 路由协议(IP Routing Protocol)生成，用于选择路由。

标签分发协议(Label Distribution Protocol，LDP)：负责标签的分配、标签转发信息表的建立、标签交换路径的建立、拆除等工作。

标签信息表(Label Information Base,LIB)：由标签分发协议生成，用于管理标签信息。

(2) 转发平面：即数据平面(Data Plane)，负责普通 IP 报文的转发以及带 MPLS 标签报文的转发。

转发信息表(Forwarding Information Base,FIB)：从 RIB 提取必要的路由信息生成，负责普通 IP 报文的转发。

标签转发信息表(Label Forwarding Information Base,LFIB)：简称标签转发表，由标签分发协议在 LSR 上建立 LFIB，负责带 MPLS 标签报文的转发。

3. MPLS 服务功能

MPLS 可以提供以下 4 个主要的服务功能。

1) 提供面向连接与保证 QoS 的服务

MPLS 的设计思路是借鉴 ATM 面向连接和可以提供 QoS 保障的设计思想，在 IP 网络中提供一种面向连接的服务。

2) 合理利用网络资源

流量工程(Traffic Engineering,TE)研究的目的是更合理地利用网络资源，提高服务质量。流量工程不是特定于 MPLS 的产物，而是一种通用的概念和方法，是拥塞控制研究中的均衡负荷方法。基于 MPLS 的流量工程是利用面向连接的流量工程技术与 IP 路由技术相结合，动态地定义路由。MPLS 引入流(Flow)的概念。流是从某个源主机发出的分组序列，利用 MPLS 可以为单个流建立路由。

3) 支持虚拟专网服务

MPLS 提供虚拟专网(Virtual Private Network,VPN)服务，提高分组传输的安全性与服务质量。

4) 支持多协议

支持 MPLS 协议的路由器可以与普通 IP 路由器、ATM 交换机、支持 MPLS 的帧中继交换机共存。因此，MPLS 可以用于纯 IP 网络、ATM 网络、帧中继网络及多种混合型网络，同时可以支持 PPP、SDH、DWDM 等多种底层网络协议。

4. MPLS VPN 的应用

MPLS 将面向连接的标记路由机制与 VPN 的建设需求结合起来，可以为所有连入 MPLS 网络的用户之间方便地建立第三层 VPN(L3VPN)。

MPLS VPN 的主要特点如下。

(1) 在基于 MPLS 的 VPN 中，服务提供商为每个 VPN 分配一个路由标识符(RD)。这个路由标识符在 MPLS 网络中是唯一的。标记交换路由器(LSR)和边界标记交换路由器(E-LSR)的标记转发表中记录了该 VPN 中用户 IP 地址与路由标识符的对应关系。只有属于同一个 VPN 的用户之间才能通信。

(2) MPLS VPN 技术可以满足用户关于保证数据通信安全性、网络服务质量的要求，操作方便，具有很好的可扩展性。

目前，MPLS VPN 技术已经在大型信息网络系统、物联网应用系统、云计算系统中得到广泛应用。

3.3 公用网技术

3.3.1 ISDN

电话网在实现了数字传输和数字交换后,就形成了电话的综合数字网(Integrated Digital Network,IDN)。然后,在用户线上实现二级双向数字传输,以及将各种话音和非话音业务综合起来处理和传输,实现不同业务终端之间的互通。也就是说,把数字技术的综合和电信业务的综合结合起来,这就是综合业务数字网 ISDN 的概念。

1. ISDN 的网络接口标准

实际上,ISDN 是一种接入的结构形式,各组成部件按一定的规约、协议、标准相连接。图 3-12 是 ISDN 用户/网络间参考配置模型。

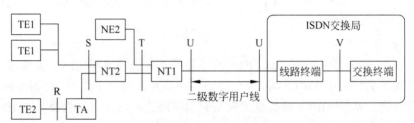

图 3-12　ISDN 用户/网络间参考配置模型

1) ISDN 终端

标准 ISDN 终端(TE1):TE1 是符合 ISDN 接口标准的用户设备,如数字电话机和四类传真机等。

非标准 ISDN 终端(TE2):TE2 是不符合 ISDN 接口标准的用户设备,TE2 需要经过终端适配器 TA 的转换,才能接入 ISDN 标准接口。

2) 网络终端设备

网络终端 1(NT1):NT1 是端接 U 形环路的网络接口,放置在用户处的物理和电器终端装置,它属于网络服务提供商的设备,是网络的边界。

网络终端 2(NT2):NT2 又称为智能网络终端,如数字 PBX、集中器等。它有多路 ISDN 接口,可以完成交换和集中的功能。

3) 终端适配器 TA

完成适配功能,包括速率适配和协议转换等,使 TE2 能够接入 ISDN。

ISDN 采用标准的基本速率接口(Basic Rate Interface,BRI)或基群速率接口(Primary Rate Interface,PRI),使用户能接入多种业务。电话局采用一种国际标准格式,通过数字信号单元的形式,向 ISDN 用户提供所有的业务。

BRI 含有两个 64kb/s 的 B 信道(提供 64kb/s 带宽来传送语音或数据资料)和一个用作控制的 16kb/s 的 D 信道,如图 3-13 所示。因此,BRI 接口的容量可以为下列三者之一。

(1) 两个话路+16kb/s 的数据包。

(2) 两路高速数据+16kb/s 的数据包。

(3) 一个话路+一路高速数据+16kb/s 的数据包。

PRI(Primary Rate Interface)又叫作一次群接口,根据各国数字传输系统的体系不同,又分为两种速率。

欧洲和中国采用 30B+D 的信道结构,其中,B 信道的速率为 64kb/s,用来传送用户信息,D 信道的速率也为 64kb/s,但用来传送用户网络指令,总速率为 2.048Mb/s。在美国和日本采用 23B+D 的信道结构,提供 1.544Mb/s 的传输速率,如图 3-14 所示。

图 3-13 BRI 的结构　　　　　　图 3-14 PRI 的结构

2. ISDN 的种类

ISDN 可分为窄带综合业务数字网(Narrow Integrated Services Digital Network,N-ISDN)和宽带综合业务数字网(Broadband Integrated Services Digital Network,B-ISDN)两种。

N-ISDN 常用于家庭及小型办公室,向用户提供两种接口,分别为基本速率即 BRI(2B+D,144kb/s,其中 B 为 64kb/s 速率的数字信道,D 为 16kb/s 速率的数字信道)和基群速率即 PRI(30B+D,2Mb/s,B 和 D 均为 64kb/s 的数字信道)。BRI 包括两个能独立工作的 B 信道(运载信道),一般用来传输话音、数据和图像,一路话音暂用的数据传输率是 64kb/s,占用户可用带宽的 50%(一个 B 通道)。D 通信是控制信道,用来传输信令或分组信息。PRI 能够提供的最高速率就是 E1 的速率,即一次群速率。

B-ISDN 是从 N-ISDN 发展而来的,它定义兆到千兆位的数据、声音、视频传输操作。B-ISDN 用户接口连接在所有用户所在地的光缆上。B-ISDN 的速率大大高于 N-ISDN 服务。B-ISDN 最初的速率在 150~600Mb/s 范围内。

3.3.2 DDN

DDN 是利用数字信道来连续传输数据信号的,它不具备数据交换的功能,不同于通常的报文交换网和分组交换网。DDN 的主要作用是向用户提供永久性和半永久性连接的数字数据传输信道,既可用于计算机之间的通信,也可用于传送数字化传真、数字话音、数字图像信号或其他数字化信号。永久性连接的数字数据传输信道是指用户间建立固定连接,传输速率不变的独占带宽电路。半永久性连接的数字数据传输信道对用户来说是非交换性的,但用户可提出申请,由网络管理人员对其提出的传输速率、传输数据的目的地和传输路由进行修改。

1. DDN 的特点

归纳起来,DDN 有以下几个特点。

1) 传输速率高

在 DDN 内的数字交叉连接复用设备能提供 2Mb/s 或 N×64kb/s(≤2Mb/s)速率的数字传输信道。

2) 传输质量较高

数字中继大量采用光纤传输系统,用户之间专有固定连接,网络时延小。

3）协议简单

采用交叉连接技术和时分复用技术，由智能化程度较高的用户端设备来完成协议的转换，本身不受任何规程的约束，是全透明网，面向各类数据用户。

4）灵活的连接方式

可以支持数据、语音、图像传输等多种业务，它不仅可以和用户终端设备进行连接，也可以和用户网络连接，为用户提供灵活的组网环境。

5）电路可靠性高

采用路由迂回和备用方式，使电路安全可靠。

6）网络运行管理简便

采用网管对网络业务进行调度监控。

2．DDN 用户接入方式

DDN 用户接入方式有以下三种。

(1) 通过 2 线或 4 线 Modem 接入，如图 3-15 所示。

(2) 通过 2B+D 速率(144kb/s)的数据终端单元(DTU)接入，如图 3-16 所示。

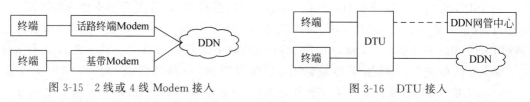

图 3-15　2 线或 4 线 Modem 接入　　　　　图 3-16　DTU 接入

(3) 通过用户集中设备接入，如图 3-17 所示。

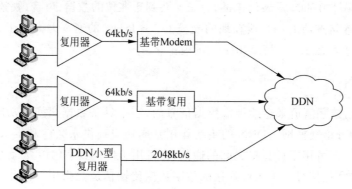

图 3-17　用户集中设备接入

3．DDN 提供的业务

DDN 是一个全透明网络，能提供多种业务来满足各类用户的需求。

(1) 提供速率可在一定范围内任选的信息量大、实时性强的中高速数据通信业务。如局域网互联、大中型主机互联、计算机互联网业务提供者(Internet Service Provider，ISP)等。

(2) 为分组交换网、公用计算机互联网等提供中继电路。

(3) 可提供点对点、一点对多点的业务，适合于金融证券公司、科研教育系统、政府部门租用 DDN 专线组建自己的专用网。

(4) 提供帧中继业务,扩大了 DDN 的业务范围。用户通过一条物理电路可同时配置多条虚连接。

(5) 提供语音、G3 传真、图像、智能用户电报等通信。

(6) 提供虚拟专用网业务。大的集团用户可以租用多个方向、较多数量的电路,通过自己的网络管理工作站,自己管理,自己分配电路带宽资源,组成虚拟专用网。

DDN 把数据通信技术、数字通信技术、光纤通信技术、数字交叉连接技术和计算机技术有机地结合在一起。通过发展,DDN 应用范围从单纯提供端到端的数据通信扩大到能提供和支持多种通信业务,成为具有众多功能和应用的传输网络。网络规划设计师要顺应发展潮流,积极追踪新技术的发展,扩大网络服务对象,搞好网络的建设管理,最大限度地发挥网络优势。

3.3.3 SDH

SDH 是一种将复接、线路传输及交换功能融为一体,并由统一网管系统操作的综合信息传送网络,是美国贝尔通信技术研究所提出来的同步光网络(Synchronous Optical Network,SONET)。ITU-T 于 1988 年接受了 SONET 概念并重新命名为 SDH,使其成为不仅适用于光纤也适用于微波和卫星传输的通用技术体制。它可实现网络有效管理、实时业务监控、动态网络维护、不同厂商设备间的互通等多项功能,能大大提高网络资源利用率,降低管理及维护费用,实现灵活可靠和高效的网络运行与维护,因此是当今世界信息领域在传输技术方面的发展和应用的热点,受到人们的广泛重视。

SDH 由于其自身的特点,所以能快速发展,它的具体特点如下。

(1) SDH 有统一的帧结构,数字传输标准速率和标准的光路接口,向上兼容性能好,能与现有的 PDH 完全兼容,并容纳各种新的业务信号,形成了全球统一的数字传输体制标准,提高了网络的可靠性。

(2) SDH 的码流在帧净负荷区内排列非常有规律,而净负荷与网络是同步的,它简化了 DXC,减少了背靠背的接口复用设备,改善了网络的业务传送透明性。

(3) 采用较先进的分插复用器(Add Drop Multiplexer,ADM)、数字交叉连接(Digital Cross Connect),网络的自愈功能和重组功能非常强大。

(4) SDH 有多种网络拓扑结构,它运行管理和自动配置功能,优化了网络性能,同时也使网络运行灵活、安全、可靠,使网络的功能非常齐全和多样化。

(5) SDH 可以在多种介质上传输。

(6) SDH 是严格同步的,误码少,且便于复用和调整。

(7) 对于基本速率 STM-1 而言,传输速率为 $8 \times 9 \times 270 \times 8000 = 155.52 Mb/s$。对于更高等级的 STM-N 信号的传输速率,可以从基本传输速率的整数倍得出。

(8) SDH 是一种基于光纤的传输网络,具有光纤本身所具有的许多优点:不怕潮湿,不受电磁干扰,抗腐蚀能力强,有抗核辐射的能力,重量轻。

(9) SDH 的高带宽与其他技术如 WDM 技术、ATM 技术、IP over SDH 等的结合,使得 SDH 的作用越来越重要,成为信息高速公路不可缺少的主要物理传送平台。

3.4 接入网技术

接入网(Access Network,AN)除了包含用户线传输系统、复用设备外,还包括数字交叉连接设备和用户/网络接口设备。接入网为本地交换机(LE)与用户端设备(TE)之间的实施系统,其目的是综合考虑本地交换局、用户环路和终端设备,通过有限的标准化接口将各种用户所需求的业务接入结点。

接入网的引入给通信网带来新的变革,使整个通信网络拓扑结构发生了根本的变化。然而,接入网一直是通信网中耗资最大、技术变化最慢、成本最敏感和运行环境最恶劣的领域。

当核心网和用户驻地网频繁地更换和应用各种现代新技术时,接入网领域基本维持着原始的模拟技术和窄带接入技术为主的局面。显然,接入网技术已成为制约通信发展的瓶颈。为了给用户提供端到端的宽带连接,保证宽带业务的开展,网络的宽带化、数字化是接入网的前提和基础,同时也是网络技术中的一大热点。接入网的技术实现手段有多种,当前各种宽带接入技术都在发展和应用中。

3.4.1 帧中继接入

帧中继是在X.25协议的基础上发展起来的面向可变长度帧的数据传输技术。通信的数字化提高了网络的可靠性和终端设备的智能化程度,使数据传输的差错率降低到可以忽略不计的地步。帧中继正是利用现代通信网的这一优点,以帧为单位在网络上传输,并将流量控制、纠错等功能全部交由智能终端设备处理的一种新型高速网络接口技术。

帧中继取消了流量与差错控制:帧中继对协议进行了简化,取消了第3层的流量与差错控制,仅有端到端的流量与差错控制,且这部分功能由高层协议来完成。

取消了第3层的协议处理:将第3层的复用与交换功能移到了第2层,需要指出的是,帧中继在数据传送阶段的协议只有两层。对交换虚电路(Switching Virtual Circuit,SVC)方式而言,在呼叫建立与释放阶段的协议有3层,其第3层为呼叫信令控制协议。目前世界上所应用的帧中继网均为固定虚电路(Permanent Virtual Circuit,PVC)方式,采用固定路由表,并不存在呼叫的建立与释放过程。

采用"带外信令":X.25在通信建立后,通信过程中所需的某些控制、管理功能由控制数据分组传送。控制数据分组和信息数据分组具有相同的逻辑信道号,故可称为"带内信令"。而帧中继单独指定一条数据链路,专门用于传送信令,故可称为"带外信令"。

利用链路帧的拥塞通知位进行拥塞管理:帧中继没有流量控制功能,对用户发送的数据量不做强制,以满足用户传送突发数据的要求。这样有可能造成网络的拥塞,帧中继对拥塞的处理是通过链路帧的拥塞通知位,通知始发用户降低数据发送速率或暂停发送。

采用带宽管理机制:帧中继采用了非强制性的拥塞管理,为防止网络过度拥塞,以及防止某一用户大量地发送数据而影响对其他用户的服务质量,帧中继对用户使用的带宽进行了一定的控制。

帧中继网络的接入方式包括以下几种。

(1) 用户设备与公用 FR 的物理层接口：X 系列、V 系列、G 系列、I 系列接口。

(2) 2 线/4 线话带 Modem 接入 FR，支持的用户传输速率由线路长度、线路质量、Modem 决定，可达 14.4kb/s、19.2kb/s 全双工等。

(3) 基带传输方式，它具有 TDM 功能，可同时为多个用户入网提供连接；另外还可以使用 2 线/4 线速率为 16kb/s、32kb/s 或 64kb/s 的基带传输设备。

(4) 用户通过网桥/路由器、帧中继接入设备或 FRAD、交换机/复用器接入帧中继网。

3.4.2　X.25 网络

X.25 是由 ITU 第Ⅶ组根据一系列的数字网络计划设计出来的。在 Donald Davies 领导下的英国国家物理实验室的研究项目，Donald Davies 率先提出了分组交换的概念。20 世纪 60 年代末期，一个实验性的网络开始运营，到了 1974 年已经有一系列的网络都以 SERCnet 的形式相互联接了。SERCnet 在之后不断成长并在 1984 年改名叫 JANET，这个网络直到今天仍然在运行，只是变成了一个 TCP/IP 网络。其他的对这个标准实施做出贡献的还有 20 世纪 70 年代开始的由法国、加拿大、日本以及斯坎迪纳维亚半岛的国家合作开发的 ARPA 计划。各种各样的升级和附加功能使得这一标准日益完善，每 4 年 ITU 都会出版一本不同封面颜色新的技术手册来描述这些变化。

X.25 的首要原则是基于位差错校验基础上创建一个模拟电话网络之上的全球性的分组交换网络。许多 X.25 系统的误码率都很高，达不到这一要求，所以需要接入规程 LAP-B。X.25 模型实质上是建立基于面向连接的虚电路，通过 DTE 来提供给用户看似点对点链接的虚连接。

X.25 是在一个哑终端的时代发展起来的，需要连接到主计算机。要取代直接连接到主计算机——这需要主计算机拥有自己的调制解调器和电话线，而且还需要没有本地通话来进行长距离呼叫请求——主机可以同网络服务器建立 X.25 连接。这样哑终端用户就可以直接拨号连接到网络。本质上来说，调制解调器和端口为一端，X.25 连接在另一端，这是由 ITU-T X.29 和 X.3 标准定义的。

已经和 PAD 建立好连接之后，哑终端的用户通知 PAD 一个类似于电话号码的 X.121 地址的方式来表明和哪一个主机建立连接。接下来 PAD 发送一个 X.25 请求到主机，建立一个虚电路。指出 X.25 建立好了一个虚电路，从而形成了一个电路交换网络，尽管实际上数据仍然是通过分组交换网络传输的。如果是两个 X.25 通信的话，当然就可以直接呼叫对方，不用 PAD 了。理论上来说，不用在乎 X.25 呼叫方和 X.25 定义方是否在同一个传输上，单是实际上一个传输同其他传输相互呼叫并不总是可行的。

3.4.3　拨号接入

PSTN 是一种全球语音通信电路交换网络，拥有近 10 亿用户。最初它是一种固定线路的模拟电话网。如今，除了使用者和本地电话总机之间的最后连接部分，公共交换电话网络在技术上已经实现了完全的数字化。在和因特网的关系上，PSTN 提供了因特网相当一部分的长距离基础设施。因特网服务供应商为了使用 PSTN 的长距离基础设施，以及在众多使用者之间通过信息交换来共享电路，需要付给设备拥有者费用。这样因特网的用户就只需要对因特网服务供应商付费了。

公共交换电话网是基于标准电话线路的电路交换服务,用来作为连接远程端点的连接方法。典型的应用有远程端点和本地 LAN 之间的连接和远程用户拨号上网。

如今,基于无线接入网的移动电话日益流行,它通过 PSTN 干线网络传输语音信号。当今的公共交换电话网,用于无线和有线接入网络的语音和数据通信。

1. PSTN 接入方式

PSTN 的接入方式比较简便灵活,通常有以下几种。

1) 通过普通拨号电话线入网

只要在通信双方原有的电话线上并接 Modem,再将 Modem 与相应的上网设备相连即可。目前,大多数上网设备,如 PC 或者路由器,均提供若干个串行端口,串行口和 Modem 之间采用 RS232 等串行接口规范。这种连接方式的费用比较低,收费标准与普通电话相同,可适用于通信不太频繁的场合。

2) 通过租用电话专线入网

与普通拨号电话线方式相比,租用电话专线可以提供更高的通信速率和数据传输质量,但相应的费用也较前一种方式高。使用专线的接入方式与使用普通拨号线的接入方式没有太大的区别,但是省去了拨号连接的过程。通常,当决定使用专线方式时,用户必须向所在地的电信局提出申请,由电信局负责架设和开通。

3) 经普通拨号或租用专用电话线方式由 PSTN 转接入公共数据交换网(X.25 或 Frame-Relay 等)的入网方式

利用该方式实现与远地的连接是一种较好的远程方式,因为公共数据交换网为用户提供可靠的面向连接的虚电路服务,其可靠性与传输速率都比 PSTN 强得多。

2. 信令系统

PSTN 属于电路交换网,它是通过控制信令进行管理的,它在用户设备与交换机之间、交换机与交换局之间传递控制信息,用于建立、维持和终止呼叫,维持网络的正常运行。在日常生活中常见的"遇忙转移""三方通话"的功能实现都与信令系统息息相关。

根据作用域可以分为用户信令(在用户和交换机之间)和局间信令(在交换机和交换机之间)。

根据功能可以分为监视信令(提供建立呼叫的机制)、地址信令(携带被呼叫用户的电话号码)、呼叫信令(提供与呼叫状态相关的信息)和网络管理信令(用于网络的操作、维护和故障诊断)4 种。

根据传送方式划分,可以分为随路信令(将控制信令与用户信息在同一物理线路上传送,又可再分为使用同一频带的带内信令和使用不同频带的带外信令)和共路信令(独立于话音通道之外的通路传输信息技术,又可再分为并联方式和非并联方式)两种。

我国电话网络使用自行研制的 1 号随路信令系统和 7 号共路信令系统。7 号信令(SS7)是 ITU-T 定义的支持综合业务数字网的共路信令系统,也是目前使用最广泛的信令系统。

3.4.4 xDSL 接入

目前流行的铜线接入技术主要是 xDSL 技术。DSL(Digital Subscriber Line,数字用户线)技术是基于普通电话线的宽带接入技术,它在同一铜线上分别传送数据和语音信号。数据信号并不通过电话交换机设备,减轻了电话交换机的负载,并且不需要拨号,一直在线,属于专线上网方式,这意味着使用 xDSL 上网并不需要缴付另外的电话费。xDSL 中的"x"代表各种数字用户环路技术,包括高速率 DSL(High speed DSL,HDSL)、对称 DSL(Symmetric DSL,SDSL)、ADSL、速率自适应 DSL(Rate Adaptive DSL,RADSL)、超高速 DSL(Very high-bit-rate DSL,VDSL)等。

1. HDSL

HDSL 技术是一种对称的 DSL 技术,即上下行速率一样。HDSL 利用现有的普通电话双绞铜线(两对或三对)来提供全双工的 1.544Mb/s(T1) 或 2.048Mb/s(E1) 信号传输,无中继传输距离可达 6~10km。

HDSL 的优点是双向对称,速率比较高,充分利用现有电缆实现扩容。其缺点是需要两对线缆,住宅用户难以使用,费用也比较高。

HDSL 主要用在企事业单位,其应用包括会议电视线路、LAN 互联、PBX 程控交换机互连等。

HDSL 技术的升级型号 HDSL2 可单线提供速率为 160kb/s~2.3Mb/s,距离达 4km 的对称传输,若用两对双绞线,传输速率可翻一番,距离也可提高 30%。

2. SDSL

SDSL 与 HDSL 的区别在于只使用一对铜线。SDSL 可以支持各种上/下行通信速率相同的应用。

3. ADSL

ADSL 是一种非对称的宽带接入方式,即用户线的上行速率和下行速率不同。它采用 FDM 技术和 DMT 调制技术,在保证不影响正常电话使用的前提下,利用原有的电话双绞线进行高速数据传输。ADSL 的优点是可在现有的任意双绞线上传输,误码率低,系统投资少;缺点是有选线率问题、带宽速率低。

ADSL 不仅继承了 HDSL 技术成果,而且在信号调制与编码、相位均衡及回波抵消等方面采用了更加先进的技术,性能更佳。由于 ADSL 的特点,ADSL 主要用于 Internet 接入、居家购物、远程医疗等。

从实际的数据组网形式上看,ADSL 所起的作用类似于窄带的拨号 Modem,担负着数据的传送功能。按照 OSI/RM 的划分标准,ADSL 的功能从理论上应该属于物理层。它主要实现信号的调制及提供接口类型等一系列底层的电气特性。同样地,ADSL 的宽带接入仍然遵循数据通信的对等通信原则,在用户侧对上层数据进行封装后,在网络侧的同一层上进行开封。因此,要实现 ADSL 的各种宽带接入,在网络侧也必须有相应的网络设备相结合。

ADSL 的接入模型主要由中央交换局端模块(ATU-C)和远端用户模块(ATU-R)组成。中央交换局端模块包括中心 ADSL Modem 和接入多路复用系统 DSLAM,远端模块由用户 ADSL Modem 和滤波器组成。

ADSL 能够向终端用户提供 1~8Mb/s 的下行传输速率和 512kb/s~1Mb/s 的上行速率,有效传输距离为 3~5km。

目前,众多 ADSL 厂商在技术实现上,普遍将先进的 ATM 服务质量保证技术融入到 ADSL 设备中,DSLAM(ADSL 的用户集中器)的 ATM 功能的引入,不仅提高了整个

ADSL 接入的总体性能,为每一用户提供了可靠的接入带宽,为 ADSL 星状组网方式提供了强有力的支撑,而且完成了与 ATM 接口的无缝互联,实现了与 ATM 骨干网的完美结合。

4. RADSL

RADSL 是自适应速率的 ADSL 技术,可以根据双绞线质量和传输距离动态地提交 640kb/s～22Mb/s 的下行速率,以及 272kb/s～1.088Mb/s 的上行速率。在 RADSL 技术中,软件可以决定在特定客户电话线上信号的传输速率,并可以相应地调整传输速率。

与 ADSL 的区别在于:RADSL 的传输速率可以根据传输距离动态自适应,当距离增大时,传输速率降低。

5. VDSL

VDSL 技术是鉴于现有 ADSL 技术在提供图像业务方面的带宽十分有限以及经济上成本偏高的弱点而开发的。VDSL 是 xDSL 技术中最快的一种,其最大的下行速率为 51～55Mb/s,传输线长度不超过 300m。当下行速率在 13Mb/s 以下时,传输距离可达 1.5km。上行速率则为 1.6Mb/s 以上。但 VDSL 的传输距离较短,一般只在几百米以内。由于国内的一般小区在 $1km^2$ 以内,因此,如果使用 VDSL 技术,普通居民小区能够在一两个中心点内集中管理所有的接入设备,对网络管理、设备维护有重要的意义。另外,由于 VDSL 覆盖的范围比较广,能够覆盖足够的初始用户,初始投资少,也便于设备集中管理和系统扩展,因此,使用 VDSL 技术的解决方案是适合中国实际情况的宽带接入解决方案。

和 ADSL 相比,VDSL 传输带宽更高,而且由于传输距离缩短,所以码间干扰小,数字信号处理技术简化,成本显著降低。它和 FTTC(Fiber To The Curb,光纤到路边)相结合,可作为无源光网络(Passive Optical Network,PON)的补充,实现宽带综合接入。

3.4.5 HFC 接入

HFC 原义是指采用光纤传输系统代替全同轴 CATV 网络中的干线传输部分。而现在则是指利用混合光纤同轴网络来进行宽带数据通信的 CATV(有线电视)网络。它是指将光缆架设到小区,然后通过光电转换,利用 CATV 的总线式同轴电缆连接到用户,提供综合业务。

1. HFC 网络的逻辑结构

HFC 网络通常是星状或总线型结构,有线电视台的前端设备通过路由器与数据网相连,并通过局用数据端机与公用电话网相连。有线电视台的电视信号、公用电话网来的话音信号和数据网的数据信号送入合路器并形成混合信号后,通过光缆线路送到各个小区的光纤结点,然后再经同轴分配网将其送到用户综合服务单元。整个网络的逻辑结构如图 3-18 所示。

2. HFC 网络的物理拓扑

HFC 网络的物理拓扑结构如图 3-19 所示,通常包括局端系统(CMTS)、用户端系统和 HFC 传输网络三部分。

Cable Modem 局端系统(Cable Modem Termination Systems,CMTS)一般在有线电视的前端,或在管理中心的机房,负责将数据信息与视频信息混合,送到 HFC(将数据封装为 MPEG2-TS 帧形式,经过 64QAM 调制,下载给端用户)。而上行时,CMTS 负责将收到的

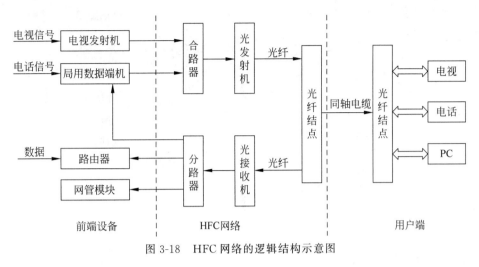

图 3-18 HFC 网络的逻辑结构示意图

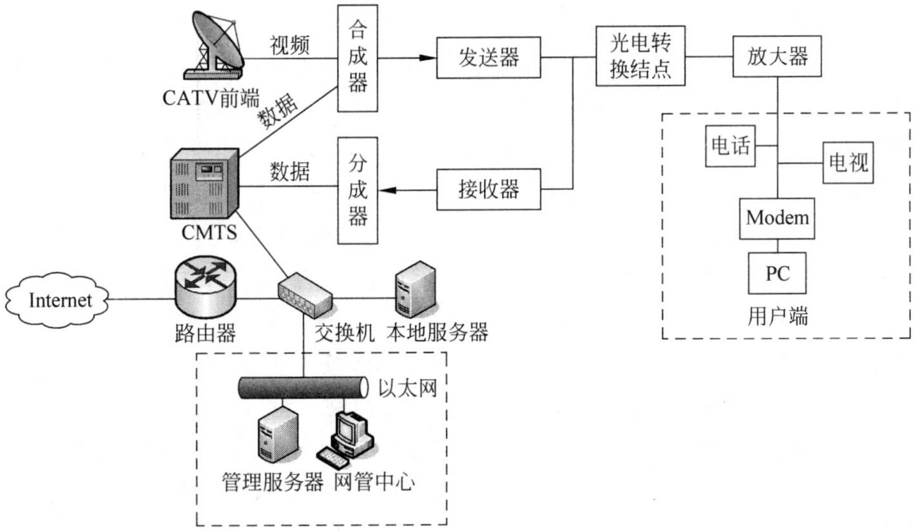

图 3-19 HFC 网络的物理拓扑结构示意图

经 QPSK 调制的数据进行解调,传给路由器。

用户端系统最主要的就是 Cable Modem,它不仅是 Modem,还集成了调谐器、加密/解密设备、桥接器、网卡、以太网集线器等设备。通常具有两个接口,一个用于连接计算机,另一个用于连接有线电视网络。一开始 Cable Modem 大都采用的是私用的协议,后来随着技术的逐渐成熟,形成了一个兼容标准,即 DOCSIS(Data Over Cable Service Interface Specification),现在使用 Cable Modem 技术,上行速度通常能够达到 10Mb/s 以上,下行则可以达到更高的速度。

3. FTTx+LAN 实现宽带接入

随着光纤通信的不断普及,现在许多小区宽带都是采用 FTTx+LAN 的模式提供服务的,其最终都通过光纤汇聚到汇聚层的核心交换机上,因此通常是星状拓扑结构。其物理组网如图 3-20 所示。

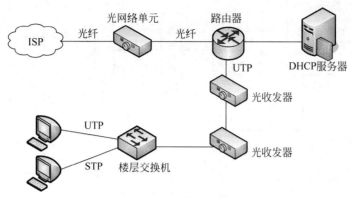

图 3-20 FTTx+LAN 网络物理拓扑结构示意图

3.4.6 局域网接入

当前90%的局域网采用以太网(Ethernet)技术组网。以太网的传输速率高、组网设备价格低廉,其传输链路可采用光纤、同轴电缆、铜缆双绞线等物理媒体。随着以太网技术的迅速发展,该技术进入 IP 城域网和接入网领域。

目前新建住宅小区和商务楼流行局域网(LAN)方式接入。小区接入结点(ZAN)提供住宅小区接入,采用千兆以太网交换机;楼宇接入点(BAN)提供居民楼宇接入,采用百兆以太网交换机,实现千兆光纤到住宅小区、百兆光纤或 5 类线到住宅楼、十兆 5 类线到用户的宽带用户接入方案;或商务楼的千兆到大楼、百兆到楼层、十兆到用户的用户接入方案。小区或大楼的千兆光纤经由城域网汇聚层的路由交换机进入城域核心网。

城域网的汇聚层将电话、数据以及各种宽带多媒体接入业务,汇聚为 IP(ATM)数据流进入城域骨干网。汇聚层可提供诸如点播电视、有线电视、信息广播等一些业务。该层还有一个重要作用是对用户进行鉴权、认证、计费和管理。用于汇聚层的典型设备包括各类路由器、路由交换机、各类网关、宽带综合接入服务器、Web、DNS、AAA(鉴权、认证、计费)等服务器以及各类信息源。

3.5 无线广域网技术

3.5.1 无线广域网的概念

无线广域网(Wireless Wide Area Network,WWAN)是采用无线网络把物理距离极为分散的局域网(LAN)联接起来的通信方式。

WWAN 联接地理范围较大,常常是一个国家或是一个洲。其目的是为了让分布较远的各局域网互联,它的结构分为末端系统(两端的用户集合)和通信系统(中间链路)两部分。典型的无线广域网的例子就是 GSM 全球移动通信系统和卫星通信系统,以及 3G、4G、5G 均属于 WWAN。

IEEE 802.20 是 WWAN 的重要标准。IEEE 802.20 是由 IEEE 802.16 工作组于 2002 年 3 月提出的,并为此成立专门的工作小组,这个小组于 2002 年 9 月独立为 IEEE 802.20

工作组。802.20是为了实现高速移动环境下的高速率数据传输,以弥补IEEE 802.1x协议族在移动性上的劣势。802.20技术可以有效解决移动性与传输速率相互矛盾的问题,它是一种适用于高速移动环境下的宽带无线接入系统空中接口规范,其工作频率小于3.5GHz。

IEEE 802.20标准在物理层技术上,以正交频分复用技术(OFDM)和多输入多输出技术(MIMO)为核心,充分挖掘时域、频域和空间域的资源,大大提高了系统的频谱效率。

3.5.2 无线广域网的发展

1. 第一代移动通信系统

第一代移动通信(1G)系统是指最初的模拟、仅限语音的蜂窝电话标准,制定于20世纪80年代。第一代移动通信主要采用的是模拟技术和频分多址(FDMA)技术。由于受到传输带宽的限制,不能进行移动通信的长途漫游,只能是一种区域性的移动通信系统。

第一代移动通信有很多不足之处,如容量有限、制式太多、互不兼容、保密性差、通话质量不高、不能提供数据业务和不能提供自动漫游等。

2. 第二代移动通信系统

第二代移动通信(2G)系统的典型代表是GSM/GPRS。GSM(Global System for Mobile Communication,全球移动通信系统)是一种数字移动通信,较之第一代的模拟移动通信,具有较多的优点。

GPRS(General Packet Radio Service,通用无线分组业务)是一种基于GSM系统的无线分组交换技术,提供端到端的、广域的无线IP连接。相对原来GSM的拨号方式的电路交换数据传送方式,GPRS是分组交换技术,具有"实时在线""按量计费""快捷登录""高速传输""自如切换"的优点。

3. 第三代移动通信系统

第三代移动通信(3G)简单地说就是提供覆盖全球的宽带多媒体服务的新一代移动通信,能够实现高速数据传输和宽带多媒体服务是第三代移动通信的另一个主要特点。这就是说,用第三代手机除了可以进行普通的寻呼和通话外,还可以上网读报纸、查信息、下载文件和图片;由于带宽的提高,第三代移动通信系统还可以传输图像,提供可视电话业务。

目前3G存在3种标准:CDMA2000、WCDMA、TD-SCDMA。

CDMA2000体制是基于IS-95的标准基础上提出的3G标准,其标准化工作由3GPP2来完成。

WCDMA由欧洲标准化组织3GPP(3rd Generation Partnership Project)所制定,受全球标准化组织、设备制造商、器件供应商、运营商的广泛支持,成为3G的主流体制。

TD-SCDMA标准由中国无线通信标准组织CWTS提出,已经融合到了3GPP关于WCDMA-TDD的相关规范中。

3G网络相对于2G网络的最大区别在于可以提供高速数据业务,根据无线电磁环境情况,如果用户距离基站较远,其空中前反向链路衰耗较大,上网速率就会很慢。考虑到用户的实际使用情况,在网络规划设计时并不追求最大覆盖范围,而是尽可能地合理布置站点,调整天线位置和角度等,以实现精确覆盖,并对接入用户数进行限制,以保证接入用户的速率在合理范围内。

4. 第四代移动通信系统

第四代移动通信(4G)信息系统是基于3G通信技术基础上不断优化升级、创新发展而来,融合了3G通信技术的优势,并衍生出了一系列自身固有的特征,以 WLAN 技术为发展重点。4G通信技术的创新使其与3G通信技术相比具有更大的竞争优势。首先,4G通信在图片、视频传输上能够实现原图、原视频高清传输,其传输质量与计算机画质不相上下;其次,利用4G通信技术,在软件、文件、图片、音视频下载上其速度最高可达到最高每秒几十兆,这是3G通信技术无法实现的,同时这也是4G通信技术的一个显著优势;这种快捷的下载模式能够为人们带来更佳的通信体验,也便于人们日常学习中学习资料的下载;同时,在网络高速便捷的发展背景下,用户对流量成本也提出了更高的要求,从当前4G网络通信收费来看,价格比较合理,同时各大运营商针对不同的群体也推出了对应的流量优惠政策,能够满足不同消费群体的需求。

LTE 根据其具体实现细节、采用技术手段和研发组织的差别,形成了许多分支,最主要的两大分支是 LTE-TDD(TD-LTE) 和 LTE-FDD(FD-LTE)。其中,TD 和 FD 分别代表时分双工和频分双工。

3.5.3 第五代无线通信技术

1. 5G 网络概述

第五代移动通信技术(5G)是最新一代蜂窝移动通信技术,是 4G(LTE-A、WiMax)、3G(UMTS、LTE)和 2G(GSM)系统后的延伸。5G 的性能目标是高数据速率、减少延迟、节省能源、降低成本、提高系统容量和大规模设备连接。Release-15 中的 5G 规范的第一阶段是为了适应早期的商业部署。Release-16 的第二阶段将于 2020 年 4 月完成,作为 IMT-2020 技术的候选提交给国际电信联盟(ITU)。ITU IMT-2020 规范要求速度高达 20 Gb/s,可以实现宽信道带宽和大容量 MIMO。

与早期的 2G、3G 和 4G 移动网络一样,5G 网络是数字蜂窝网络,在这种网络中,供应商覆盖的服务区域被划分为许多被称为蜂窝的小地理区域。表示声音和图像的模拟信号在手机中被数字化,由模数转换器转换并作为比特流传输。蜂窝中的所有 5G 无线设备通过无线电波与蜂窝中的本地天线阵和低功率自动收发器(发射机和接收机)进行通信。收发器从公共频率池分配频道,这些频道在地理上分离的蜂窝中可以重复使用。本地天线通过高带宽光纤或无线回程连接与电话网络和互联网连接。与现有的手机一样,当用户从一个蜂窝穿越到另一个蜂窝时,他们的移动设备将自动"切换"到新蜂窝中的天线。

5G 网络的主要优点是数据传输速率远远高于以前的蜂窝网络,最高可达 10Gb/s,比当前的有线互联网要快,比 4G LTE 蜂窝网络快 100 倍。另一个优点网络延迟较低(更快的响应时间),低于 1ms,而 4G 为 30~70ms。由于数据传输更快,因此 5G 网络将不仅为手机提供服务,而且还将成为一般性的家庭和办公网络提供商,与有线网络提供商竞争。以前的蜂窝网络提供了适用于手机的低数据率互联网接入,但是一个手机发射塔不能经济地提供足够的带宽作为家用计算机的一般互联网供应商。5G 网络架构如图 3-21 所示。

2. 5G 网络特点

(1) 峰值速率需要达到 Gb/s 的标准,以满足高清视频、虚拟现实等大数据量传输的需要。

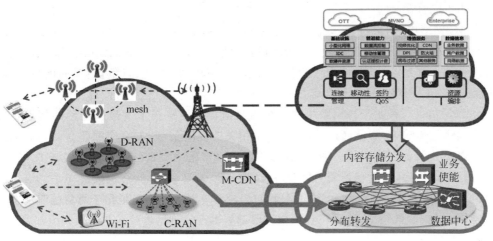

图 3-21 5G 网络架构

(2) 空中接口时延水平需要在 1ms 左右,以满足自动驾驶、远程医疗等实时应用。

(3) 超大网络容量,提供千亿设备的连接能力,满足物联网通信需求。

(4) 频谱效率要比 LTE 提升 10 倍以上。

(5) 连续广域覆盖和高移动性下,用户体验速率达到 100Mb/s。

(6) 流量密度和连接数密度大幅度提高。

(7) 系统协同化,智能化水平提升,表现为多用户、多点、多天线、多摄取的协同组网,以及网络间灵活地自动调整。

3. 5G 关键技术

1) 超密集异构网络

5G 网络正朝着网络多元化、宽带化、综合化、智能化的方向发展。随着各种智能终端的普及,面向 2020 年及以后,移动数据流量将呈现爆炸式增长。在未来 5G 网络中,减小小区半径,增加低功率结点数量,是保证未来 5G 网络支持 1000 倍流量增长的核心技术之一。因此,超密集异构网络成为未来 5G 网络提高数据流量的关键技术。

2) 自组织网络

传统移动通信网络中,主要依靠人工方式完成网络部署及运维,既耗费大量人力资源又增加运行成本,而且网络优化也不理想。在未来 5G 网络中,将面临网络的部署、运营及维护的挑战,这主要是由于网络存在各种无线接入技术,且网络结点覆盖能力各不相同,它们之间的关系错综复杂。因此,自组织网络(Self-Organizing Network,SON)的智能化将成为 5G 网络必不可少的一项关键技术。

3) 内容分发网络

在 5G 中,面向大规模用户的音频、视频、图像等业务急剧增长,网络流量的爆炸式增长会极大地影响用户访问互联网的服务质量。如何有效地分发大流量的业务内容,降低用户获取信息的时延,成为网络运营商和内容提供商面临的一大难题。仅依靠增加带宽并不能解决问题,它还受到传输中路由阻塞和延迟、网站服务器的处理能力等因素的影响,这些问题的出现与用户服务器之间的距离有密切关系。内容分发网络(Content Distribution Network,CDN)会对未来 5G 网络的容量与用户访问具有重要的支撑作用。

4) D2D通信

在5G网络中,网络容量、频谱效率需要进一步提升,更丰富的通信模式以及更好的终端用户体验也是5G的演进方向。设备到设备通信(Device-to-Device communication,D2D)具有潜在的提升系统性能、增强用户体验、减轻基站压力、提高频谱利用率的前景。因此,D2D是未来5G网络中的关键技术之一。

D2D通信是一种基于蜂窝系统的近距离数据直接传输技术。D2D会话的数据直接在终端之间进行传输,不需要通过基站转发,而相关的控制信令,如会话的建立、维持、无线资源分配以及计费、鉴权、识别、移动性管理等仍由蜂窝网络负责。蜂窝网络引入D2D通信,可以减轻基站负担,降低端到端的传输时延,提升频谱效率,降低终端发射功率。当无线通信基础设施损坏,或者在无线网络的覆盖盲区,终端可借助D2D实现端到端通信甚至接入蜂窝网络。在5G网络中,既可以在授权频段部署D2D通信,也可在非授权频段部署。

5) M2M通信

M2M(Machine to Machine,M2M)作为物联网最常见的应用形式,在智能电网、安全监测、城市信息化、环境监测等领域实现了商业化应用。3GPP已经针对M2M网络制定了一些标准,并已立项开始研究M2M关键技术。M2M的定义主要有广义和狭义两种。广义的M2M主要是指机器对机器、人与机器间以及移动网络和机器之间的通信,它涵盖了所有实现人、机器、系统之间通信的技术;从狭义上说,M2M仅指机器与机器之间的通信。智能化、交互式是M2M有别于其他应用的典型特征,这一特征下的机器也被赋予了更多的"智慧"。

6) 信息中心网络

随着实时音频、高清视频等服务的日益激增,基于位置通信的传统TCP/IP网络无法满足数据流量分发的要求。网络呈现出以信息为中心的发展趋势。信息中心网络(Information-Centric -Network,ICN)的思想最早是1979年由Nelson提出来的,后来被Baccala强化。作为一种新型网络体系结构,ICN的目标是取代现有的IP。

ICN所指的信息包括实时媒体流、网页服务、多媒体通信等,而信息中心网络就是这些片段信息的总集合。因此,ICN的主要概念是信息的分发、查找和传递,不再是维护目标主机的可连通性。不同于传统的以主机地址为中心的TCP/IP网络体系结构,ICN采用的是以信息为中心的网络通信模型,忽略IP地址的作用,甚至只是将其作为一种传输标识。全新的网络协议栈能够实现网络层解析信息名称、路由缓存信息数据、多播传递信息等功能,从而较好地解决计算机网络中存在的扩展性、实时性以及动态性等问题。

4. 5G技术的应用

1) 车联网与自动驾驶

车联网技术经历了利用有线通信的路侧单元(道路提示牌)以及2G/3G/4G网络承载车载信息服务的阶段,正在依托高速移动的通信技术,逐步步入自动驾驶时代。根据中国、美国、日本等国家的汽车发展规划,依托传输速率更高、时延更低的5G网络,将在2025年全面实现自动驾驶汽车的量产,市场规模将达到1万亿美元。

2) 外科手术

2019年1月19日,中国一名外科医生利用5G技术实施了全球首例远程外科手术。这名医生在福建省利用5G网络,操控48km以外一个偏远地区的机械臂进行手术。在进行的手术中,延时只有 0.1s,外科医生用 5G 网络切除了一只实验动物的肝脏。5G 技术的其他好处还包括大幅减少了下载时间,下载速度从约 20MB/s 上升到 50KMB/s——相当于在 1s 内下载超过 10 部高清影片。5G 技术最直接的应用很可能是改善视频通话和游戏体验,但机器人手术很有可能给专业外科医生为世界各地有需要的人实施手术带来很大希望。

5G 技术将开辟许多新的应用领域,以前的移动数据传输标准对这些领域来说还不够快。5G 网络的速度和较低的延时性首次满足了远程呈现甚至远程手术的要求。

3) 智能电网

因电网高安全性要求与全覆盖的广度特性,智能电网必须在海量连接以及广覆盖的测量处理体系中,做到 99.999% 的高可靠度;超大数量末端设备的同时接入、小于 20ms 的超低时延,以及终端深度覆盖、信号平稳等是其可安全工作的基本要求。

3.5.4 移动互联网技术

1. 移动互联网的特点

移动互联网是互联网与移动通信应用高度融合的产物。移动互联网应用的主要特点是随时、随地与永远在线。正是由于移动互联网具有这样的特点,使得移动互联网的应用正在以超常规的速度向各行各业与社会的各个方面渗透。移动互联网对人们上网行为模式的变化产生了深刻的影响。

移动互联网的无线传输网包括计算机网络的 WiFi、WiMax 与电信网的 4G/5G,它充分体现出现代电信、信息技术、互联网、媒体与娱乐等产业相互渗透,形成融合的 TIIME 业务环境,促使产业生态的结构、价值创造与分配方式的演变。

近年来,随着智能手机、笔记本电脑、可穿戴计算设备与移动终端设备的快速发展以及无线网络技术的大规模应用,促进了移动互联网的发展。移动互联网的应用规模与影响已经超过传统意义上的互联网,它将推动全球信息与通信产业重大的变革。

当前,互联网应用呈现出以下发展趋势。

(1) 网络服务的对象正在从桌面向移动终端转移。

(2) 人们获取信息与享受网络服务的方式正在从固定向移动方式转移。

(3) 网络服务范围正在从中心城市向小城镇、农村的全覆盖方向扩展。

(4) 接入设备正在从手机向可穿戴计算设备与多样化的移动终端设备方向发展。

2. 移动接入设备

传统的移动互联网终端设备主要是智能手机、笔记本电脑、PDA 等,iPad、iPhone、智能眼镜、智能手环等新的嵌入式、可穿戴接入设备的出现,使得移动互联网接入设备的种类发生了很大的变化。

随着智能眼镜的应用,可穿戴计算设备进入人们的视野。可穿戴计算技术的成熟与应用给移动接入技术的发展带来了活力。随着 2013 年 Google Project Glass 从概念变为产品,各种智能眼镜、智能手表、智能手环等产品的出现,让人们看到了可穿戴计算技术的成熟以及可穿戴计算设备正在从概念走向产品的发展过程。目前,头戴式、身着式、手戴式与脚穿式等各种可穿戴智能产品纷纷向接入移动互联网的方向发展。

移动互联网为新技术的应用开拓了广阔的舞台,新技术的成熟与应用又进一步推动了移动互联网接入设备类型与使用方式的变化。柔性显示屏的成功量产将给智能手机、可穿戴计算设备、智能电视的设计与应用带来重大的变化,将引发接入设备外形与功能的革命性变革。相比于传统的平板显示屏,柔性显示屏不仅在外观上更加轻薄,功耗上也低于原有器件,同时可弯曲、柔韧性好,耐用程度也会大大高于传统的显示屏。

语音指令、面部识别、手势控制、增强现实等人机交互技术在移动互联网接入设备的应用进入高潮,并且开始从高端智能头盔、智能眼镜等可穿戴计算领域逐渐向智能电视、智能冰箱、智能手表等普及型的智能家电领域扩展。这种发展趋势也正在影响物联网应用研究的发展,语音指令、面部识别、手势控制等人机交互技术已经开始应用于智能交通、智能电网、智能医疗、智能环保、智能安防等领域。

3. 移动互联网的服务功能

随着智能手机、智能可穿戴计算设备的发展,移动互联网应用也从简单地访问互联网网站,看新闻、小说、图片、音乐、视频以及人与人之间的交互,向移动购物、移动支付、移动金融、移动健康服务、移动社交网络、移动位置服务、移动安保服务与扩展移动感知能力等深层次应用的方向发展。

3.6 网络传输介质

传输介质是数据传输系统中在发送设备和接收设备之间的物理通路,也称为传输媒体,可分为导向传输介质和非导向传输介质两类。在导向传输介质中,电磁波或光波被导向沿着固体媒体传播,其包括双绞线、同轴电缆、光纤等,而非导向传输介质就是指自由空间,其传输方式包括微波、无线电、红外线等。

3.6.1 双绞线

把两根互相绝缘的铜导线并排放在一起,然后用规则的方法绞合起来就构成了双绞线。绞合可减少对相邻导线的电磁干扰。为了提高双绞线的抗电磁干扰的能力,可以在双绞线的外面再加上一个金属丝编织成的屏蔽层,这就是屏蔽双绞线(Shielded Twisted Pair,STP),无屏蔽层的双绞线就称为非屏蔽双绞线(Unshielded Twisted Pair,UTP),它们的结构如图3-22所示。

图3-22 屏蔽双绞线和非屏蔽双绞线

1991年,美国电子工业协会EIA和电信工业协议TIA联合发布了一个标准EIA/TIA-568,这个标准规定用于室内传送数据的非屏蔽双绞线和屏蔽双绞线的标准。随着局域网上数据传送速率的不断提高,EIA/TIA在1995年将布线标准更新为EIA/TIA-

568-A，此标准规定了从 1 类线到 5 类线的 5 个种类的 UTP 标准，其中，3 类线和 5 类线用于计算机网络。3 类线由两条轻轻拧在一起的线构成，一般在塑料外壳内有 4 对这样的线。5 类线和 3 类线相似，但拧得更密，并以特富龙材料绝缘，交互感应少，更适用于高速计算机通信。

模拟传输和数字传输都可以使用双绞线，其通信距离一般为几千米到十几千米。距离太长时，对于模拟传输要加放大器以便将衰减的信号放大到合适的数值，对于数字传输则要加中继器以便将失真的数字信号进行整形。由于双绞线的价格便宜且性能也不错，使用十分广泛。

3.6.2 同轴电缆

同轴电缆由内导体铜质芯线、绝缘层、网状编织的外导体屏蔽层以及保护塑料外层所组成，如图 3-23 所示。由于外导体屏蔽层的作用，同轴电缆具有很好的抗干扰特性，广泛用于传输速率较高的数据。

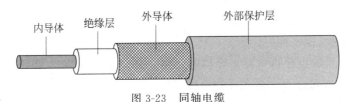

图 3-23 同轴电缆

当需要将计算机连接到同轴电缆上的某处时，比用双绞线要麻烦得多，通常使用 T 型分接头。T 型分接头主要有两种，一种必须先把电缆剪断，然后进行连接；另一种则不必剪断电缆，使用较昂贵的、特制的插入式分接头，利用螺丝分别将两根电缆的内外导线连接好。

通常按特性阻抗数值的不同，将同轴电缆分为两类。

1. 50Ω 同轴电缆

50Ω 同轴电缆主要用于在数据通信中传送基带数字信号，又称为基带同轴电缆，在局域网中得到广泛应用。用这种同轴电缆以 10Mb/s 的速率可将基带信号传送 1km。

在传输基带数字信号时，可以使用曼彻斯特编码和差分曼彻斯特编码解决同步问题。

2. 75Ω 同轴电缆

75Ω 同轴电缆主要用于模拟传输系统，是有线电视系统（CATV）中的标准传输电缆。在这种电缆上传送的信号采用了频分复用的宽带信号，因此 75Ω 同轴电缆又称为宽带同轴电缆。宽带同轴电缆用于传输模拟信号时，其频率可高达 500MHz 以上，传输距离可达 100km。但在传送数字信号时，需要在接口处安装一个电子设备，用以把进入网络的数字比特流转换为模拟信号，把网络输出的模拟信号转换成比特流。

由于在宽带系统中要用到放大器来放大模拟信号，而放大器仅能单向传输信号，因此在宽带电缆的双工传输中，一定要有数据发送和数据接收两条分开的数据通路。

3.6.3 光纤

光纤就是能导光的玻璃纤维，利用光纤传递光脉冲进行通信就是光纤通信，有光脉冲表示比特 1，无光脉冲表示比特 0。

在信源端，电信号通过光电转换设备，转换成光信号在光纤中传输。在信宿端，光信号又被转换为电信号进而被处理。光纤传输系统的工作过程如图 3-24 所示。

图 3-24　光纤传输系统的工作过程

光纤具有如下显著特点。

(1) 光纤直径很小，只有 0.1mm 左右，因而重量轻。

(2) 传输损耗小，中继距离长，对远距离传输特别经济。

(3) 由于可见光的频率非常高，约为 10^8MHz 的数量级，因此一个光纤通信系统的传输带宽远远大于目前其他各种传输介质的带宽。

(4) 不受电磁干扰，防腐，不会锈蚀。

(5) 不怕高温，防爆、防火性能强。

(6) 无串音干扰，保密性好。

(7) 光纤的主要缺点是将两根光纤精确地连接需要专用设备。

光纤按传输方式可分为多模光纤和单模光纤。

1. 多模光纤

多模光纤是利用光的全反射特性来导光的。若光从光密媒质射向光疏媒质，则折射角大于入射角。如果不断增大入射角可使折射角达到 90°，这时的入射角称为临界角。如果继续增大入射角，则折射角会大于临界角，使光线全部返回光密媒质中，这种现象称为光的全反射。根据这一原理，光纤主要由纤芯和包层构成，纤芯的折射率高，包层的折射率低。光纤的结构和传输过程如图 3-25 所示。

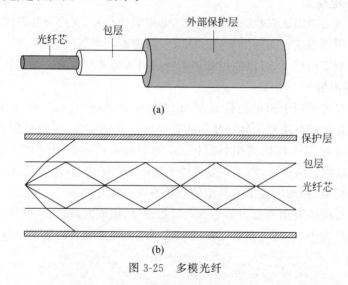

图 3-25　多模光纤

多模光纤的光源为发光二极管，发出的可见光定向性较差，光以不同的角度进入纤芯。实际上，只要从纤芯中射到纤芯表面的光线的入射角大于某一个临界角，就可产生全反射，因此,存在许多条不同角度入射的光线在一条光纤中传输。光脉冲在多模光纤中传输时会逐渐展宽,造成失真,因此多模光纤只适合于近距离传输。

为了克服多模光纤的缺点,出现了梯度型多模光纤。根据经过媒体的光密越小,光传播越快的特性,梯度型多模光纤纤芯的折射率从中间往边缘逐渐变小,光在其中传输的路径变成了曲线。

2. 单模光纤

如果光纤的直径减小到只有一个光的波长大小,则光纤就像一根波导那样,它可使光线沿直线传播,而不会产生多次反射。单模光纤就是按这样的原理

图 3-26 单模光纤

制成的,如图 3-26 所示。单模光纤的纤芯很细,直径只有几微米,制造成本较高。同时,单模光纤的光源使用定向型很好的激光二极管。因此,单模光纤的损耗较小,传输距离远。

光纤有三种连接方式。首先,可以将它们接入连接头并插入光纤插座;其次,将两根切割好的光纤的一端放在一个套管中,然后钳起来,让光纤通过结合处来调整;第三,两根光纤可以被融合在一起形成坚实的连接。

由于光纤很细,连包层一起的直径也不到 0.2mm,因此必须将光纤制作成很结实的光缆。一根光缆少则只有一根光纤,多则可包括数十至数百根光纤,再加上加强元件和填充物就可以大大提高其机械强度,最后加上包带层和外护套,就可以使抗拉强度达到几千克,完全可以满足工程施工的强度要求。

3.6.4 陆地微波

微波是指频率在 0.3～300GHz 范围的电磁波,陆地微波通信就是利用此频段的电磁波来传递信息,目前主要是使用 2～40GHz 的频率范围。

陆地微波系统的主要用途是完成远距离远程通信服务和楼宇间建立短距离的点对点通信。

与其他传输介质相比,微波具有如下特点。

(1) 微波波长短,接近于光波,在空间中主要是直线传播,而地球表面是个曲面,微波会穿透电离层而进入宇宙空间,因此传播距离受到限制,必须设立中继站增大传输距离。

(2) 微波频率高,频段范围也很宽,因此通信信道的容量大。

(3) 因为工业干扰和天电干扰的主要频谱成分比微波频率低得多,因而微波传输质量较高。

(4) 由于波长短,天线尺寸可制作得很小,通常制作成面式天线,增益高,方向性强。

(5) 与相同容量和长度的电缆载波通信比较,微波接力通信建设投资少,见效快。

(6) 微波无法穿透障碍物,因此相邻微波站之间必须直视,距离不会太远,一般为 50km。

(7) 微波的损耗与距离和波长有关,可由下式表达:

$$L = 10\lg\left(\frac{4\pi d}{\lambda}\right)^2 \text{dB}$$

其中,d 是天线之间的距离,λ 是波长。

(8) 微波在空间中会发散,某些微波可能被较低的大气层或障碍物折射,从而比直线传播的微波多走一段距离,产生多路衰减。

(9) 微波的传播有时会受到恶劣气候的影响。

3.6.5 卫星微波

卫星微波是陆地微波的发展,利用人造地球卫星作为中继站,转发微波信号,在多个微波站或称地球站之间进行信息交流。卫星微波通信已经广泛用于长途电话通信、蜂窝电话、电视传播和其他应用。

卫星从上行链路接收传输来的信号,将其放大或再生,再从下行链路上发送。如图3-27 所示。

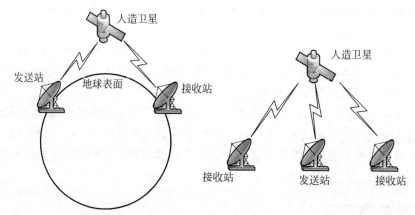

图 3-27 卫星微波工作示意图

但是卫星必须在空中移动,卫星落下水平线后,通信就必须停止,一直到它重新在另一个水平线上出现。采用同步卫星能保证持续地进行传输,因为同步卫星与地球保持固定的位置,它位于赤道轨道,离地面 35 784km。三颗相隔 120°的同步卫星几乎能覆盖整个地球表面,基本实现全球通信。

卫星微波与陆地微波相比,具有以下特点。

(1) 卫星通信的距离远,且通信费用与通信距离无关。

(2) 卫星微波具有广播性质。

(3) 卫星信道的传播时延较大。

3.6.6 无线电

无线电波很容易产生,可以传播很远,容易穿过建筑物,可以被电离层反射,因此被广泛用于通信,不管是室内还是室外,如图 3-28 所示。无线电波同时还是全方向传播的,因此发射和接收装置不必在物理上很准确地对准。

无线电波的特性与频率有关。在较低频率上,无线电波能轻易地通过障碍物,但是能量随着与信号源距离的增大而急剧减小。在高频上,无线电波趋于直线传播并受障碍物的阻挡,还会被雨水吸收。在所有频率上,无线电波易受发送机和其他电子设备的干扰。

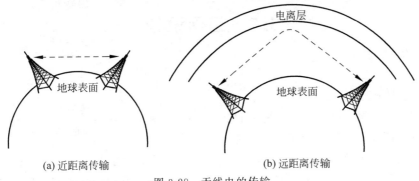

图 3-28 无线电的传输

由于无线电波能传得很远,用户间的相互串扰就是个大问题,所以,所有的政府都控制对用户使用发射器的授权。无线电各波段的划分及用途见表 3-2。

表 3-2 无线电波各波段的划分

波段名称		波长范围	频段名称	频率范围	主要用途
超长波		>10 000m	VLF	3～30kHz	水下通信
长波		1000～10 000m	LF	30～300kHz	电报
中波		200～100m	MF	300～3000kHz	调幅无线电广播
短波		50～200m	IF	3～30MHz	电报、业余通信、调幅无线电广播
		10～50m	HF		
超短波	米波	1～10m	VHF	30～300MHz	电视、导航、业余通信、调幅无线电广播
	分米波	10～100cm	UHF	300～3000MHz	电视、导航、雷达
微波	厘米波	1～10cm	SHF	3～30GHz	电视、导航、雷达、卫星
	毫米波	1～10mm	EHF	30～300GHz	雷达、通信、遥感
	亚毫米波	<1mm		300～3000GHz	雷达、通信、遥感

3.6.7 红外线

红外线的主要特点是不能穿透坚实的物体,这意味着一间房屋里的红外系统不会对其他房间里的系统产生干扰。红外线网络适用于例如教室的环境,或是小型、封闭的区域。对于要求信息保全的人而言,红外线网络或许是一个不错的选择,因其无法穿透墙壁传输,位于建筑物之外的人将不可能直接截取到散布在建筑物内的红外线信号。但相对地,这也构成其缺点——红外线传输极容易受到墙壁的阻碍。

红外通信使用调制非相干红外线光的收发机进行,收发机互相置于视线内对准,直接或经房间天花板的浅色表面反射传递信息,被广泛用于短距离通信。电视、录像机使用的遥控装置都利用了红外线装置。红外线具有方向性、便宜并且容易制造的特点,也成为室内无线网的首选对象。

3.7 组网设备

3.7.1 集线器

1. 集线器的概念

集线器(Hub)属于数据通信系统中的基础设备,它和双绞线等传输介质一样,是一种无须任何软件支持或只需很少管理软件管理的硬件设备。它被广泛应用到各种场合。集线器工作在局域网(LAN)环境,像网卡一样,应用于 OSI 参考模型的第一层,因此又被称为物理层设备。集线器内部采用了电气互连,当维护 LAN 的环境是逻辑总线型或环状结构时,完全可以用集线器建立一个物理上的星状或树状网络拓扑结构。在这方面,集线器所起的作用相当于多端口的中继器。其实,集线器实际上就是中继器的一种,其区别仅在于集线器能够提供更多的端口服务,所以集线器又叫多口中继器。

普通集线器外部板面结构非常简单。就拿 TP-Link TL-HP8MU 型集线器来说,它采用的是 8 口单 10M 以太网集线器,适用于中小型办公网络。端口速度 10M,提供级联端口 Uplink,方便网络扩容。LED 面板灯动态显示电源、网路通断、网络碰撞情况。出错端口自动隔离,以保证网络的正常运行,如图 3-29 所示。

图 3-29　TP-Link TL-HP8MU 型集线器

高档集线器从外表上看,与现代路由器或交换式路由器没有多大区别。尤其是现代双速自适应以太网集线器,由于普遍内置有可以实现内部 10Mb/s 和 100Mb/s 网段间相互通信的交换模块,使得这类集线器完全可以在以该集线器为结点的网段中,实现各结点之间的通信交换,有时也将此类交换式集线器简单地称为交换机,这些都使得初次使用集线器的用户很难正确地辨别它们。但根据背板接口类型来判别集线器,是一种比较简单的方法。

2. 集线器的功能

依据 IEEE 802.3 协议,集线器功能是随机选出某一端口的设备,并让它独占全部带宽,与集线器的上连设备(交换机、路由器或服务器等)进行通信。由此可以看出,集线器在工作时具有以下两个特点。

首先 Hub 只是一个多端口的信号放大设备,工作中当一个端口接收到数据信号时,由于信号在从源端口到 Hub 的传输过程中已有了衰减,所以 Hub 便将该信号进行整形放大,使被衰减的信号再生(恢复)到发送时的状态,紧接着转发到其他所有处于工作状态的端口上。从 Hub 的工作方式可以看出,它在网络中只起到信号放大和重发作用,其目的是扩大网络的传输范围,而不具备信号的定向传送能力,是一个标准的共享式设备。因此有人称集线器为"傻 Hub"或"哑 Hub"。

其次是 Hub 只与它的上连设备(如上层 Hub、交换机或服务器)进行通信,同层的各端口之间不会直接进行通信,而是通过上连设备再将信息广播到所有端口上。由此可见,即使是在同一 Hub 的两个不同端口之间进行通信,都必须要经过两步操作:第一步是将信息上传到上连设备;第二步是上连设备再将该信息广播到所有端口上。

不过,随着技术的发展和需求的变化,目前的许多 Hub 在功能上进行了拓宽,不再受这种工作机制的影响。由 Hub 组成的网络是共享式网络,同时 Hub 也只能够在半双工下工作。

Hub 主要用于共享网络的组建,是解决从服务器直接到桌面最经济的方案。在交换式网络中,Hub 直接与交换机相连,将交换机端口的数据送到桌面。使用 Hub 组网灵活,它处于网络的一个星状结点,对结点相连的工作站进行集中管理,不让出问题的工作站影响整个网络的正常运行,并且用户的加入和退出也很自由。

3. 集线器的分类

按结构和功能分类,集线器可分为未管理的集线器、堆叠式集线器和底盘集线器三类。

1) 未管理的集线器

最简单的集线器通过以太网总线提供中央网络连接,以星状的形式连接起来,这称为未管理的集线器,只用于很小型的至多 12 个结点的网络中(在少数情况下,可以更多一些)。未管理的集线器没有管理软件或协议来提供网络管理功能,这种集线器可以是无源的,也可以是有源的,有源集线器使用得更多。

2) 堆叠式集线器

堆叠式集线器是稍微复杂一些的集线器。堆叠式集线器最显著的特征是 8 个转发器可以直接彼此相连。这样只需简单地添加集线器并将其连接到已经安装的集线器上就可以扩展网络,这种方法不仅成本低,而且简单易行。

3) 底盘集线器

底盘集线器是一种模块化的设备,在其底板电路板上可以插入多种类型的模块。有些集线器带有冗余的底板和电源。同时,有些模块允许用户不必关闭整个集线器便可替换那些失效的模块。集线器的底板给插入模块准备了多条总线,这些插入模块可以适应不同的段,如以太网、快速以太网、光纤分布式数据接口(Fiber Distributed Data Interface,FDDI)和异步传输模式(Asynchronous Transfer Mode,ATM)中。有些集线器还包含网桥、路由器或交换模块。有源的底盘集线器还可能会有重定时的模块,用来与放大的数据信号关联。

从局域网角度来区分,集线器可分为以下五种不同类型。

1) 单中继网段集线器

最简单的集线器,是一类用于最简单的中继式 LAN 网段的集线器,与堆叠式以太网集线器或令牌环网多站访问部件(MAU)等类似。

2) 多网段集线器

从单中继网段集线器直接派生而来,采用集线器背板,这种集线器带有多个中继网段。其主要优点是可以将用户分布于多个中继网段上,以减少每个网段的信息流量负载,网段之间的信息流量一般要求独立的网桥或路由器。

3) 端口交换式集线器

该集成器是在多网段集线器基础上,将用户端口和多个背板网段之间的连接过程自动化,并通过增加端口交换矩阵(PSM)来实现的集线器。PSM 可提供一种自动工具,用于将任何外来用户端口连接到集线器背板上的任何中继网段上。端口交换式集线器的主要优点是,可实现移动、增加和修改的自动化特点。

4) 网络互联集线器

端口交换式集线器注重端口交换,而网络互联集线器在背板的多个网段之间可提供一些类型的集成连接,该功能通过一台综合网桥、路由器或 LAN 交换机来完成。目前,这类集线器通常都采用机箱形式。

5) 交换式集线器

目前,集线器和交换机之间的界限已变得模糊。交换式集线器有一个核心交换式背板,采用一个纯粹的交换系统代替传统的共享介质中继网段。此类产品已经上市,并且混合的(中继/交换)集线器很可能在以后几年控制这一市场。应该指出,这类集线器和交换机之间的特性几乎没有区别。

3.7.2 网桥

1. 网桥的概念

网桥(Bridge)是一种在链路层实现中继,常用于连接两个或更多个局域网的网络互连设备。网桥像一个"聪明"的中继器。中继器从一个网络电缆里接收信号,放大它们,将其送入下一个电缆。相比较而言,网桥对从关卡上传下来的信息更敏锐一些。网桥是一种对帧进行转发的技术,根据 MAC 分区块,可隔离碰撞。网桥将网络的多个网段在数据链路层连接起来。

网桥将两个相似的网络连接起来,并对网络数据的流通进行管理。它工作于数据链路层,不但能扩展网络的距离或范围,而且可提高网络的性能、可靠性和安全性。如图 3-30 所示,网络 1 和网络 2 通过网桥连接后,网桥接收网络 1 发送的数据包,检查数据包中的地址,如果地址属于网络 1,它就将其放弃;相反,如果是网络 2 的地址,它就继续发送给网络 2。这样可利用网桥隔离信息,将网络划分成多个网段,隔离出安全网段,防止其他网段内的用户非法访问。由于网络的分段,各网段相对独立,一个网段的故障不会影响到另一个网段的运行。

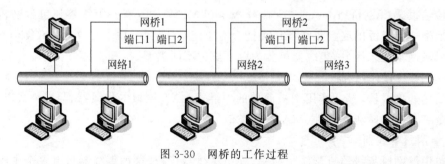

图 3-30 网桥的工作过程

网桥可以是专门的硬件设备,也可以由计算机加装的网桥软件来实现,这时计算机上会安装多个网络适配器(网卡)。

2. 网桥的功能

网桥的功能在延长网络跨度上类似于中继器,然而它能提供智能化连接服务,即根据帧的终点地址处于哪一网段来进行转发和滤除。网桥对站点所处网段的了解是靠"自学习"实现的。

当使用网桥连接两个网段时,网桥对来自网段1的MAC帧,首先要检查其终点地址。如果该帧是发往网段1上某一站的,网桥则不将帧转发到网段2,而将其滤除;如果该帧是发往网段2上某一站的,网桥则将它转发到网段2。这表明,如果网段1和网段2上各有一对用户在本网段上同时进行通信,显然是可以实现的。因为网桥起到了隔离作用。可以看出,网桥在一定条件下具有增加网络带宽的作用。

网桥的存储和转发功能与中继器相比有优点也有缺点,其优点如下。

(1) 使用网桥进行互连克服了物理限制,这意味着网络内的数据站总数和网段数很容易扩充。

(2) 网桥纳入存储和转发功能可使其适应于连接使用不同MAC协议的两个网络,因而构成一个不同网络混连在一起的混合网络环境。

(3) 网桥的中继功能仅依赖于MAC帧的地址,因而对高层协议完全透明。

(4) 网桥将一个较大的网络分成若干网段,有利于改善可靠性、可用性和安全性。

网桥的主要缺点是:由于网桥在执行转发前先接收帧并进行缓冲,与中继器相比会引入更多时延。由于网桥不提供流控功能,因此在流量较大时有可能使其过载,从而造成帧的丢失。

网桥的优点多于缺点正是其广泛使用的原因。

3. 网桥的分类

所有网桥都是在数据链路层提供连接服务,根据其路由算法不同,可将网桥分为透明网桥和源路由选择网桥。

1) 透明网桥

"透明网桥"是指,它对任何数据站都完全透明,用户感觉不到它的存在,也无法对网桥寻址。所有的路由判决全部由网桥自己确定。当网桥连入网络时,它能自动初始化并对自身进行配置。用户不需要改动硬件和软件,无须设置地址开关,无须装入路由表或参数。只须插入电缆就可以,现有的局域网的运行完全不受网桥的任何影响。

2) 源路由选择网桥

源路由选择网桥规定,发送帧的源工作站负责路由选择。为此,在每个工作站中都配置一张路由选择表,在表中为本站所能到达的工作站都建立一个表目,其中列出了由本站到达目的站沿途所有工作站和网桥的站址。由本站发往该目的站的所有帧,都将沿着这条路径传输。

源路由网桥选择网桥能按用户要求寻找最佳路由,这对保密性很强的信息传输来说是很重要的。但网络工作站的实现较复杂,因为要在工作站中设置路由选择表,采用某种算法的路由选择程序,特别是当互联网络规模很大时,广播帧的数目会剧增,引起拥塞。因此,市场上透明网桥居多。

3.7.3 交换机

1. 交换机的概念

交换(Switching)是按照通信两端传输信息的需要,用人工或设备自动完成的方法,把要传输的信息送到符合要求的相应路由上的技术的统称。广义的交换机(Switch)就是一种在通信系统中完成信息交换功能的设备,如图3-31所示。

图 3-31 交换机

在计算机网络系统中,交换概念的提出改进了共享工作模式。前面介绍过的 Hub 集线器就是一种共享设备,Hub 本身不能识别目的地址,当同一局域网内的 A 主机给 B 主机传输数据时,数据包在以 Hub 为架构的网络上是以广播方式传输的,由每一台终端通过验证数据包头的地址信息来确定是否接收。也就是说,在这种工作方式下,同一时刻网络上只能传输一组数据帧,如果发生碰撞还得重试。但是交换机的出现,恰恰弥补了 Hub 结构的网络的缺点。

目前市场上交换机产品繁多,其中常见的品牌及系列如下。

(1) H3C 公司的高中低端交换机。

(2) Cisco 公司的 6500、3500、2900、1900 系列。

(3) 华为公司的 Quidway S9300、S8500、S7800 系列。

(4) D-link、TP-link 的桌面交换机。

2. 交换机工作原理

典型的局域网交换机结构与工作过程如图 3-32 所示。图中的交换机有 6 个端口,其中端口 1、4、5、6 分别连接了结点 A、结点 B、结点 C 与结点 D。那么交换机的"端口号/MAC地址映射表"就可以根据以上端口号与结点 MAC 地址的对应关系建立起来。如果结点 A 与结点 D 同时要发送数据,那么它们可以分别在以太网帧的目的地址字段(DA,Destination Address)中填上该帧的目的地址。

例如,结点 A 要向结点 C 发送帧,那么该帧的目的地址 DA=结点 C;结点 D 要向结点 B 发送,那么该帧的目的地址 DA=结点 B。当结点 A、结点 D 同时通过交换机传送以太网帧时,交换机的交换控制中心根据"端口号/MAC 地址映射"的对应关系找出对应帧目的地址的输出端口号,那么它就可以为结点 A 到结点 C 建立端口 1 到端口 5 的连接。同时,为结点 D 和结点 B 建立端口 6 到端口 4 的连接。这种端口之间的连接可以根据需要同时建立多条,也就是说可以在多个端口之间建立多个并发连接。

以太网交换机的帧转发方式可以分为以下三类。

1) 直接交换方式

在直接交换方式中,交换机只要接收并检测到目的地址字段,立即将该帧转发出去,而不管这一帧数据是否出错。帧出错检测任务由结点主机完成。这种交换方式的优点是交换

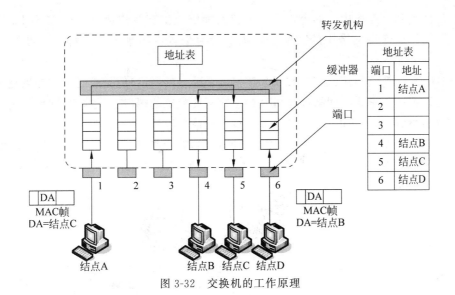

图 3-32 交换机的工作原理

延迟时间短;缺点是缺乏差错检测能力,不支持不同输入输出速率的端口之间的帧转发。

2) 存储转发交换方式

在存储转发方式中,交换机首先完整地接收发送帧,并先进行差错检测。如果接收帧是正确的,则根据帧目的地址确定输出端口号,然后再转发出去。这种交换方式的优点是具有帧差错检测能力,并能支持不同输入输出速率的端口之间的帧转发,缺点是交换延迟时间将会增长。

3) 改进直接交换方式

改进的直接交换方式则将二者结合起来,它在接收到帧的前 64B 后,判断以太网帧的帧头字段是否正确,如果正确则转发出去。这种方法对于短的以太网帧来说,其交换延迟时间与直接交换方式比较接近;而对于长的以太网帧来说,由于它只对帧的地址字段与控制字段进行了差错检测,因此交换延迟时间将会减少。

3. 交换机的功能

交换机的主要功能包括物理编址、网络拓扑结构、错误校验、帧序列以及流控。目前交换机还具备了一些新的功能,如对 VLAN(虚拟局域网)的支持、对链路汇聚的支持,甚至有的还具有防火墙的功能。

1) 学习

以太网交换机了解每一端口相连设备的 MAC 地址,并将地址同相应的端口映射起来存放在交换机缓存中的 MAC 地址表中。

2) 转发/过滤

当一个数据帧的目的地址在 MAC 地址表中有映射时,它被转发到连接目的结点的端口而不是所有端口(如该数据帧为广播/组播帧则转发至所有端口)。

3) 消除回路

当交换机包括一个冗余回路时,以太网交换机通过生成树协议避免回路的产生,同时允许存在后备路径。

交换机除了能够连接同种类型的网络之外,还可以在不同类型的网络(如以太网和快速以太网)之间起到互连作用。如今许多交换机都能够提供支持快速以太网或 FDDI 等的高速连接端口,用于连接网络中的其他交换机或者为带宽占用量大的关键服务器提供附加带宽。

一般来说,交换机的每个端口都用来连接一个独立的网段,但是有时为了提供更快的接入速度,可以把一些重要的网络计算机直接连接到交换机的端口上。这样,网络的关键服务器和重要用户就拥有更快的接入速度,支持更大的信息流量。

在如图 3-33 所示的 Switch-Hub 组合式网络中,若交换机的每个端口的数据转发速率是 10Mb/s 的话,那么计算机 A、B 和 C 将共享这 10M 的速率。而对于计算机 D 来说,它将独享这 10M 的速率。

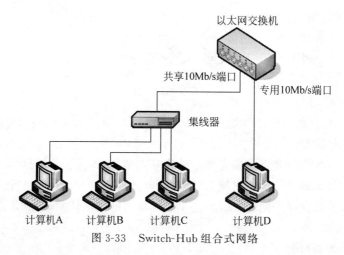

图 3-33 Switch-Hub 组合式网络

最后简略地概括一下交换机的基本功能。

(1) 像集线器一样,交换机提供了大量可供线缆连接的端口,这样可以采用星状拓扑布线。

(2) 像中继器、集线器和网桥那样,当它转发帧时,交换机会重新产生一个不失真的方形电信号。

(3) 像网桥那样,交换机在每个端口上都使用相同的转发或过滤逻辑。

(4) 像网桥那样,交换机将局域网分为多个冲突域,每个冲突域都有独立的宽带,因此大大提高了局域网的带宽。

(5) 除了具有网桥、集线器和中继器的功能以外,交换机还提供了更先进的功能,如虚拟局域网(VLAN)和更高的性能。

4. 交换机的级联与堆叠

1) 级联

级联可以定义为两台或两台以上的交换机通过一定的方式相互连接。根据需要,多台交换机可以以多种方式进行级联。在较大的局域网例如园区网(校园网)中,多台交换机按照性能和用途一般形成总线型、树状或星状的级联结构。

城域网是交换机级联的极好例子。目前各地电信部门已经建成了许多市地级的宽带 IP 城域网。这些宽带城域网自上向下一般分为 3 个层次:核心层、汇聚层、接入层。核心层一般采用千兆以太网技术,汇聚层采用 1000M/100M 以太网技术,接入层采用 100M/10M

以太网技术,所谓"千兆到大楼,百兆到楼层,十兆到桌面"。

这种结构的宽带城域网实际上就是由各层次的许多台交换机级联而成的。核心交换机下连若干台汇聚交换机,汇聚交换机下连若干台小区中心交换机,小区中心交换机下连若干台楼宇交换机,楼宇交换机下连若干台楼层交换机。

交换机间一般是通过普通用户端口进行级联,有些交换机则提供了专门的级联端口(Uplink Port)。这两种端口的区别仅在于普通端口符合 MDI 标准,而级联端口(或称上行口)符合 MDIX 标准。由此导致了两种方式下接线方式不同:当两台交换机都通过普通端口级联时,端口间电缆采用交叉电缆(Crossover Cable);当且仅当其中一台通过级联端口时,采用直通电缆(Straight Through Cable)。

为了方便进行级联,某些交换机上提供一个两用端口,可以通过开关或管理软件将其设置为 MDI 或 MDIX 方式。更进一步,某些交换机上全部或部分端口具有 MDI/MDIX 自校准功能,可以自动区分网线类型,进行级联时更加方便。

用交换机进行级联时要注意以下几个问题。原则上任何厂家、任何型号的以太网交换机均可相互进行级联,但也不排除一些特殊情况下两台交换机无法进行级联。交换机间级联的层数是有一定限度的。成功实现级联的最根本原则,就是任意两结点之间的距离不能超过媒体段的最大跨度。多台交换机级联时,应保证它们都支持生成树(Spanning-Tree)协议,既要防止网内出现环路,又要允许冗余链路存在。

进行级联时,应该尽力保证交换机间中继链路具有足够的带宽,为此可采用全双工技术和链路汇聚技术。交换机端口采用全双工技术后,不但相应端口的吞吐量加倍,而且交换机间中继距离大大增加,使得异地分布、距离较远的多台交换机级联成为可能。链路汇聚也叫端口汇聚、端口捆绑、链路扩容组合,由 IEEE 802.3ad 标准定义。即两台设备之间通过两个以上的同种类型的端口并行连接,同时传输数据,以便提供更高的带宽、更好的冗余度以及实现负载均衡。链路汇聚技术不但可以提供交换机间的高速连接,还可以为交换机和服务器之间的连接提供高速通道。需要注意的是,并非所有类型的交换机都支持这两种技术。

2) 堆叠

堆叠是指将一台以上的交换机组合起来共同工作,以便在有限的空间内提供尽可能多的端口。多台交换机经过堆叠形成一个堆叠单元。可堆叠的交换机性能指标中有一个"最大可堆叠数"的参数,它是指一个堆叠单元中所能堆叠的最大交换机数,代表一个堆叠单元中所能提供的最大端口密度。

堆叠与级联这两个概念既有区别又有联系。堆叠可以看作级联的一种特殊形势。它们的不同之处在于:级联的交换机之间可以相距很远(在媒体许可范围内),而一个堆叠单元内的多台交换机之间的距离非常近,一般不超过几米;级联一般采用普通端口,而堆叠一般采用专用的堆叠模块和堆叠电缆。一般来说,不同厂家、不同型号的交换机可以互相级联,堆叠则不同,它必须在可堆叠的同类型交换机(至少应该是同一厂家的交换机)之间进行;级联仅仅是交换机之间的简单连接,堆叠则是将整个堆叠单元作为一台交换机来使用,这不但意味着端口密度的增加,而且意味着系统带宽的加宽。

目前,市场上的主流交换机可以细分为可堆叠型和非堆叠型两大类。而号称可以堆叠的交换机中,又有虚拟堆叠和真正堆叠之分。虚拟堆叠,实际就是交换机之间的级联。交换机并不是通过专用堆叠模块和堆叠电缆,而是通过 Fast Ethernet 端口或 Giga Ethernet 端口进行堆叠,实际上这是一种变相的级联。即便如此,虚拟堆叠的多台交换机在网络中已经可以作为一个逻辑设备进行管理,从而使网络管理变得简单起来。

真正意义上的堆叠应该满足:采用专用堆叠模块和堆叠总线进行堆叠,不占用网络端口;多台交换机堆叠后,具有足够的系统带宽,从而保证堆叠后每个端口仍能达到线速交换;多台交换机堆叠后,VLAN 等功能不受影响。

目前市场上有相当一部分可堆叠的交换机属于虚拟堆叠类型而非真正堆叠类型。很显然,真正意义上的堆叠比虚拟堆叠在性能上要高出许多,但采用虚拟堆叠至少有两个好处:虚拟堆叠往往采用标准 Fast Ethernet 或 Giga Ethernet 作为堆叠总线,易于实现,成本较低;堆叠端口可以作为普通端口使用,有利于保护用户投资。采用标准 Fast Ethernet 或 Giga Ethernet 端口实现虚拟堆叠,可以大大延伸堆叠的范围,使得堆叠不再局限于一个机柜之内。

堆叠可以大大提高交换机端口密度和性能。堆叠单元具有足以匹敌大型机架式交换机的端口密度和性能,而投资却比机架式交换机便宜得多,实现起来也灵活得多。这就是堆叠的优势所在。

机架式交换机可以说是堆叠发展到更高阶段的产物。机架式交换机一般属于部门以上级别的交换机,它有多个插槽,端口密度大,支持多种网络类型,扩展性较好,处理能力强,但价格昂贵。

5. 交换机的分类

1) 按网络覆盖范围分类

根据网络覆盖范围划分,交换机可以分为局域网交换机和广域网交换机。

局域网交换机应用于局域网络,用于连接终端设备,如服务器、工作站、集线器、路由器、网络打印机等网络设备,提供高速独立通信通道。

广域网交换机主要是应用于电信城域网互联、互联网接入等领域的广域网中,提供通信用的基础平台。

2) 按传输介质和传输速度分类

按传输介质和传输速度分类,交换机可分为以太网交换机、快速以太网交换机、千兆以太网交换机、10 千兆以太网交换机、ATM 交换机、FDDI 交换机和令牌环交换机。

(1) 以太网交换机。以太网交换机是最普遍和便宜的,它的档次比较齐全,应用领域也非常广泛,在大大小小的局域网都可以见到它们的踪影。以太网包括三种网络接口:RJ-45、BNC 和 AUI,所用的传输介质分别为:双绞线、细同轴电缆和粗同轴电缆。不要以为一讲以太网就都是 RJ-45 接口的,只不过双绞线类型的 RJ-45 接口在网络设备中非常普遍而已。当然现在的交换机通常不可能全是 BNC 或 AUI 接口的,因为目前采用同轴电缆作为传输介质的网络现在已经很少见了,而一般是在 RJ-45 接口的基础上为了兼顾同轴电缆介质的网络连接,配上 BNC 或 AUI 接口。

(2) 快速以太网交换机。这种交换机是用于 100Mb/s 快速以太网。快速以太网是一种在普通双绞线或者光纤上实现 100Mb/s 传输带宽的网络技术。要注意的是,不要一讲到快速以太网就认为全都是纯正 100Mb/s 带宽的端口,事实上目前基本上还是 10/100Mb/s 自适应型的为主。同样一般来说,这种快速以太网交换机通常所采用的介质也是双绞线,有的快速以太网交换机为了兼顾与其他光传输介质的网络互联,或许会留有少数的光纤接口

"SC"。

(3) 千兆以太网交换机。千兆以太网交换机是用于目前较新的一种网络——千兆以太网中,也有人把这种网络称为"吉比特(GB)以太网",那是因为它的带宽可以达到1000Mb/s。它一般用于一个大型网络的骨干网段,所采用的传输介质有光纤、双绞线两种,对应的接口为 SC 和 RJ-45 接口两种。

(4) 10 千兆以太网交换机。10 千兆以太网交换机主要是为了适应当今 10 千兆以太网络的接入,它一般用于骨干网段上,采用的传输介质为光纤,其接口方式也就相应为光纤接口。同样,这种交换机也称为"10G 以太网交换机"。

(5) ATM 交换机。ATM 交换机是用于 ATM 网络的交换机产品。ATM 网络由于其独特的技术特性,现在还只用于电信、邮政网的主干网段,因此其交换机产品在市场上很少看到。相比在 ADSL 宽带接入方式中采用 PPPoA 协议,在局端(NSP端)就需要配置 ATM 交换机,有线电视的 Cable Modem 互联网接入法在局端也采用 ATM 交换机。它的传输介质一般采用光纤,接口类型同样一般有两种:以太网 RJ-45 接口和光纤接口,这两种接口适合与不同类型的网络互联。相对于物美价廉的以太网交换机而言,ATM 交换机的价格比较高,在普通局域网中应用很少。

(6) FDDI 交换机。FDDI 技术是在快速以太网技术还没有开发出来之前开发的,它主要是为了解决当时 10Mb/s 以太网和 16Mb/s 令牌网速度的局限,它的传输速率可达到100Mb/s。但它当时是采用光纤作为传输介质的,比以双绞线为传输介质的网络成本高许多,所以随着快速以太网技术的成功开发,FDDI 技术失去了应有的市场。正因如此,FDDI设备(如 FDDI 交换机)目前比较少见,FDDI 交换机是用于老式中、小型企业的快速数据交换网络中的,它的接口形式都为光纤接口。

(7) 令牌环交换机。主流局域网中曾经有一种被称为"令牌环网"的网络。它是由 IBM在 20 世纪 70 年代开发的,在老式的令牌环网中,数据传输率为 4Mb/s 或 16Mb/s,新型的快速令牌环网传输速率可达 100Mb/s,目前已经标准化了。令牌环网的传输方法在物理上采用星状拓扑结构,在逻辑上采用环状拓扑结构。与之相匹配的交换机产品就是令牌环交换机。令牌环网逐渐失去了市场,相应的纯令牌环交换机产品也非常少见。但是在一些交换机中仍留有一些 BNC 或 AUI 接口,以方便令牌环网进行连接。

3) 按交换机应用网络层次分类

按交换机应用网络层次分类,交换机可分为企业级交换机、校园网交换机、部门级交换机、工作组交换机和桌面型交换机。

(1) 企业级交换机。企业级交换机属于一类高端交换机,一般采用模块化的结构,可作为企业网络骨干构建高速局域网,所以它通常用于企业网络的最顶层。企业级交换机可以提供用户化定制、优先级队列服务和网络安全控制,并能很快适应数据增长和改变的需要,从而满足用户的需求。对于有更多需求的网络,企业级交换机不仅能传送海量数据和控制信息,更具有硬件冗余和软件可伸缩性的特点,保证网络的可靠运行。这种交换机从它所处的位置可以清楚地看出它自身的要求非同一般,起码在带宽、传输速率以及背板容量上要比一般交换机高出许多,所以企业级交换机一般都是千兆以上以太网交换机。企业级交换机所采用的端口一般都为光纤接口,这主要是为了保证交换机高的传输速率。那么什么样的交换机可以称为企业级交换机呢?其实还没有一个明确的标准,只是现在通常这么认为,如果是作为企业的骨干交换机时,能支持500个信息点以上大型企业应用的交换机为企业级交换机。企业交换机还可以接入一个大底盘。这个底盘产品通常支持许多不同类型的组件,比如快速以太网和以太网中继、FDDI集中器、令牌环MAU和路由器。企业交换机在建设企业级别的网络时非常有用,尤其是对需要支持一些网络技术和以前的系统的情况。基于底盘设备通常有非常强大的管理特征,因此非常适合于企业网络的环境。

(2) 校园网交换机。校园网交换机应用相对较少,主要应用于较大型网络,且一般作为网络的骨干交换机。这种交换机具有快速数据交换能力和全双工能力,可提供容错等智能特性,还支持扩充选项及第三层交换中的虚拟局域网(VLAN)等多种功能。这种交换机因通常用于分散的校园网而得名,其实它不一定要应用在校园网络中,只表示它主要应用于物理距离分散的较大型网络中。因为校园网比较分散,传输距离比较长,所以在骨干网段上,这类交换机通常采用光纤或者同轴电缆作为传输介质,交换机当然也就需提供SC光纤口和BNC或者AUI同轴电缆接口。

(3) 部门级交换机。部门级交换机是面向部门级网络使用的交换机。这类交换机可以是固定配置,也可以是模块配置,一般除了常用的RJ-45双绞线接口外,还带有光纤接口。部门级交换机一般具有较为突出的智能型特点,支持基于端口的VLAN(虚拟局域网),可实现端口管理,可任意采用全双工或半双工传输模式,可对流量进行控制,有网络管理的功能,可通过PC的串口或经过网络对交换机进行配置、监控和测试。如果作为骨干交换机,则一般认为支持300个信息点以下中型企业的交换机为部门级交换机。

(4) 工作组交换机。工作组交换机是传统集线器的理想替代产品,一般为固定配置,配有一定数目的10Base-T或100Base-TX以太网口。交换机按每一个包中的MAC地址相对简单地决策信息转发,这种转发决策一般不考虑包中隐藏的更深的其他信息。与集线器不同的是交换机转发延迟很小,操作接近单个局域网性能,远远超过了普通桥接互联网络之间的转发性能。工作组交换机一般没有网络管理的功能,如果是作为骨干交换机,则一般认为支持100个信息点以内的交换机为工作组级交换机。

(5) 桌面型交换机。桌面型交换机是最常见的一种最低档的交换机,它区别于其他交换机的一个特点是支持的每端口MAC地址很少,通常端口数也较少(12口以内,但不是绝对),只具备最基本的交换机特性,当然价格也是最便宜的。这类交换机虽然在整个交换机中属最低档的,但是相比集线器来说它还是具有交换机的通用优越性,况且有许多应用环境也只需这些基本的性能,所以它的应用还是相当广泛的。它主要应用于小型企业或中型以上企业办公桌面。在传输速度上,目前桌面型交换机大都提供多个具有10/100Mb/s自适应能力的端口。

3.7.4 路由器

路由器

1. 路由器的概念

路由就是指通过相互连接的网络把信息从源地点移动到目标地点的活动。一般来说,在路由过程中,信息至少会经过一个或多个中间结点。通常,人们会把路由和交换进行对比,这主要是因为在普通用户看来两者所实现的功能是完全一样的。其实,路由和交换之间的主要区别就是交换发生在OSI参考模型的第二层(数据链路层),而路由发生在第三层,即网络层。这一区别决定了路由和交换在移动信息的过程中需要使用不同的控制信息,所以两者实现各自功能的方式是不同的。

早在四十多年前就已经出现了对路由技术的讨论，但是直到 20 世纪 80 年代路由技术才逐渐进入商业化的应用。路由技术之所以在问世之初没有被广泛使用，主要是因为 20 世纪 80 年代之前的网络拓扑结构都非常简单，路由技术没有用武之地。直到最近十几年，大规模的互联网络才逐渐流行起来，为路由技术的发展提供了良好的基础和平台。

路由器是互联网的主要结点设备，如图 3-34 所示。路由器通过路由决定数据的转发。转发策略称为路由选择（routing），这也是路由器名称的由来。作为不同网络之间互相连接的枢纽，路由器系统构成了基于 TCP/IP 的国际互联网络 Internet 的主体脉络，也可以说，路由器构成了 Internet 的骨架。它的处理速度是网络通信的主要瓶颈之一，它的可靠性则直接影响着网络互联的质量。因此，在园区网、地区网乃至整个 Internet 研究领域中，路由器技术始终处于核心地位，其发展历程和方向成为整个 Internet 研究的一个缩影。在当前我国网络基础建设和信息建设方兴未艾之际，探讨路由器在互联网络中的作用、地位及其发展方向，对于国内的网络技术研究、网络建设，以及明确网络市场上对于路由器和网络互联的各种似是而非的概念，都有重要的意义。

图 3-34　路由器

目前市场上路由器产品比较多，其中常见的品牌及系列如下。

（1）Cisco 公司的 Cisco 系列路由器。

（2）3Com 公司的 Office Connect Net Builder 系列。

（3）Nortel 公司的 Accelar 系列。

（4）Intel 公司的 Express Router 系列。

（5）华为公司的 Quidway 系列。

（6）TP-LINK。

（7）D-LINK。

2．路由器的功能

路由器的一个作用是联通不同的网络，另一个作用是选择信息传送的线路。选择通畅快捷的近路，能大大提高通信速度，减轻网络系统通信负荷，节约网络系统资源，提高网络系统畅通率，从而让网络系统发挥出更大的效益来。

从过滤网络流量的角度来看，路由器的作用与交换机和网桥非常相似。但是与工作在网络物理层，从物理上划分网段的交换机不同，路由器使用专门的软件协议从逻辑上对整个网络进行划分。例如，一台支持 IP 协议的路由器可以把网络划分成多个子网段，只有指向特殊 IP 地址的网络流量才可以通过路由器。对于每一个接收到的数据包，路由器都会重新计算其校验值，并写入新的物理地址。因此，使用路由器转发和过滤数据的速度往往要比只查看数据包物理地址的交换机慢。但是,路由器对于那些结构复杂的网络,使用路由器可以提高网络的整体效率。路由器的另外一个明显优势就是可以自动过滤网络广播。从总体上说,在网络中添加路由器的整个安装过程要比即插即用的交换机复杂很多。

一般说来,异种网络互联与多个子网互联都应采用路由器来完成。

路由器的主要工作就是为经过路由器的每个数据帧寻找一条最佳传输路径,并将该数据有效地传送到目的站点。由此可见,选择最佳路径的策略即路由算法是路由器的关键所在。为了完成这项工作,在路由器中保存着各种传输路径的相关数据——路径表(Routing Table),供路由选择时使用。路径表中保存着子网的标志信息、网上路由器的个数和下一个路由器的名字等内容。路径表可以是由系统管理员固定设置好,也可以由系统动态修改,可以由路由器自动调整,也可以由主机控制。

由系统管理员事先设置好固定的路径表称为静态(Static)路径表,一般是在系统安装时就根据网络的配置情况预先设定的,它不会随未来网络拓扑结构的改变而改变。

动态(Dynamic)路径表是路由器根据网络系统的运行情况而自动调整的路径表。路由器根据路由选择协议(Routing Protocol)提供的功能,自动学习和记忆网络运行情况,在需要时自动计算数据传输的最佳路径。

3. 路由器的工作原理

路由器的工作过程如图 3-35 所示,原理简述如下。

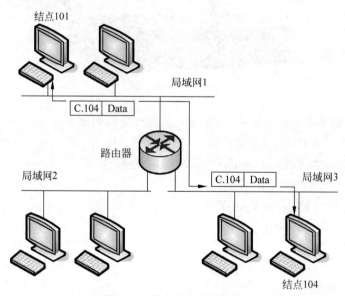

图 3-35 路由器的工作过程

(1) 当数据包到达路由器,根据网络物理接口的类型,路由器调用相应的链路层功能模块,以解释处理此数据包的链路层协议报头。主要是对数据的完整性进行验证,如 CRC 校验、帧长度检查等。

(2) 在链路层完成对数据帧的完整性验证后,路由器开始处理此数据帧的 IP 层。根据数据帧中 IP 包头的目的 IP 地址,路由器在路由表中查找下一跳的 IP 地址;同时,IP 数据包头的 TTL(Time To Live)域开始减数,并重新计算校验和(Checksum)。

(3) 根据路由表中所查到的下一跳 IP 地址,将 IP 数据包送往相应的输出链路层,被封装上相应的链路层包头,最后经输出网络物理接口发送出去。

4. 路由器的分类

路由器产品,按照不同的划分标准有多种类型。常见的分类有以下几种。

1) 按性能档次分类

按性能档次划分,通常将路由器分为高、中、低三类。

通常将路由器吞吐量大于 40Gb/s 的路由器称为高档路由器,吞吐量为 25~40Gb/s 的路由器称为中档路由器,而将低于 25Gb/s 的看作低档路由器。

当然这只是一种宏观上的划分标准,各厂家划分并不完全一致,实际上路由器档次的划分不仅是以吞吐量为依据的,是有一个综合指标的。以市场占有率最大的 Cisco 公司为例,12000 系列为高端路由器,7500 以下系列路由器为中低端路由器。

2) 按结构分类

按结构划分,可将路由器分为模块化路由器和非模块化路由器。

模块化结构可以灵活地配置路由器,以适应企业不断增加的业务需求,非模块化结构的就只能提供固定的端口。通常中高端路由器为模块化结构,低端路由器为非模块化结构。

3) 按功能分类

从功能划分,可将路由器分为骨干级路由器、企业级路由器和接入级路由器。

骨干级路由器是实现企业级网络互联的关键设备,它数据吞吐量较大,非常重要。对骨干级路由器的基本性能要求是高速度和高可靠性。为了获得高可靠性,网络系统普遍采用诸如热备份、双电源、双数据通路等传统冗余技术,从而使得骨干路由器的可靠性一般不成问题。

企业级路由器连接许多终端系统,连接对象较多,但系统相对简单,且数据流量较小,对这类路由器的要求是以尽量便宜的方法实现尽可能多的端点互连,同时还要求能够支持不同的服务质量。

接入级路由器主要应用于连接家庭或 ISP 内的小型企业客户群体。

4) 按所处网络位置分类

按所处网络位置划分,通常把路由器划分为边界路由器和中间结点路由器。

很明显,边界路由器是处于网络边缘,用于不同网络路由器的连接;而中间结点路由器则处于网络的中间,通常用于连接不同网络,起到一个数据转发的桥梁作用。

由于各自所处的网络位置有所不同,其主要性能也就有相应的侧重,如中间结点路由器因为要面对各种各样的网络,如何识别这些网络中的各结点呢?靠的就是这些中间结点路由器的 MAC 地址记忆功能。

基于上述原因,选择中间结点路由器时就需要在 MAC 地址记忆功能方面更加注重,也就是要求选择缓存更大、MAC 地址记忆能力较强的路由器。但是边界路由器由于可能要同时接受来自许多不同网络路由器发来的数据,所以就要求这种边界路由器的背板带宽要足够宽,当然这也要由边界路由器所处的网络环境而定。

5) 按性能分类

从性能上可分为线速路由器和非线速路由器。

线速路由器就是完全可以按传输介质带宽进行通畅传输,基本上没有间断和延时。通常线速路由器是高端路由器,具有非常高的端口带宽和数据转发能力,能以媒体速率转发数据包;中低端路由器是非线速路由器。但是一些新的宽带接入路由器也有线速转发能力。

5. 静态路由

静态路由需要管理员根据实际需要一条条自己手动配置,路由器不会自动生成所需的静态路由。

1) 静态路由的参数

静态路由包括 5 个主要参数:目的 IP 地址和子网掩码、出接口和下一跳 IP 地址、优先级。

目的 IP 地址就是路由要到达的目的主机或目的网络的 IP 地址,子网掩码就是目的地址所对应的子网掩码。当目的地址和子网掩码都为零时,表示静态默认路由。

根据不同的出接口类型,在配置静态路由时,可指定出接口,也可指定下一跳 IP 地址,还可以同时指定出接口和下一跳 IP 地址。

(1) 对于点到点类型的接口(如 PPP 链接接口),只需指定出接口。当然也可同时指定下一跳 IP 地址,但这时已没有意义了。因为在点对点网络中,对端是唯一的,指定了发送接口即隐含指定可下一跳 IP 地址,这时认为与该接口相连的对端接口地址就是路由器的下一跳 IP 地址。

(2) 对于 NBMA(NonBroadcast Multiple Access,非广播多路访问)类型的接口(如 FR、ATM 接口),只需要配置下一跳 IP 地址。当然,也可同时指定出接口,但这时已没有意义,因为除了配置 IP 路由外,这类接口还需在链路层建立 IP 地址到链路层地址的映射,相当于指定了出接口。

(3) 对于广播类型的接口(如以太网接口)和 VT(Virtual-Template)接口,必须指定下一跳 IP 地址,有些情况下还需要同时指定出接口。因为以太网接口是广播类型的接口,而 VT 接口下可以关联多个虚拟访问接口(Virtual Access Interface),这都会导致出现多个下一跳,无法唯一确定下一跳。而在广播型网络中,还可能有多个出接口到达同一个下一跳 IP 地址,此时就必须同时指定出接口。

对于不同的静态路由,可以配置不同的优先级。配置到达相同目的地的多条静态路由,如果指定相同优先级,则可实现负载分担;如果指定不同优先级,则可实现路由备份。

2) 静态路由的特征

因为静态路由是手动配置的,静态的,所以每个配置的静态路由在本地路由器上的路径基本上是不变的,除非由管理员自己修改。另外,当网络的拓扑结构或链路的状态发生变化时,这些静态路由也不能自动修改,需要网络管理员需要手工去修改路由表中相关的静态路由信息。也因为静态路由是由管理员手工创建的,所以一旦创建完成,它会永久在路由表中存在,除非管理员自己删除了它,或者静态路由中指定的出接口关闭,或者下一跳 IP 地址不可达。

静态路由信息在默认情况下是私有的,不会通告给其他路由器,也就是当在一个路由器上配置了某条静态路由时,它不会被通告到网络中相连的其他路由器上。但网络管理员还是可以通过重发布静态路由为其他动态路由,使得网络中其他路由器也可获得此静态路由。

静态路由是具有单向性的,也就是它仅为数据提供沿着下一跳的方向进行路由,不提供反向路由。所以如果想要使源结点与目标结点或网络进行双向通信,就必须同时配置回程静态路由。如图 3-36 所示，如果想要使得 PC1（PC1 已配置了 A 结点的 IP 地址 10.16.1.2/24 作为网关地址）能够 ping 通 PC2，则必须同时配置以下两条静态路由：正向路由和回程路由。

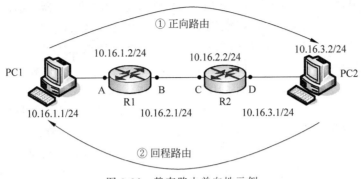

图 3-36 静态路由单向性示例

正向路由：在 R1 路由器上配置了到达 PC2 的正向静态路由（以 PC2 10.16.3.2/24 作为目标结点，以 C 结点 IP 地址 10.16.2.2/24 作为下一跳地址）。

回程路由：在 R2 路由器上配置到达 PC1 的回程静态路由（以 PC1 10.16.1.1/24 作为目标结点，以 B 结点 IP 地址 10.16.2.1/24 作为下一跳地址），以提供 ping 过程回程 ICMP 消息的路由路径。

如果某条静态路由中间经过的跳数大于 1（也就是整条路由路径经历了三个或以上路由器结点），则必须在除最后一个路由器外的其他路由器上依次配置到达相同目标结点或目标网络的静态路由，这就是静态路由的"接力"特性，否则仅在源路由器上配置这个静态路由还是不可达的。就像你要从长沙到北京去，假设中间要途经的站点包括：武汉-郑州-石家庄，可人家只告诉你目的地是北京，以及从长沙出发的下一站是武汉。对于一个没有多少旅游经验的人来说，你不可能知道到了武汉后又该如何走，必须有人告诉你到了武汉后再怎么走，到了郑州后又该怎么走，……这就是"接力性"。如图 3-37 所示是一个三个路由器串联的简单的网络，各个路由器结点及 PC 的 IP 地址均在图中进行了标注，PC1 已配置好指向 R1 的 A 结点地址的网关，现假设要使 PC1 能 ping 得通 PC2，则需要在各路由器上配置以下四条静态路由（两条正向，两条回程）。

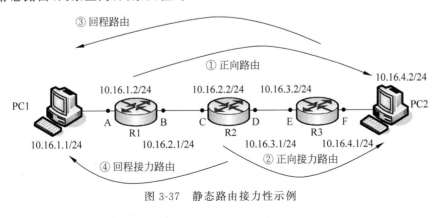

图 3-37 静态路由接力性示例

正向路由 1：在 R1 路由器上配置了到达 PC2 的正向静态路由（以 PC2 10.16.4.2/24 作为目标结点，以 C 结点 IP 地址 10.16.2.2/24 作为下一跳地址）。

正向路由 2：在 R2 路由器上配置了到达 PC2 的正向接力静态路由（同样以 PC2 10.16.4.2/24 作为目标结点，以 E 结点 IP 地址 10.16.3.2/24 作为下一跳地址）。

回程路由 1：在 R3 路由器上配置到达 PC1 的回程静态路由（以 PC1 10.16.1.1/24 作为目标结点，以 D 结点 IP 地址 10.16.3.1/24 作为下一跳地址），以提供 ping 通信回程 ICMP 消息的路由路径。

回程路由 2：在 R2 路由器上配置到达 PC1 的回程接力静态路由（同样以 PC1 10.16.1.1/24 作为目标结点地址，以 B 结点 IP 地址 10.16.2.1/24 作为下一跳地址），以提供 ping 通信回程 ICMP 消息的接力路由路径。

路由器各端口上所直接连接的各个网络都是直接互通的，因为它们之间默认就有直连路由，无须另外配置其他路由。也即连接在同一路由器上的各网络之间的跳数为 0。如图 3-37 中 R1 路由器上连接的 10.16.1.0/24 和 10.16.2.0/24 网络，R2 路由器上连接的 10.16.2.0/24 和 10.16.3.0/24 网络，R3 路由器上连接的 10.16.3.0/24 和 10.16.4.0/24 网络都是直接互通的。也正因如此，PC1 要 ping 通 PC2，只需要配置图中所示的正、反向各两条静态路由，而不用配置从 R2 到 R3 路由器，以及从 R2 到 R1 路由器的静态路由。

3) 静态路由配置举例

有一复杂网络，如图 3-38 所示，为了实现网络内所有计算机能够互连互通，且能够访问 Internet，需要对网络中的所有路由器的静态路由表进行配置。具体方案如表 3-3～表 3-6 所示。

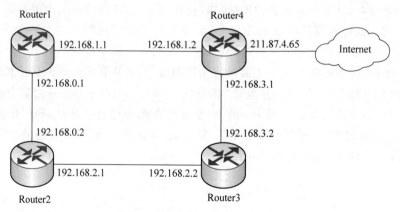

图 3-38　复杂网络静态路由配置

表 3-3　Router1 静态路由配置

目标网络	子网掩码	下 一 跳	接　　口
192.168.0.0	255.255.255.0	—	192.168.0.1
192.168.1.0	255.255.255.0	—	192.168.1.1
192.168.2.0	255.255.255.0	192.168.0.2	192.168.0.1
192.168.3.0	255.255.255.0	192.168.0.2	192.168.0.1
0.0.0.0	0.0.0.0	192.168.0.2	192.168.0.1

表 3-4 Router2 静态路由配置

目标网络	子网掩码	下一跳	接口
192.168.0.0	255.255.255.0	—	192.168.0.2
192.168.1.0	255.255.255.0	192.168.0.1	192.168.0.2
192.168.2.0	255.255.255.0	—	192.168.2.1
192.168.3.0	255.255.255.0	192.168.2.2	192.168.2.1
0.0.0.0	0.0.0.0	192.168.2.2	192.168.2.1

表 3-5 Router3 静态路由配置

目标网络	子网掩码	下一跳	接口
192.168.0.0	255.255.255.0	192.168.2.1	192.168.2.2
192.168.1.0	255.255.255.0	192.168.3.1	192.168.3.2
192.168.2.0	255.255.255.0	—	192.168.2.2
192.168.3.0	255.255.255.0	—	192.168.3.2
0.0.0.0	0.0.0.0	192.168.3.1	192.168.3.2

表 3-6 Router4 静态路由配置

目标网络	子网掩码	下一跳	接口
192.168.0.0	255.255.255.0	192.168.1.1	192.168.1.2
192.168.1.0	255.255.255.0	—	192.168.1.2
192.168.2.0	255.255.255.0	192.168.3.2	192.168.3.1
192.168.3.0	255.255.255.0	—	192.168.3.1
0.0.0.0	0.0.0.0	—	211.87.4.65

3.7.5 网关

1. 网关的概念

网关(Gateway)又称网间连接器、协议转换器。网关在传输层上以实现网络互联,是最复杂的网络互联设备,仅用于两个高层协议不同的网络互联。网关既可以用于广域网互联,也可以用于局域网互联。

网关是一种充当转换重任的计算机系统或设备,如图 3-39 所示。在使用不同的通信协议、数据格式或语言,甚至体系结构完全不同的两种系统之间,网关是一个翻译器。与网桥只是简单地传达信息不同,网关对收到的信息要重新打包,以适应目的系统的需求。同时,网关也可以提供过滤和安全功能。大多数网关运行在 OSI 7 层协议的顶层——应用层。

图 3-39 网关

2. 网关的功能

从一个房间走到另一个房间,必然要经过一扇门。同样,从一个网络向另一个网络发送信息,也必须经过一道"关口",这道关口就是网关。顾名思义,网关(Gateway)就是一个网络联接到另一个网络的"关口"。

那么网关到底是什么呢？网关实质上是一个网络通向其他网络的 IP 地址。比如有网络 A 和网络 B，网络 A 的 IP 地址范围为 192.168.1.1～192.168.1.254，子网掩码为 255.255.255.0；网络 B 的 IP 地址范围为 192.168.2.1～192.168.2.254，子网掩码为 255.255.255.0。在没有路由器的情况下，两个网络之间是不能进行 TCP/IP 通信的，即使是两个网络连接在同一台交换机（或集线器）上，TCP/IP 也会根据子网掩码 255.255.255.0 判定两个网络中的主机处在不同的网络里。而要实现这两个网络之间的通信，则必须通过网关。如果网络 A 中的主机发现数据包的目的主机不在本地网络中，就把数据包转发给它自己的网关，再由网关转发给网络 B 的网关，网络 B 的网关再转发给网络 B 的某个主机。网络 A 向网络 B 转发数据包的过程如图 3-40 所示。

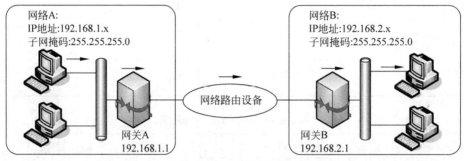

图 3-40　网络 A 向网络 B 转发数据包的过程

所以说，只有设置好网关的 IP 地址，TCP/IP 才能实现不同网络之间的相互通信。那么这个 IP 地址是哪台机器的 IP 地址呢？实际上，网关的 IP 地址是具有路由功能的设备的 IP 地址，具有路由功能的设备有路由器、启用了路由协议的服务器、代理服务器等。

3. 网关的分类

1）按工作层次分类

按照工作层次划分，网关分为传输网关和应用网关。

传输网关用于在两个网络间建立传输连接。利用传输网关，不同网络上的主机间可以建立起跨越多个网络的、级联的、点对点的传输连接。例如，通常使用的路由器就是传输网关，网关的作用体现在连接两个不同的网段，或者是两个不同的路由协议之间的连接，如 RIP、EIGRP、OSPF、BGP 等。

应用网关在应用层上进行协议转换。例如，一个主机执行的是 ISO 电子邮件标准，另一个主机执行的是 Internet 电子邮件标准，如果这两个主机需要交换电子邮件，那么必须经过一个电子邮件网关进行协议转换。这个电子邮件网关是一个应用网关。再例如，在和 Novell NetWare 网络交互操作的上下文中，网关在 Windows 网络中使用的服务器信息块 (SMB) 协议以及 NetWare 网络使用的 NetWare 核心协议（NCP）之间起着桥梁的作用。NCP 是工作在 OSI 第七层的协议，用以控制客户站和服务器间的交互作用，主要完成不同方式下文件的打开、关闭、读取功能。

2）按作用分类

按照网关的作用来划分，网关可以分为信令网关、中继网关、接入网关、协议网关和安全网关。

信令网关主要完成 7 号信令网与 IP 网之间信令消息的中继。在 3G 初期，用于完成接入侧到核心网交换之间的消息的转接(3G 之间的 RANAP 消息，3G 与 2G 之间的 BSSAP 消息)，另外还能完成 2G 的 MSC/GMSC 与软交换机之间 ISUP 消息的转接。

中继网关又叫 IP 网关，同时满足电信运营商和企业需求的 VoIP 设备。中继网关(IP 网关)由基于中继板和媒体网关板建构，单板最多可以提供 128 路媒体转换，两个以太网口，机框采用业界领先的 CPCI 标准，扩容方便，具有高稳定性、高可靠性、高密度、容量大等特点。

接入网关是基于 IP 的语音/传真业务的媒体接入网关，提供高效、高质量的话音服务，为运营商、企业、小区、住宅用户等提供 VoIP 解决方案。

协议网关通常在使用不同协议的网络区域间做协议转换。这一转换过程可以发生在 OSI 参考模型的不同层次之间。

安全网关是各种技术有机的融合，具有重要且独特的保护作用，其范围从协议级过滤到十分复杂的应用级过滤。

习　题

(1) 什么是广域网？
(2) 广域网的特点有哪些？
(3) 简述报文交换的工作原理。
(4) 报文交换的特点和缺点各有哪些？
(5) 简述虚电路服务的工作原理。
(6) 虚电路服务方式的特点有哪些？
(7) 简述 ATM 交换方式的工作原理。
(8) 公用网技术包含几大部分？
(9) 接入网的接入方式有哪些？

第 4 章　百花齐放　局域网络的春天

> 与广域网的"低速率"通信相比，局域网内通信动辄百兆、千兆，甚至万兆。本章将揭开局域网技术的神秘面纱，为读者展现局域网技术的本质。本章除了介绍常见的共享介质局域网和交换式局域网外，还将介绍虚拟局域网、高速局域网和无线局域网等技术。而后，读者对局域网的认识将发生巨大的飞跃！

4.1　走进局域网

　　局域网（Local Area Network，LAN）是指在某一区域内由多台计算机互联成的计算机组。局域网可以实现文件管理、应用软件共享、打印机共享、工作组内的日程安排、电子邮件和传真通信服务等功能。局域网是封闭型的，可以由办公室内的两台计算机组成，也可以由一个公司内的上千台计算机组成。

　　局域网技术是当今计算机网络技术内的一个研究热点。在早期，人们将局域网的特点归纳如下，局域网是一种快速数据通信网络。连接到局域网内的数据通信设备是广义的，包括各种计算机、终端以及各种外部设备。局域网的覆盖范围较小，通常是一个办公室、一栋大楼到几平方千米的区域。

　　随着局域网体系结构、协议标准研究的进展，操作系统的发展，光纤技术的引入，以及高速局域网技术的发展，局域网技术特征与性能参数发生了很大的变化，早期对局域网的定义与分类已发生了很大的变化。从局域网应用的角度看，局域网的技术特点主要表现在以下几个方面。

　　（1）局域网覆盖有限的地理范围，它适用于公司、机关、校园、工厂等有限范围内的计算机、终端与各类信息处理设备联网的需求。

　　（2）局域网提供高数据传输速率（10～1000Mb/s）、低误码率的高质量数据传输环境。

　　（3）局域网一般属于一个单位所有，易于建立、维护与扩展。

　　（4）决定局域网特性的主要技术要素为网络拓扑、传输介质与介质访问控制方法。

　　从介质访问控制方法的角度，局域网可分为共享介质局域网与交换局域网两类，如图4-1所示。其中，共享介质局域网包括普通的以太网、令牌总线网、令牌环网和 FDDI 网络；交换式局域网包括交换式以太网、ATM 局域网仿真网络、IP over ATM 网络和 MPOA 网络。这些都将会在接下来的章节中一一介绍。

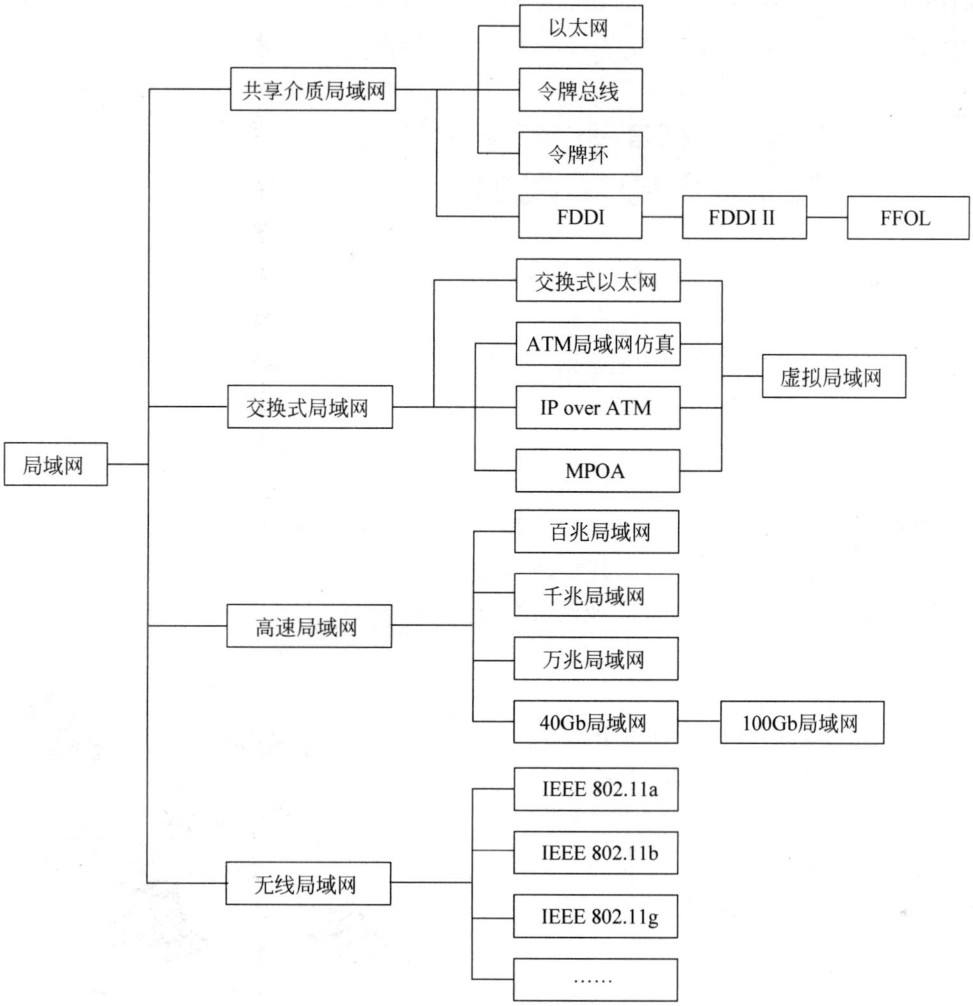

图 4-1 局域网的分类

4.2 局域网的拓扑结构

局域网与广域网一个重要的区别是它们覆盖的地理范围。由于局域网设计的主要目标是覆盖一个公司、一所大学、一幢办公大楼的"有限的地理范围",因此它从基本通信机制上选择了与广域网完全不同的方式,从"存储转发"方式改变为"共享介质"方式与"交换方式"。

局域网在传输介质、介质存取控制方法上形成了自己的特点。局域网在结构上分为总线型、环状和星状三种,在网络传输介质上主要采取双绞线、同轴电缆与光纤等。

4.2.1 总线型拓扑结构

总线型拓扑结构是局域网主要的拓扑结构之一。总线型局域网的拓扑结构如图 4-2 所示。其中,图 4-2(a)给出了实际的总线型局域网的计算机连接情况,图 4-2(b)给出了总线型拓扑结构。总线型局域网的介质访问控制方法采用的是"共享介质"方式。总线型拓扑结构的优点是：结构简单,实现容易,易于扩展,可靠性较好。

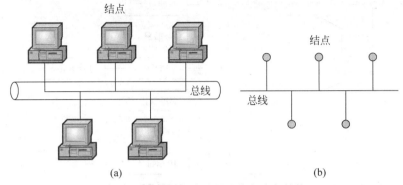

图 4-2　总线型局域网的连接方式与结构

总线型局域网拓扑结构通常包含以下特点。

（1）所有结点都通过网卡直接连接到一条作为公共传输介质的总线上。

（2）总线通常采用双绞线或同轴电缆作为传输介质。

（3）所有结点都可以通过总线发送或接收数据,但一段时间内只允许一个结点通过总线发送数据。当一个结点通过总线传输介质以"广播"方式发送数据时,其他的结点只能以"收听"方式接收数据。

（4）由于总线作为公共传输介质为多个结点共享,就有可能出现同一时刻有两个或两个以上结点通过总线发送数据的情况,因此会出现"冲突"(collision)导致传输失败。冲突现象如图 4-3 所示。

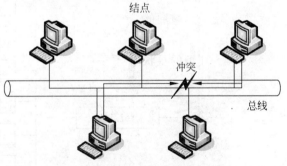

图 4-3　总线型局域网的冲突现象

在"共享介质"方式的总线型局域网实现技术中,必须解决多个结点访问总线的介质访问控制(Media Access Control,MAC)问题。

4.2.2　环状拓扑结构

环状拓扑结构是共享介质局域网主要的拓扑结构之一。环状局域网的拓扑结构如图 4-4 所示。其中,图 4-4(a)给出了实际的环状局域网中计算机的连接方式,图 4-4(b)给出了环状拓扑结构。在环状拓扑结构中,结点通过相应的网卡,使用点-点线路连接,构成闭合的环。环中数据沿着一个方向绕着环逐站传输。

在环状拓扑中,多个结点共享一条环通路,为了确定环中的结点在什么时候可以插入传送数据帧,同样要进行介质访问控制。因此,环状拓扑的实现技术中也要解决介质访问控制方法问题。与总线型拓扑一样,环状拓扑也一般采用某种分布式控制方法,环中每个结点都要执行发送与接收控制逻辑。

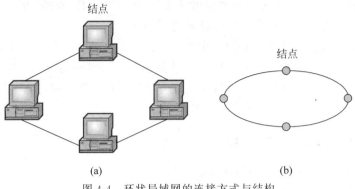

图 4-4　环状局域网的连接方式与结构

4.2.3　星状拓扑结构

在学习星状拓扑结构时，应该注意逻辑结构与物理结构的关系问题。逻辑结构是指局域网的结点间的相互关系，而物理结构是指局域网外部连接形式。逻辑结构属于总线型与环状的局域网，在物理结构上可以看成星状的，最典型的是总线型以太网。

在出现交换局域网（Switched LAN）后，才真正出现了物理结构与逻辑结构统一的星状拓扑结构。交换局域网的中心结点是一种局域网交换机。在典型的交换局域网中，结点可以通过点-点线路与局域网交换机连接。局域网交换机可以在多对通信结点之间建立并发的逻辑连接。典型的星状局域网的拓扑结构如图 4-5 所示。

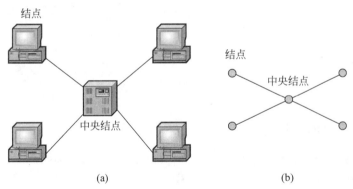

图 4-5　星状局域网的连接方式与结构

需要指出的是：以上是从局域网的基本技术分类以及构成局域网的基本组成单元的角度，介绍了局域网的拓扑结构问题。任何实际应用的局域网可能是一种或几种基本拓扑结构的扩展与组合。

4.3　IEEE 802 参考模型与协议

局域网常用的传输介质有：同轴电缆、双绞线、光纤与无线通信信道。早期应用最多的是同轴电缆。随着技术发展，双绞线与光纤的应用发展十分迅速。尤其是双绞线的发展，目前已能用于数据传输速率为 100Mb/s、1Gb/s 的高速局域网中，因此引起了人们普遍的关

注：在局部范围内的中、高速局域网中使用双绞线，在远距离传输中使用光纤，在有移动结点的局域网中采用无线技术的趋势已经越来越明朗化。

传统的局域网采用了共享介质的工作方式。为了实现对多结点使用共享介质发送和接收数据的控制，经过多年的研究，人们提出了很多种介质访问控制方法。但是，目前被普遍采用并形成国际标准的介质访问控制方法主要有以下三种：带有冲突检测的载波侦听多路访问方法、令牌总线（token bus）方法与令牌环（token ring）方法。

4.3.1 IEEE 802 参考模型

1980 年 2 月，IEEE 成立了局域网标准委员会（简称 IEEE 802 委员会），专门从事局域网标准化工作，并制定了 IEEE 802 标准。

IEEE 802 标准所描述的局域网参考模型与 OSI 参考模型的关系如图 4-6 所示。IEEE 802 参考模型只对应于 OSI 参考模型的数据链路层与物理层，它将数据链路层划分为逻辑链路控制（Logical Link Control，LLC）子层与介质访问控制（Media Access Control，MAC）子层。

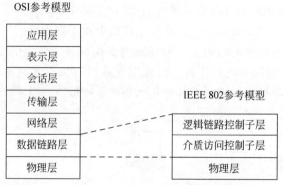

图 4-6 IEEE 802 参考模型与 OSI 参考模型的对应关系

4.3.2 IEEE 802 标准

IEEE 802 委员会为局域网制定了一系列标准，统称为 IEEE 802 标准。IEEE 802 标准之间的关系如图 4-7 所示。

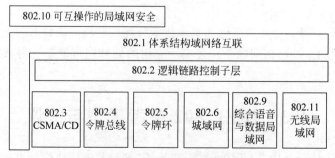

图 4-7 IEEE 802 标准之间的关系

IEEE 802 标准主要包括以下几种。

IEEE 802.1 标准：定义了局域网体系结构、网络互联以及网络管理与性能测试。
IEEE 802.2 标准：定义了逻辑链路控制子层功能与服务。
IEEE 802.3 标准：定义了 CSMA/CD 总线介质访问控制子层与物理层规范。
IEEE 802.4 标准：定义了令牌总线介质访问控制子层与物理层规范。
IEEE 802.5 标准：定义了令牌环介质访问控制子层与物理层规范。
IEEE 802.6 标准：定义了城域网介质访问控制子层与物理层规范。
IEEE 802.7 标准：定义了宽带网络技术。
IEEE 802.8 标准：定义了光纤传输技术。
IEEE 802.9 标准：定义了综合语音与数据局域网(IVD-LAN)技术。
IEEE 802.10 标准：定义了可互操作的局域网安全性规范(SILS)。
IEEE 802.11 标准：定义了无线局域网技术。

4.4 共享介质局域网

从采用的介质访问控制方法角度来看，局域网可以分为共享介质局域网与交换式局域网两种。

4.4.1 以太网

目前应用最广的一类局域网是总线型局域网，即以太网(Ethernet)。它的核心技术是随机争用型介质访问控制方法，即带有冲突检测的载波侦听多路访问(Carrier Sense Multiple Access with Collision Detection，CSMA/CD)方法。

以太网

1. CSMA 协议

在局域网中，一个站点可以检测到其他站点在干什么，从而可以相应地调整自己的动作，这样的协议可以大大提高信道的利用率。站点在发送数据前进行载波侦听，然后再采取相应动作的协议，称为载波侦听多路访问(Carrier Sense Multiple Access，CSMA)协议。CSMA 协议有多种类型，下面简单介绍 1-坚持 CSMA、非坚持 CSMA、p-坚持 CSMA。

(1) 1-坚持 CSMA。该协议的工作过程是：某站点要发送数据时，它首先侦听信道，看看是否有其他站点正在发送数据。如果信道空闲，则该站点立即发送数据；如果信道忙，则该站点继续侦听信道直到信道变为空闲，然后发送数据。之所以称其为 1-坚持 CSMA，是因为站点一旦发现信道空闲，就以概率 1 发送数据。

(2) 非坚持 CSMA。该协议站点比较"理智"，不像 1-坚持 CSMA 协议那样"贪婪"。同样的道理，站点在发送数据之前要侦听信道。如果信道空闲，则立即发送数据；如果信道忙，则站点不再继续侦听信道，而是等待一个随机长的时间后，再重复上述过程。定性分析一下，就可以知道非坚持 CSMA 协议的信道利用率会比 1-坚持 CSMA 好一些，但数据传输时间可能会长一些。

(3) p-坚持 CSMA。其基本工作原理是，一个站点在发送数据之前，首先侦听信道。如果信道空闲，便以概率 p 发送数据，以概率 1−p 把数据发送推迟到下一个时间片；如果下一个时间片信道仍然空闲，便再次以概率 p 发送数据，以概率 1−p 将其推迟到下下一个时间片。此过程一直重复，直到将数据发送出去或是其他站点开始发送数据。如果该站点一开始侦听信道就发现信道忙时,它就等到下一个时间片继续侦听信道,然后重复上述过程。

在上述三个协议中,都要求站点在发送数据之前侦听信道,并且只有在信道空闲时才有可能发送数据。但即便如此,仍然存在发生冲突的可能。考虑下面的例子:假设某站点已经在发送数据,但由于信道的传播延迟,它的数据信号还未到达另外一个站点,而另外一个站点此时正好要发送数据,则它侦听到信道处于空闲状态,也开始发送数据从而导致冲突。一般来说,信道的传播延迟越长,协议的性能越差。

2. CSMA/CD 协议

在 CSMA 中,如果在总线上的两个站点都没有监听到载波信号而几乎同时都发送数据帧,但由于信道传播时延的存在,这时仍有可能会发生冲突,如图 4-8 所示。在传播延迟期间,如站点 2 有数据帧需要发送,就会和站点 1 发送的数据帧相冲突。由于 CSMA 算法没有冲突检测的功能,即使冲突已发生,仍然将已破坏的帧发送完,使总线的利用率降低。

图 4-8 CSMA 发生冲突的情景

一种 CSMA 的改进方案是使发送站点传输过程中仍然继续监听媒体介质,以检测是否存在冲突。如果发生冲突,信道上可以检测到超过发送站点本身发送的载波信号的幅度,由此判断出冲突的存在。于是只要一旦检测到冲突存在,就立刻停止发送,并向总线上发一串阻塞信号,用以通知总线上其他各有关站点。这样通道信道就不至于因白白传送已受损的数据帧而浪费,总体上可以提高总线的利用率。这种方案也就是 CSMA/CD(载波监听多路访问/冲突检测),这种协议已经广泛应用于局域网中。

3. 冲突检测时间的计算

CSMA/CD 的代价是用于检测冲突所花费的时间。对于基带总线而言,最坏情况下用于检测一个冲突的时间等于任意两个站点之间传播时延的两倍。从一个站点开始发送数据到另一个站点开始接收数据,也即载波信号从一端传播到另一端所需的时间,称为信号传播时延。

信号传播时延(μs)=两站点的距离(m)/信号传播速度($200m/\mu s$)

在上述公式中,信号传播速度一般为光速的 2/3 左右,即约每秒 20 万千米。相当于 $200m/\mu s$。所以,公式中最后计算出的信号传播时延是以 μs 为单位的。

数据帧从一个站点开始发送,到该数据帧发送完毕所需的时间称为数据传输时延。同理,数据传输时延也表示一个接收站点开始接收数据帧,到该数据帧接收完毕所需的时间。

数据传输时延(s)=数据帧长度(b)/数据传输速率(b/s)

同样需要注意的是,在上述公式中,数据传输速率与上面刚刚讲到的信号传播速度并不是同一个概念,数据传输速率是网络的一个性能指标,如十兆以太网的数据传输速率为每秒 10Mb,即 $10 \times 10^6 b/s$。但是在数据传输时延与信号传播时延两者之间还是存在一些关联的,下面会进一步分析到。

如图 4-9 所示,假定 A,B 两个站点位于总线两端,两站点之间的最大传播时延为 tp。当 A 站点发送数据后,经过接近于最大传播时延 tp 时,B 站点此时正好也发送数据,这样冲突便发生了。发生冲突后,B 站点立即可检测到该冲突,而 A 站点需再经过一段最大传播时延 tp 后,才能检测出冲突。也即最坏情况下,对于基带 CSMA/CD 来说,检测出一个冲突的时间等于任意两个站之间最大传播时延的两倍(2tp)。

图 4-9 时间计算

由上述分析可知,为了确保发送数据站点能够在数据传输的过程中可以检测到可能存在的冲突,数据帧的传输时延至少要两倍于信号传播时延,公式如下。

信号传播时延(μs) = 两站点的距离(m) / 信号传播速度(200m/μs)　　　(1)

数据传输时延(s) = 数据帧长度(bit) / 数据传输速率(b/s)　　　(2)

数据传输时延(μs) ≥ 信号传播时延(μs) × 2　　　(3)

换句话说,必须要求分组的长度不短于某个值,否则在检测出冲突之前数据传输已经结束,但实际上分组已被冲突所破坏。这就是为什么以太网协议中的数据帧必须要求一个最短长度的真正原因。把公式(1)和公式(2)代入到公式(3)中后,并做一些简单变换,由此进一步推导出了 CSMA/CD 总线网络中最短数据帧长度的计算关系式如下:

最短数据帧长(b) = 任意两站点间的最大距离(m) / 信号传播速度(200m/μs) ×
数据传输速率(Mb/s) × 2

由于单向传输的原因,对于宽带总线而言,冲突检测时间等于任意两个站之间最大传播时延的 4 倍。所以对于宽带 CSMA/CD 来说,要求数据帧的传输时延至少 4 倍于传播时延。

4. 二进制指数退避和算法

在 CSMA/CD 算法中,一旦检测到冲突并发完阻塞信号后,为了降低再次冲突的概率,需要等待一个随机时间,然后使用 CSMA 方法试图再次传输。为了保证这种退避操作维持稳定,采用了一种称为二进制指数退避的算法,其规则如下。

(1) 对每个数据帧,当第一次发生冲突时,设置一个参量 L=2。

(2) 退避间隔取 1~L 个时间片中的一个随机数,1 个时间片等于两站之间的最大传播时延的两倍。

(3) 当数据帧再次发生冲突,将参量 L 加倍。

(4) 设置一个最大重传次数,如果超过该次数,则不再重传,并报告出错。

在以太网中规定,最多重传 16 次,否则向上层程序报错。参量 L 的最大值不超过 1024。

二进制指数退避算法是按后进先出(Last In and First Out,LIFO)的次序控制的,即未发生冲突或很少发生冲突的数据帧,具有优先发送的概率;而发生过多次冲突的数据帧,发送成功的概率就更小。

以太网就是采用二进制指数退避和 1-坚持算法的 CSMA/CD 媒体访问控制方法。这种方法在低负荷时(如媒体空闲),要发送数据帧的站点能立即发送;在重负荷时,仍能保证系统的稳定性。它是基带系统,使用曼彻斯特(Manchester)编码,通过检测通道上的信号存在与否来实现载波监听。发送站的收发器检测冲突,如果冲突发生,收发器的电缆上的信号超过收发器本身发的信号幅度。由于在媒体上传播的信号会衰减,为了确保能正确地检测出冲突信号,CSMA/CD 总线网限制一段无分支电缆的最大长度为 500m。

4.4.2 令牌环网

令牌环网

IEEE 802.5 规定了令牌环访问控制,令牌环用于环状拓扑的局域网。

令牌环在物理上是一个由一系列环接口和这些接口间的点到点链路构成的闭合环路,各站点通过环接口连接到网上。对媒体具有访问权的某个发送站点,通过环接口链路将据帧串行发送到环上;其余各个站点边从各自的环接口链路逐位接收数据帧,边通过环接口链路再生、转发出去,使数据帧在环上从一个站点至下一个站点环行,所寻址的目的站点在数据帧经过时读取信息;最后数据帧环绕一周返回发送站点,并由发送站撤除所发送的数据帧。其工作过程如图 4-10 所示。

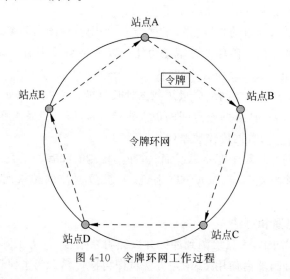

图 4-10 令牌环网工作过程

由点到点链路构成的环虽然不是真正意义上的广播媒体,但是换上运行的数据帧仍能被所有的站点接收到,而且任何时刻仅允许一个站点发送数据。因此,同样存在发送权竞争问题。为了解决竞争,可以使用一个称为令牌的特殊位模式,使其沿着环路循环。规定只有获得令牌的站点才有权发送数据帧,完成数据发送后立即释放令牌以供其他站点使用。而且令牌环上各个站点均有相同的机会公平地获得令牌。

令牌环的操作过程如下所述。

(1) 网络空闲时,只有一个令牌在环路上绕行。令牌是一个特殊的位模式,其中包含一位"令牌/数据帧"标志位,标志位为"0"表示该令牌为可用空令牌,标志位为"1"表示有站点正在占用令牌在发送数据帧。

(2) 当有一个站点要发送数据时,必须等待并获得一个令牌,将令牌的标志位置为"1",随后便可发送数据。

(3) 环路中的每个站点边转发数据,边检查数据帧中的目的地址,若为本站点地址,便读取其中的数据。并设置相应的标识位,说明数据已经被接收。

(4) 数据帧环绕一周返回时,发送站将其从环路上撤销。同时根据返回的有关信息确定所传数据有无出错。若有错则重发存于缓冲区的待确认帧,否则释放缓冲区中的待确认帧。

(5) 发送站点完成数据发送后,重新产生一个令牌传至下一个站点,以便其他站点获得发送数据的许可权。

4.4.3 令牌总线网

IEEE 802.4 规定了令牌总线访问控制。令牌总线媒体访问控制是将局域网物理总线上的站点构成一个逻辑环,每个站点都在一个有序序列中被指定一个逻辑位置,序列中最后一个站点的后面又跟着第一个站点。每个站点都知道在它之前的前驱和在它之后的后继站的标识,如图 4-11 所示。

从图 4-11 中可以看出,在物理结构上它是一个总线型结构局域网,但在逻辑结构上,又成了一个环状结构的局域网。和令牌环网一样,站点只有得到令牌后才能发送帧,而令牌在逻辑环上依次(A→B→C→D→E→A)循环传递。因为在任一个时刻只有一个站点掌握令牌,故不会发生冲突。

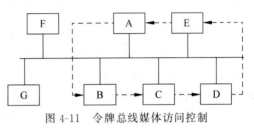

图 4-11 令牌总线媒体访问控制

在正常运行时,当站点做完该做的工作或者时间终了时,它将令牌传递给逻辑序列中的下一个站点。从逻辑上看,令牌是按地址的递减顺序传送到下一个站点的,但从物理上看,带有目的地址的令牌帧广播到总线上所有的站点,当目的地址识别出符合它的地址,即把该令牌帧接收。总线上站点的实际顺序和逻辑顺序并没有对应关系。

下面结合图 4-11 来说明令牌传递配置的部分操作。T0 时刻,站 A 传出令牌,现在的序列中它的后继是站 B,所以站 A 发出的令牌的目的地址是站 B;T1 时刻,这个令牌被网络上所有站点看到,除了与目的站点地址符合的站 B,它被所有的站点忽略。一旦站 B 获得令牌,它就可以自由地发送数据帧。T2 时刻,它向站 F 发送一个数据帧。注意,站 F 并不一定要成为逻辑环中的成员才能接收帧;但是,逻辑环以外的成员不能自己发起传输。T3 时刻,站 B 完成了自己的传输,它将令牌传递给逻辑环中的后继站点。

令牌总线的主要操作如下。

(1) 初始化。如果 LAN 刚刚开始运行或者令牌丢失了,整个网络会因为没有令牌而不能运转。当一个或多个站点在比超时值更长的时间被检测到没有任何活动,便会触发环初始化操作。初始化的操作是一个争用的过程,争用的结果是只有一个站得到令牌,其他的站点用站插入算法插入。

(2) 插入环。必须周期性地给未加入环的站点以机会,将它们插到逻辑环的适当位置中。如果同时有几个站点要插入,可以采用带有响应窗口的争用处理算法。

(3) 退出环。如果一个站点想要退出环,它只要在令牌传到它手上时,向它的前驱发出一个包括后继地址的后继帧。这会使前驱站点更新其后继站点。然后再将令牌传给它的后继站。在令牌的下一次轮转中,退出站点的前任将会把令牌传给退出站点的后继站点。收到令牌的站点将其前驱更新为传给它令牌的那个站点的 MAC 地址,这样退出的站点就被排除在环外了。

(4) 故障处理。网络可能出现错误,包括令牌丢失引起断环、地址重复、产生多令牌等。网络需要对这些故障做出相应的处理。

令牌总线的特点如下。

(1) 由于只有收到令牌帧的站点才能将信息帧送到总线上,所以令牌总线不可能产生冲突,因此也没有最短帧长度的要求。

(2) 由于每个站点接收到令牌的过程是依次序进行的,因此对所有站点都有公平的访问权。

(3) 由于每个站点发送的最大长度可以加以限制,所以每个站点传输之前必须等待的时间总量总是"确定"的。

4.4.4 三种共享介质局域网的比较

首先要指出的是:三个局域网标准采用了大致相同的技术并且性能大致相似。

以太网是当前使用得最广泛的网络,使用者遍布全世界并积累了丰富的运行经验。其协议简单;网站可以在网络运行时安装,不必停止网络的运行。它使用无源电缆;轻载荷时延迟很小。以太网的缺点是:最短有效帧为64B;传输少量信息时开销大;以太网的传输时间不确定,这对有实用性要求的工作是不合适的;不存在优先级;电缆长度限于2.5km,因为来回的电缆长度决定了时隙宽度,因此也决定了网络性能。当速率增加时,效率将降低,因为帧传输时间虽然减少但竞争间隔并没有相应地减少(无论数据传输率为多少,时隙宽度均为2T)。在重载荷时,以太网的冲突成为主要问题,可能会严重地影响吞吐量。

令牌环网使用点到点的连接,采用双绞线作为介质,也可以使用光纤。标准双绞线成本低廉,并且安装简单。有源集线器使用使令牌环能自动检测和消除电缆故障。与令牌总线一样,令牌环也可有优先级,尽管其控制方式不如令牌总线公平。它与令牌总线一样也允许传输短帧,但不允许任意长的帧。它必须受令牌占有时间的限制。最后,在重负荷时,它的吞吐率和效率极佳,这与令牌总线一样。令牌环的主要缺点是一旦集中式监控站点发生故障,整个网络将会停止工作。另外,像所有的令牌传输方式一样,轻负荷时发送站点也需要等待令牌,因而总是存在一些延迟。

令牌总线网使用可靠性较高的电视电缆装置;在传输时间上,尽管丢失令牌会使其不确定性增加,但它比以太网还是更具确定性;它可以处理短帧,可支持优先级,能够保证高优先级的通信占用一定的带宽,如数字化声音;在重载荷时,它的吞吐率和效率较高,实际上近似于TDM;其使用的宽带电缆支持多信道,不仅可用于数据,还可以用于声音和电视信号。令牌总线的缺点是宽带系统使用了大量的模拟装置,包括调制解调器和宽带放大器,使其协议极其复杂。轻负荷时延迟很大(站点必须等待令牌,甚至空载系统中也是如此)。最后,它很难用光纤实现,在实际应用中采用它的用户较少。

从上面的比较可知,任何一种网络都具有特定的优点和缺点。在大多数情况下,三种局域网的性能均良好。所以在做选择时,往往非技术性因素可能更重要。最重要的非技术因素是兼容性和易用性,在这两个方面,以太网要比其他两种网络优越得多,所以以太网的普及程度也就比其他两种网络更为广泛。

4.5 交换式局域网

在传统的共享介质局域网中,所有结点共享一条公共通信传输介质,不可避免将会有冲突发生。随着局域网规模的扩大,网中结点数不断增加,每个结点平均能分配到的带宽越来越少。因此,当网络通信负荷加重时,冲突与重发现象将大量发生,网络效率将会急剧下降。为了克服网络规模与网络性能之间的矛盾,人们提出将共享介质方式改为交换方式,从而促进了交换式局域网的发展。

4.5.1 交换式以太网

典型的交换式局域网是交换式以太网(Switched Ethernet)。

交换式以太网的核心设备是以太网交换机。以太网交换机可以有多个端口,每个端口可以单独与一个结点连接,也可以与一个以太网集线器(Hub)连接。以太网交换机可以在它的多个端口之间建立多个并发连接。图 4-12 显示了共享介质以太网与交换式以太网工作原理的区别。为了保护用户已有的投资,以太网交换机一般是针对某种局域网设计的。

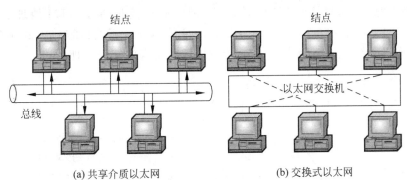

(a) 共享介质以太网　　　　(b) 交换式以太网

图 4-12　共享介质以太网与交换式以太网的区别

对于传统的共享介质以太网来说,当连接到集线器中的一个结点发送数据时,它将用广播方式将数据传送到集线器的每个端口。交换式以太网从根本上改变了"共享介质"的工作方式。它通过以太网交换机支持交换机端口结点之间的多个并发连接,可以实现多结点之间数据的并发传输。因此,交换式以太网可以增加网络带宽,改善局域网的性能与服务质量。

4.5.2 ATM 局域网仿真

ATM 局域网仿真就是在 ATM 网上实现仿真的局域网,即 ATM 网模拟现有的 LAN 传输,为高层提供数据链路层 MAC 子层的服务,使仿真 LAN 上的 ATM 用户之间的数据通信类似于传统 LAN。从协议栈的角度来说,因为 ATM 仿真的是 MAC 子层,各上层协议如 TCP/IP,IPX,AppleTalk 等都可以不必做改动地应用于 ATM 上,即 ATM 网对于终端工作站上的现有网络应用透明。

ATM 局域网仿真(LAN Emulation,LANE)的仿真过程可以发生在运行传统 LAN 应用的ATM主机上，也可以发生在边缘设备即网桥和局域网交换机上，实现物理局域网段（如以太网或令牌环网段）之间及局域段与终端系统之间通过ATM网的互联。当仿真发生在终端系统（如直接与ATM相连的PC或工作站）上时，运行其上的以太网或令牌环网的网络应用要发送数据到局域网上时，仅需通过一标准软件接口向网络适配器发送含有目的站MAC地址的帧。

因此，为了不经修改地运行于ATM网，ATM适配器上必须仿真一个接口，完成以下功能：为目的站MAC地址选择或建立一条到此目的站的VCC以发送数据；为建立到目的站的VCC，即通过地址解析获得与MAC地址对应的ATM地址；对传输帧加上2B的LANE仿真头，并进行分段转换为ATM信元再传输；在目的端,需对信元重新封装生成原始数据帧交给目的端的应用。当仿真发生在连接以太网或令牌环网的网桥或局域网交换机等边缘设备上时，可把这类设备当作代理一组MAC地址的特殊终端。由于网桥或局域网交换机用于连接同类网段，为使ATM能仿真以太网或令牌环网段，要求桥接设备有一个支持LANE的ATM接口。经由ATM网络发送帧的过程类似于前述仿真发生在ATM主机上的情况。

传统LAN与ATM网相比，主要有以下区别：传统LAN是无连接的媒体共用方式，易于实现广播和组播，而ATM是面向连接的点对点通道复用方式；传统LAN应用中的协议都是与LAC驱动程序通信的，而ATM网中的连接是通过ATM地址建立的。因此，局域网仿真必须解决LAC地址到ATM地址的地址解析及以连接方式实现广播/组播、数据传递等问题。以下结合图4-13阐述局域网仿真的工作原理。

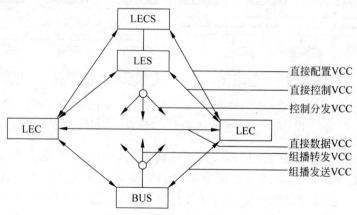

图4-13　局域网仿真的工作原理

每个局域网仿真系统由一组局域网仿真客户（LAN Emulation Client，LEC）和一个局域网仿真服务系统组成，服务系统由一个局域网仿真配置服务器（LAN Emulation Configuration Server，LECS）、一个局域网仿真服务器（LAN Emulation Server，LES）和一个广播服务器（Broadcast and Unknown Server，BUS）组成，LEC之间及LEC与LANE服务系统之间的通信通过ATM的虚通路连接（VCC）来完成。

在一个ATM网中可以有多个LES，每个LES代表一个ELAN，当仿真局域网中安装了新的LEC时，它必须确定该向哪个LES注册。一种方式是当每个LEC通过直接配置VCC建立到LECS的连接时，向该通道上直接发送配置信息。发送配置参数及信息，LECS

根据这些配置信息将选定的 LES 的 ATM 地址发送给 LEC。LEC 则建立与 LES 的 ATM 连接,在 LES 的地址映射表中注册其 MAC 地址及 ATM 地址。接着 LEC 发送 LE-ARP 请求,其中包含全 1 广播 MAC 地址,LES 以 BUS 的 ATM 地址响应此请求,于是 LEC 建立到 BUS 的组播发送 VCC,BUS 则建立反向的组播转发 VCC 到此 LEC。如果其 LEC 是透明网桥,代表着大量 MAC 地址,而此 MAC 地址表必须随着局域网站的加入或撤除而不断更新,必将造成 LEC 与 LES 之间的直接控制 VCC 上的大量通信,浪费了带宽。所以此类 LEC 不允许在 LES 上注册它的所有 MAC 地址,而是注册一个"代理",LES 将把收到的所有 LE-ARP 请求转发给它,它可直接响应源请求 LEC。

当 LEC 要发送数据包时,仅知道目的站的 MAC 地址,LEC 首先查看它保存的 MAC 地址与直接数据 VCC 的映射表,如果查不到此 MAC 地址,则源、目的 LEC 之间尚未建立直接的 VCC,于是 LEC 向 LES 发送包含目的 MAC 地址的 LE-ARP 请求,如果请求的目的 MAC 地址已在 LES 中注册,则 LES 进行 MAC 地址到 ATM 地址的解析,并发送给源请求 LEC。如果目的 MAC 地址未在 LES 中注册,则 LES 向其他 LEC 转发此请求,拥有此 MAC 地址的 LEC 将响应此请求,LES 将此响应转发给源请求 LEC。若某 LEC 是网桥或局域网交换机,则当请求中的 MAC 地址属于它所连接的 LAN 网段时,它将响应此 LE-ARP 请求。LEC 得到目的站的 ATM 地址后,就可用 UNI 信令建立至目的站的 VCC,收发数据。

当 LEC 有广播或组播业务要发送时,它通过组播发送 VCC 将其发送到 BUS,BUS 通过组播转发 VCC 将该帧转发给所有的 LEC。LEC 过滤出自己要接收的数据帧,并将其传递给高层,这样就完成了广播/组播功能。

4.5.3 IP over ATM

IP over ATM 的基本原理和工作方式为:将 IP 数据包在 ATM 层全部封装为 ATM 信元,以 ATM 信元形式在信道中传输。当网络中的交换机接收到一个 IP 数据包时,它首先根据 IP 数据包的 IP 地址通过某种机制进行路由地址处理,按路由转发。随后,按已计算的路由在 ATM 网上建立虚电路(VC)。以后的 IP 数据包将在此虚电路 VC 上以直通(Cut-Through)方式传输而下再经过路由器,从而有效地解决了 IP 的路由器的瓶颈问题,并将 IP 包的转发速度提高到交换速度。

用 ATM 来支持 IP 业务有两个必须解决的问题:其一是 ATM 的通信方式是面向连接的,而 IP 是不面向连接的,要在一个面向连接的网上承载一个不面向连接的业务,有很多问题需要解决,如呼叫建立时间、连接持续期等;其二是 ATM 是以 ATM 地址寻址的,IP 通信是以 IP 地址来寻址的,在 IP 网上端到端是以 IP 寻址的,而传送 IP 包的承载网(ATM 网)是以 ATM 地址来寻址的,IP 地址和 ATM 地址之间的映射是一个很大的难题。IP over ATM 分层模型与封装示意如图 4-14 所示。SDH/SONET 是 ATM 的物理层之一,由于 SDH 帧中的净荷不是 53B 的信元的整数倍,ATM 信元只能直接连续地发送到 SDH 帧中的净荷中。

用 ATM 来承载 IP 业务,从目前来看又有相当的前景,因而在这方面提出了许多解决方案,从大类来说,可以分为两类:一类为迭加模式,另一类为集成模式。

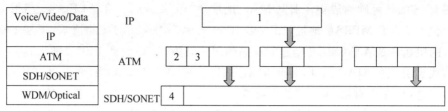

图 4-14 IP over ATM 分层模型与封装示意图

1. 迭加模式

迭加模式指的是 IP 网的寻址是迭加在 ATM 寻址的基础上的,通俗一点说儿在迭加模式中 ATM 的寻址方式是不变的,IP 地址在边缘设备中映射成 ATM 地址,IP 包据此传向另一端边缘设备。迭加模式的最大特点是在 ATM 网中不论是用户网络信令还是网络间信令均不变,对 ATM 网来说 IP 业务只是它承载的业务之一,ATM 的其他功能照样存在不受影响。迭加模式最典型的有局域网仿真(LANE)、经典的在 ATM 上传送 IP(CIPoA-classical IP over ATM)和 ATM 上的多协议(MPOA-multiprotocol over ATM)等。但该技术对组播业务的支持仅限于逻辑子网内部,子网间的组播需通过传统路由器,因而对广播和多发业务效率较低。

2. 集成模式

集成模式指的是 IP 网设备和 ATM 网设备已集成在一起了。在集成模式中,ATM 网的寻址已不再是独立的,ATM 网中寻址将要受到 IP 网设备的干预。在集成模式下,IP 网的设备和 ATM 网设备是集成在一起的,IP 网的控制设备一般可称为 IPC,它具有传统路由器的功能,能完成 IP 网的路由功能,并具有控制建立 ATM 虚通路的能力,IPC 是一个逻辑功能块,它可以是一个独立的物理设备,也可以不是一个独立的物理设备,而是 ATM 交换机中的一个功能模块,但它是必不可少的。ATM 交换设备一般仍为普通 ATM 交换机,但它也有十分重大的改变,最大的变化在信令(UNI 和 NNI),它们之间的信令已不再是 ATMForum 或 ITU-T 的信令,而是一套特别的控制方式。其目的在于能快速建立连接,以满足无连接 IP 业务快速切换的要求。集成模型的实现技术主要有:Ipsilon 公司提出的 IP 交换(IPSwtich 技术)、Cisco 公司提出的标记交换(Tag Swtich)技术和 IETF 推荐的 MPLS 技术。

迭加模式和集成模式的分类法是按 ATM 信令来分类的,不能反映网络的整体性能。从网络整体的性能角度出发来考虑,ATM 可以有两种方法来支持 IP over ATM。

(1) ATM 作为链路。使用 ATM 的永久性虚通路将地域上分离的路由器连接起来,在这里 ATM 的永久性虚通路取代了传统的专线,这种工作方式即为 ATM 作为链路来承载 IP 业务。在这种工作方式中,ATM 只是作为链路将若干路由器连起来,它不参与 IP 网的寻径功能。因而这种 IP 网其本质上仍是一个路由器网,它不改变 IP 网的整体性能,只是提高了某些部分的传输速率而已。

(2) ATM 作为网络。另一种方法是 ATM 网以网络形式来支持 IP over ATM。在这种场合,ATM 参与了 IP 网的寻径功能,由于 ATM 的寻径及其他指标均要大大优于普通路由器,因而以网络形式来支持 IP 网(IP over ATM),可以在网络性能方面大大提高 IP

网的性能,不仅提高了传输速率,也大大缩短了传输时延,以网络形式来支持 IP 网(IP over ATM)的最合理算法是 MPLS。MPLS 是一种拓扑驱动的算法,它和无连接的 IP 传输非常适应。基于 MPLS 算法的 ATM 上的 IP 网是一种很好的 IP 网的组织形式,可构成一个主干物理通信平台多业务同时应用的一种十分理想的格局,并且能从整体上提高 IP 的性能。

从以上分析可以看出,IP Over ATM 具有以下优点。

(1) 由于 ATM 技术本身能提供 QoS 保证,因此可利用此特点提高 IP 业务的服务质量。

(2) 具有良好的流量控制均衡能力以及故障恢复能力,网络可靠性高。

(3) 适应于多业务,具有良好的网络可扩展能力。

(4) 对其他几种网络协议如 IPX 等能提供支持。

4.5.4 MPOA

ATM 上的多协议传送(Multi Protocol Over ATM,MPOA)是 ATM 论坛提出的一项规范,它利用了标准的 ATM 交换技术,提供了高性能、可伸缩的路由功能。

MPOA 方案将路由和桥接的通信数据流映射到了 ATM 的交换虚电路(SVC)上,将传统的路由器从执行处理一个个信息包的重负中解脱了出来。MPOA 采用了基于硬件的 ATM 交换结构,极大地改进了吞吐量,缩短了整体延迟时间,以及缩短了端到端通信延时等。此外,基于 MPOA 的网络可以通过诸如 RIP、OSPF 等标准的路由协议与传统的路由器进行通信。这样就能允许与传统的基于路由器的网络进行无缝的集成。

MPOA 工作在网络层即第 3 层,在建立了快捷连接的 VCC 后,就使用标准的第 2 层交换技术在这个 VCC 上来传送数据。MPOA 模型同时具备了第 2 层和第 3 层的功能,包含路由和交换两种技术。

MPOA 系统引入了"交换路由器"的概念,交换路由器仿真了传统路由器网络的功能,但是消除了经过多次路由步进所带来的性能限制。在 MPOA 系统中,不论是属于相同或不同的子网,任何具有 MPOA 功能的主机或边缘设备都可以和另一台设备通过 ATM 网络建立快捷连接。

使用 MPOA 技术支持多种协议的 LAN 到 LAN 通信,是基于在大多数的情况下,数据传输通常只发生在相对稳定的数据流中,也就是说,发送的一个文件或信息通常是由多个帧组成的,建立一个快捷连接,使数据流沿着预选建立好的通路来传送,避免了先传输到默认的通道,再由路由器转发而引起的时延,极大地提高了性能。在诸如视频信号等具有固定的数据流传输情况下,这样处理会极其有效,大大优于简单的路由器到路由器的操作方式。

MPOA 从根本上将数据传送和路由计算分开,将功能分布到不同的设备,从而减少了参与路由计算的设备数目和端设备的复杂性。它可以以统一的方式支持二层和三层网络互联,因此保证了 ATM 环境中大规模的互联。它可以同时有效地处理突发数据和长期的数据流,但是,MPOA 的复杂性有很大的争议。

4.6 IP地址与子网划分

4.6.1 IP地址的概念

IP地址就是给每个连接在Internet上的主机分配的一个32位地址。按照TCP/IP协议规定，IP地址用二进制来表示，每个IP地址长32位，比特换算成字节，就是4B。例如，一个采用二进制形式的IP地址是00001010000000000000000000000001，这么长的地址，人们处理起来太费劲了。为了方便人们的使用，IP地址经常被写成十进制的形式，中间使用符号"."分开不同的字节。于是，上面的IP地址可以表示为"10.0.0.1"。IP地址的这种表示法叫作"点分十进制表示法"。这显然比1和0容易记忆得多。

一个IP地址由网络地址和主机地址共同构成。网络地址可在互联网中把在同一物理子网上的所有计算机与其他网络设备区分开来，就如同不同城市的公用电话网中的长途区号一样。而主机地址表示在某个特定网络中一台计算机或设备的地址，又叫主机号，就像每一个家庭分配的电话号码一样。

4.6.2 IP地址的分类

1. A类IP地址

一个A类IP地址由1B的网络地址和3B主机地址组成，网络地址的最高位必须是"0"，地址范围为 1.0.0.1～126.255.255.254（二进制表示为：00000001 00000000 00000000 00000001～01111110 11111111 11111111 11111110）。可用的A类网络有126个，每个网络能容纳16 777 214个主机。

2. B类IP地址

一个B类IP地址由2B的网络地址和2B的主机地址组成，网络地址的最高位必须是"10"，地址范围128.0.0.1～191.255.255.254（二进制表示为：10000000 00000001 00000000 00000001～10111111 11111111 11111111 11111110）。可用的B类网络地址有16 384个，每个网络能容纳65 534个主机。

其中，172.16.0.0～172.31.255.255是私有地址。

169.254.0.0～169.254.255.255是保留地址。如果你的IP地址是自动获取IP地址，而你在网络上又没有找到可用的DHCP服务器，这时将会从169.254.0.0～169.254.255.255中临时获得一个IP地址。

3. C类IP地址

一个C类IP地址由3B的网络地址和1B的主机地址组成，网络地址的最高位必须是"110"，地址范围192.0.0.1～223.255.255.254（二进制表示为：11000000 00000000 00000001 00000001 ～11011111 11111111 11111111 11111110）。

其中，192.168.0.0～192.168.255.255是私有IP地址，C类网络地址可达2 097 150个，每个网络能容纳254个主机。

4. D类IP地址

D类IP地址用于多点广播(Multicast)，范围为224.0.0.1～239.255.255.254。

D类IP地址第一个字节以"1110"开始,它是一个专门保留的地址。它并不指向特定的网络,目前这一类地址被用在多点广播(Multicast)中。多点广播地址用来一次寻址一组计算机,它标识共享同一协议的一组计算机。

5. E类IP地址

E类IP地址以"1111"开始,仅做实验和研究用,为保留地址,其范围是240.0.0.1～255.255.255.254。

全零(0.0.0.0)地址指任意网络。全1的IP地址(255.255.255.255)是当前子网的广播地址。

4.6.3 子网掩码

子网掩码是一个32位的二进制数,其对应网络地址的所有位都置为1,对应于主机地址的所有位都置为0。由此可知,A类网络的默认子网掩码是255.0.0.0,B类网络的默认子网掩码是255.255.0.0,C类网络的默认子网掩码是255.255.255.0。将子网掩码和IP地址按位进行逻辑"与"运算,得到IP地址的网络地址,剩下的部分就是主机地址,从而区分出任意IP地址中的网络地址和主机地址。

子网掩码常用十进制表示,还可以用网络前缀法表示子网掩码,即"/<网络地址位数>"。例如,138.96.0.0/16表示B类网络138.96.0.0的子网掩码为255.255.0.0。

4.6.4 子网划分

由于32位的IP地址资源日益减少,为了充分利用IP地址,避免浪费,同时也为了缩小广播域,提高通信效率,需要对一个网络进行子网划分。

子网划分的核心思想是:通过IP地址与子网掩码的"与"运算得出网络号。网络号相同的计算机属于同一个子网。网络号不同的计算机属于不同的子网。

例如,IP地址为192.168.0.126的PC1和IP地址为192.168.0.130的PC2,若配置的子网掩码均为255.255.255.0,那么PC1和PC2属于同一个子网。若二者的子网掩码均配置为255.255.255.128,那么PC1的网络号为"192.168.0.0",PC2的网络号为"192.168.0.128",二者就属于不同的子网。

【经典实例】

某公司从上级总公司的网络部门获得一段IP地址,其网络号为192.168.0.0/24。该IP将用于组建自己的网络。

目前该公司有5个部门需要组建自己的网络。

部门1:100台计算机。

部门2:60台计算机。

部门3:25台计算机。

部门4:10台计算机。

部门5:10台计算机。

请为每个部门规划其网络IP地址。

分析:

(1)由于该公司申请到的是一个C类网络,于是列出C类网络子网数目与子网掩码对照表,如表 4-1 所示。

表 4-1 子网数目与子网掩码对照表

子网数目	子网掩码	每个子网主机容量
1	255.255.255.0	256-2
2	255.255.255.128	128-2
4	255.255.255.192	64-2
8	255.255.255.224	32-2
16	255.255.255.240	16-2
32	255.255.255.248	8-2
64	255.255.255.252	4-2

(2) 先根据最大主机数需求划分子网。

部门 1 有 100 台计算机,先满足该部门需求。将整个网络一分为二,其中每个网络有 126 台主机的容量。于是,给部门 1 分配的 IP 地址范围为 192.168.0.1~192.168.0.126,子网掩码为 255.255.255.128。

(3) 再根据次大主机需求数,划分剩余的网络。

部门 2 有 60 台计算机的容量需求,因此,需要将剩余的子网再一分为二,选取其中 62 个 IP 分给该部门。部门 2 的 IP 地址范围为 192.168.0.129~192.168.0.190,子网掩码为 255.255.255.192。

(4) 部门 3 有 25 台的容量。目前还剩余 62 个 IP 暂未使用。将这 62 个 IP 再一分为二,选取其中 30 个 IP 分给部门 3。部门 3 的 IP 范围是 192.168.0.193~192.168.0.222,子网掩码为 255.255.255.224。

(5) 部门 4 和 5 需求量最少,可将剩余的 IP 地址再等分为两份,分别配置给部门 4 和 5。因此,部门 4 的 IP 范围可设置为 192.168.0.225~192.168.0.238,子网掩码为 255.255.255.240。部门 5 的 IP 范围可设置为 192.168.0.241~192.168.0.254,子网掩码为 255.255.255.240。

(6) 综合汇总,各部门 IP 配置情况见表 4-2。

表 4-2 各部门 IP 地址分配情况

部门	起始 IP	终止 IP	子网容量	子网掩码	网络号	广播地址
部门 1	192.168.0.1	192.168.0.126	126	255.255.255.128	192.168.0.0	192.168.0.127
部门 2	192.168.0.129	192.168.0.190	62	255.255.255.192	192.168.0.128	192.168.0.191
部门 3	192.168.0.193	192.168.0.222	30	255.255.255.224	192.168.0.192	192.168.0.223
部门 4	192.168.0.225	192.168.0.238	14	255.255.255.240	192.168.0.224	192.168.0.239
部门 5	192.168.0.241	192.168.0.254	14	255.255.255.240	192.168.0.240	192.168.0.255

4.7 虚拟局域网

交换式局域网的出现是虚拟局域网(Virtual LAN,VLAN)实现的基础。近年来,随着交换式局域网技术的飞速发展,交换局域网结构逐渐取代了传统的共享介质局域网。

VLAN 是指在局域网交换机里采用网络管理软件所构建的可跨越不同网段、不同网络、不同位置的端到端的逻辑网络。VLAN 是一个在物理网络上根据用途、工作组、应用等来逻辑划分的局域网络，是一个广播域，与用户的物理位置没有关系。VLAN 的物理结构与逻辑结构关系如图 4-15 所示。

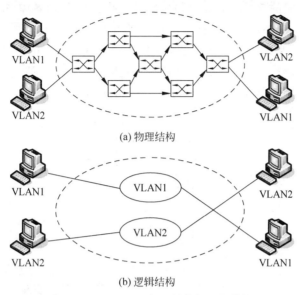

图 4-15　VLAN 的物理结构与逻辑结构

VLAN 中的网络用户是通过 LAN 交换机来通信的,一个 VLAN 中的成员看不到另一个 VLAN 中的成员。同一个 VLAN 中的所有成员拥有一个共同的 VLAN ID,组成一个虚拟局域网络。VLAN 中的每一个成员都能收到来自本 VLAN 的其他成员发来的广播包,但是收不到其他 VLAN 成员发来的广播包。不同 VLAN 成员之间不能直接通信,需要通过路由支持才能相互通信,而同一个 VLAN 内的成员通过 VLAN 交换机即可直接通信,无须路由支持。

4.7.1　VLAN 的功能

VLAN 包含以下主要功能。

(1) 提高管理效率。减少网络中站点的移动、增加和改变所带来的工作量,可以大大简化网络配置和调试工作。

(2) 控制广播数据。VLAN 内成员共享广播域,VLAN 间的广播被隔离,这样可以提高网络的传输效率,VLAN 利用了交换网络的高速性能。

(3) 增强网络的安全性。广播可以将数据传向每一个站点,通过将网络划分为多个互相独立的 VLAN,对成员进行分组限制广播,并可根据 MAC 地址、应用类型议类型等限制成员或计算机对网络资源的访问。

(4) 实现虚拟工作组。按应用或功能组建虚拟工作组。

4.7.2 VLAN 的划分

1. 通过端口号划分 VLAN

许多早期的虚拟局域网都是根据局域网交换机的端口来定义虚拟局域网成员的。虚拟局域网从逻辑上把局域网交换机的端口划分为不同的虚拟子网,各虚拟子网相对独立,其结构如图 4-16(a)所示。图中局域网交换机端口 1、2、3、7 和 8 组成 VLAN1,端口 4、5 和 6 组成了 VLAN2。虚拟局域网也可以跨越多个交换机。局域网交换机 1 的 1、2 端口和局域网交换机 2 的 4、5、6、7 端口组成 VLAN1,局域网交换机 1 的 3、4、5、6、7 和 8 端口和局域网交换机 2 的 1、2、3 和 8 端口组成 VLAN2,如图 4-16(b)所示。

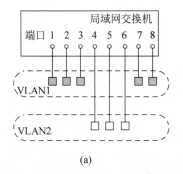

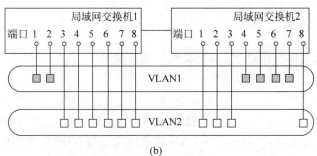

图 4-16 通过交换机端口划分 VLAN

用局域网交换机端口划分虚拟局域网成员是最通用的方法。但是,纯粹用端口定义虚拟局域网时,不允许不同的虚拟局域网包含相同的物理网段或交换端口。例如,交换机 1 的 1 端口属于 VLAN1 后,就不能再属于 VLAN2。用端口定义虚拟局域网的缺点是:当用户从一个端口移动到另一个端口时,网络管理者必须对虚拟局域网成员进行重新配置。

2. 通过 MAC 地址划分 VLAN

通过用结点的 MAC 地址来划分 VLAN 的方法具有自己的优点:由于结点的 MAC 地址是与硬件相关的地址,所以用结点的 MAC 地址定义的 VLAN,允许结点移动到网络其他物理网段。由于结点的 MAC 地址不变,所以该结点将自动保持原来的 VLAN 成员地位。从这个角度来说,基于 MAC 地址划分 VLAN 可以看作基于用户的 VLAN。

用 MAC 地址划分 VLAN 的缺点是:要求所有用户在初始阶段必须配置到至少一个 VLAN 中,初始配置通过人工完成,随后就可以自动跟踪用户。但在大规模网络中,初始化时把上千个用户配置到某个 VLAN 中显然是很麻烦的。

3. 通过网络层协议划分 VLAN

VLAN 按网络层协议来划分，可分为 IP、IPX、DECnet、AppleTalk、Banyan 等。这种按网络层协议来组成的 VLAN，可使广播域跨越多个 VLAN 交换机。这对于希望针对具体应用和服务来组织用户的网络管理员来说是非常具有吸引力的。而且，用户可以在网络内部自由移动，但其 VLAN 成员身份仍然保留不变。

这种方法的优点是用户的物理位置改变了，不需要重新配置所属的 VLAN，而且可以根据协议类型来划分 VLAN，这对网络管理者来说很重要，还有，这种方法不需要附加的帧标签来识别 VLAN，这样可以减少网络的通信量。这种方法的缺点是效率低，因为检查每一个数据包的网络层地址是需要消耗处理时间的（相对于前面两种方法），一般的交换机芯片都可以自动检查网络上数据包的以太网帧头，但要让芯片能检查 IP 帧头，需要更高的技术，同时也更费时。当然，这与各个厂商的实现方法有关。

4. 通过 IP 组播划分 VLAN

IP 组播实际上也是一种 VLAN 的定义，即认为一个 IP 组播组就是一个 VLAN。这种划分的方法将 VLAN 扩大到了广域网，因此这种方法具有更大的灵活性，而且也很容易通过路由器进行扩展，主要适合于不在同一地理范围的局域网用户组成一个 VLAN，不适合局域网，原因是效率不高。

5. 通过策略划分 VLAN

基于策略组成的 VLAN 能实现多种分配方法，包括 VLAN 交换机端口、MAC 地址、IP 地址、网络层协议等。网络管理人员可根据自己的管理模式和本单位的需求来决定选择哪种类型的 VLAN。

6. 通过用户定义、非用户授权划分 VLAN

基于用户定义、非用户授权来划分 VLAN，是指为了适应特别的 VLAN，根据具体的网络用户的特别要求来定义和设计 VLAN，而且可以让非 VLAN 群体用户访问 VLAN，但是需要提供用户密码，在得到 VLAN 管理的认证后才可以加入一个 VLAN。

4.8 高速局域网

早期的以太网的数据传输速率一般都是 10Mb/s，这样的速率显然不能满足许多应用场合（特别是一些数据通信流量很大，网络规模也很大的系统）的要求，为了满足高速率的数据传输要求，只能选择一种采用光纤作为传输介质的 FDDI 网络系统，但是 FDDI 网络的建设成本很高。因此在这种背景下，电气和电子工程师协会（IEEE）在 20 世纪 90 年代初专门成立了快速以太网工作组，研究把以太网的传输速率从 10Mb/s 提高到 100Mb/s 的可行性。很快，IEEE 在 1995 年 3 月发布了针对 100Mb/s 快速以太网规范的 IEEE 802.3u 标准，并且与此同时，许多知名的公司也陆续不断地成功开发了很多基于快速以太网的网络硬件产品，如 Grand Junction 公司推出的世界上第一台 FastSwitch10/100。从此，局域网开始经历了快速以太网的快速更新时代。

4.8.1 百兆以太网

快速以太网（Fast Ethernet）即 802.3u 标准，包括两种技术规范：100Base-T 和 100VG-

AnyLAN。

100Base-T 是 100Mb/s 快速以太网的规范,它采用 UTP 或 STP 作为网络传输介质,MAC 层与 IEEE 802.3 协议所规定的 MAC 层兼容,它沿用了 IEEE 802.3 规范所采用的 CSMA/CD 技术。无论是数据帧的结构、长度还是错误检测机制等都没有做任何的变动。快速以太网协议结构如图 4-17 所示。

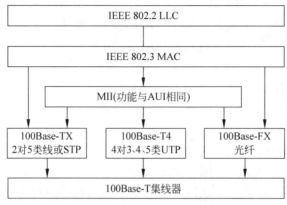

图 4-17 快速以太网协议结构

另外,100Base-T 采用一种称为快速链路脉冲(Fast Link Pulse,FLP)的脉冲信号,在网络连接建立初期检测站点和交换机之间的链路完好性。FLP 与 10Base-T 所采用的正常链路脉冲(Normal Link Pulse,NLP)是相互兼容的。当然,FLP 除了提供 NLP 所具有的功能外,还可以用来在站点和交换机之间进行自动协商,确定双方共同的工作模式。因此 100Base-T 提供了 10Mb/s 和 100Mb/s 两种网络传输速率的完全自适应功能,网络设备之间可以通过发送 FLP 进行自动协商,从而使 10Base-T 和 100Base-T 两种不同的网络环境系统能够和平共处,原来的 10MB 以太网可以无缝升级到 100MB 以太网上,并实现最终的网络系统的平滑过渡。

还有,相对 10Mb/s 以太网而言,100Mb/s 快速以太网的交换机和网卡具有更好的性价比。例如,2000 年左右,10/100Mb/s 网卡的市场价格也许仅比 10Mb/s 网卡高一倍左右,但性能却提高了 10 倍,因此快速以太网很快便在市场上占据了优势地位。而且快速以太网可以支持 3,4,5 类双绞线及光纤的连接,能有效地利用现有的设施。

快速以太网主要有 100Base-T4、100Base-TX 和 100Base-Fx 三种标准的物理层规范。

(1) 100Base-T4 规范。100Base-T4 是一种使用 3,4,5 类无屏蔽双绞线或屏蔽双绞线的快速以太网技术。它使用 4 对双绞线,3 对用于传送数据,1 对用于检测冲突信号。在传输中使用 8B/6T 编码方式,信号频率为 25MHz。符合 EIA586 结构化布线标准,使用同 10Base-T 相同的 RJ-45 连接器。它的最大网段长度为 100m,最多可以使用 4 个中继器。

(2) 100Base-TX 规范。100Base-TX 是一种使用 5 类无屏蔽双绞线或屏蔽双绞线的快速以太网技术。它使用两对双绞线,其中一对用于发送数据,另一对用于接收数据。在传输中使用 4B/5B 编码方式,信号频率为 125MHz。符合 EIA568 的 5 类布线标准和 IBM 的 SPT1 类布线标准,使用同 10Base-T 相同的 RJ-45 连接器。它的最大网段长度为 100m,支持全双工的数据传输。

（3）100Base-FX 规范。100Base-FX 是一种使用光纤作为传输介质的快速以太网技术，可使用单模和多模光纤（62.5μm 和 125μm）。在传输中使用 4B/5B 编码方式，信号频率为 125MHz。它使用 MIC/FDDI 连接器、ST 连接器或 SC 连接器。它的最大网段长度为 150m、412m、2000m 或更长至 10km，这与所使用的光纤类型和工作模式有关。它支持全双工的数据传输。100Base-FX 特别适合于有电气干扰的环境、较大距离连接或高保密环境等情况。

4.8.2 千兆以太网

千兆以太网是在以太网技术的改进和提高的基础上，再次将 100Mb/s 的快速以太网的数据传输速率提高了 10 倍，使其达到了千兆位每秒的网络系统（1000Mb/s）。与快速以太网一样，千兆以太网也是 IEEE 802.3 以太网标准的扩展，如图 4-18 所示。所以千兆以太网也可以在原来的以太网系统基础上实现平滑的过渡并完全升级。并且同样可以大大节省因网络系统升级所带来的各种费用和开销。

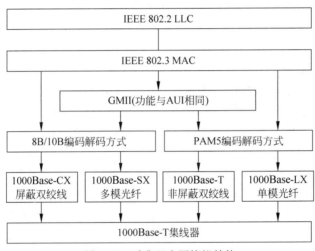

图 4-18　千兆以太网协议结构

千兆以太网为了能够把数据传输速率提高到 1000Mb/s 的水平，对物理层规范再一次做了很大改动。但是为了确保和以前的 10Mb/s 和 100Mb/s 的以太网相兼容，与前面的快速以太网一样，千兆以太网也沿用了 IEEE 802.3 规范所采用的 CSMA/CD 技术，也就是在数据链路层以上部分没有改变，但在数据链路层以下，千兆以太网融合了 IEEE 802.3 以太网和 ANSI X3T11 光纤通道两种不同的网络技术，这样千兆以太网不但能够充分利用光纤通道所提供的高速物理接口技术，而且保留了 IEEE 802.3 以太网帧的格式，在技术上可以相互兼容，同时还能够支持全双工或半双工模式（通过 CSMA/CD），使得千兆位以太网成为高速、宽带网络应用的战略性选择。

IEEE 802.3z 扩展标准是千兆位以太网标准规范。概括地说，它包含的内容有：1000Mb/s 通信速率的情况下支持全双工和半双工操作；采用 802.3 以太网帧格式；使用 CSMA/CD 技术；在一个冲突域中支持一个中继器；10Base-T 和 100Base-T 向下兼容；多模光纤连接的最大距离为 550m；单模光纤连接的最大距离为 3000m；铜基连接距离最大为25m;并开发将基于5类无屏蔽双绞线的连接距离增至100m的技术;8B/10B主要适用于光纤介质和特殊屏蔽铜缆,而5类UTP则使用自己专门的编码/译码方案。

千兆以太网物理层包括编码/译码,收发器和网络介质三部分,并且其中不同的收发器对应于不同的传输介质类型。例如,长模或多模光纤(1000Base-LX)、短波多模光纤(1000Base-SX)、一种高质量的平衡双绞线对的屏蔽铜缆(1000Base-CX),以及5类非屏蔽双绞线(1000Base-T)。

(1) 1000Base-LX 是一种使用长波激光作为信号源的网络介质技术,在收发器上配置波长为1270~1355nm(一般为1300nm)的激光传输器,既可以驱动多模光纤,也可以驱动单模光纤。1000Base-LX 所使用的光纤规格为:62.5μm 多模光纤,50μm 多模光纤,9μm 单模光纤。其中,使用多模光纤时,在全双工模式下,最长传输距离可以达到550m;使用单模光纤时,全双工模式下的最长有效距离为5000m。连接光纤所使用的SC型光纤连接器与快速以太网100Base-FX所使用的连接器的型号相同。

(2) 1000Base-SX 是一种使用短波激光作为信号源的网络介质技术,收发器上所配置的波长为770~860nm(一般为800nm)的激光传输器不支持单模光纤,只能驱动多模光纤。具体包括两种:62.5μm 多模光纤和50μm 多模光纤。使用62.5μm 多模光纤在全双工模式下的最长传输距离为275m;使用50μm 多模光纤,全双工模式下最长有效距离为550m。1000Base-SX所使用的光纤连接器与1000Base-LX一样,也是SC型连接器。

(3) 1000Base-CX 是使用铜缆作为网络介质的两种千兆以太网技术之一,另外一种就是将要在后面介绍的1000Base-T。1000Base-T使用一种特殊规格的高质量平衡双绞线对的屏蔽铜缆,最长有效距离为25m,使用9芯D型连接器连接电缆。1000Base-CX适用于交换机之间的短距离连接,尤其适合千兆主干交换机和主服务器之间的短距离连接。以上连接往往可以在机房配线架上以跨线方式实现,不需要再使用长距离的铜缆或光缆。

(4) 1000Base-T 是一种使用5类UTP作为网络传输介质的千兆以太网技术,最长有效距离与100Base-TX一样,可以达到100m。用户可以采用这种技术在原有的快速以太网系统中实现从100Mb/s到1000Mb/s的平滑升级。与在前面所介绍的其他三种网络介质不同,1000Base-T不支持8B/10B编码/译码方案,需要采用专门的更加先进的编码/译码机制。

4.8.3 万兆以太网

以太网主要在局域网中占绝对优势。但是在很长的一段时间中,人们普遍认为以太网不能用于城域网,特别是汇聚层以及骨干层。主要原因在于以太网用作城域网骨干带宽太低(10M以及100M快速以太网的时代),传输距离过短。当时认为最有前途的城域网技术是FDDI和DQDB(Distributed Queue Dual Bus,分布式队列双总线)。随后几年里,ATM技术成为热点,几乎所有人都认为ATM将成为统一局域网、城域网和广域网的唯一技术。但是由于种种原因,当前在国内上述三种技术中只有ATM技术成为城域网汇聚层和骨干层的备选方案。

常见的以太网作为城域网的骨干网带宽显然不够。即使使用多个快速以太网链路绑定使用,对多媒体业务仍然是心有余而力不足。当千兆以太网的标准化以及在生产实践中广泛应用,以太网技术逐渐延伸到城域网的汇聚层。千兆以太网通常用作将小区用户汇聚到城域网接入网点,或者将汇聚层设备连接到骨干层。但是在当前 10M 以太网到用户的环境下,千兆以太网链路作为汇聚也很勉强,作为骨干则是力所不能及。虽然以太网多链路聚合技术已完成标准化且多厂商互通指日可待,可以将多个千兆链路捆绑使用,但是考虑光纤资源以及波长资源,链路捆绑一般只用在城域网接入网点内或者短距离应用环境中。

传输距离也曾经是以太网无法作为城域数据网骨干层汇聚层链路技术的一大障碍。无论是 10M、100M 还是千兆以太网,由于信噪比、碰撞检测、可用带宽等原因 5 类线传输距离都是 100m。使用光纤传输时距离限制由以太网使用的主从同步机制所制约。802.3 规定 1000Base-SX 接口使用 62.5μm 纤芯的多模光纤最长传输距离为 275m,使用 50μm 纤芯的多模光纤最长传输距离为 550m;1000Base-LX 接口使用 62.5μm 纤芯的多模光纤最长传输距离为 550m,使用 50μm 纤芯的多模光纤最长传输距离为 550m,使用 10μm 纤芯的单模光纤最长传输距离为 5km。最长传输距离 5km 的千兆以太网链路在城域范围内远远不够。虽然基于厂商的千兆接口实现已经能达到 80km 传输距离,而且一些厂商已完成互通测试,但是毕竟是非标准的实现,不能保证所有厂商该类接口的互连互通。

综上所述,以太网技术不适于用在城域网骨干/会聚层的主要原因是带宽以及传输距离。随着万兆以太网技术的出现,上述两个问题已基本得到解决。

10G 以太网于 2002 年 7 月在 IEEE 通过。10G 以太网包括 100Base-X、10GBase-R 和 10GBase-W。10GBase-X 使用一种特紧凑包装,含有 1 个较简单的 WDM 器件、4 个接收器和 4 个在 1300nm 波长附近以大约 25nm 为间隔工作的激光器,每一对发送器/接收器在 3.125Gb/s 速度(数据流速度为 2.5Gb/s)下工作。10GBase-R 是一种使用 64B/66B 编码(不是在千兆以太网中所用的 8B/10B)的串行接口,数据流为 10Gb/s,因而产生的时钟速率为 10.3Gb/s。10GBase-W 是广域网接口,与 SONET OC-192 兼容,其时钟为 9.953Gb/s,数据流为 9.585Gb/s。

10G 以太网仍使用 IEEE 802.3 标准的帧格式、全双工业务和流量控制方式。10G 以太网标准为 802.3ae。

4.8.4　40Gb 以太网和 100Gb 以太网

在相关标准与技术文献中,40Gigabit Ethernet 和 100Gigabit Ethernet 分别缩写为 40GbE、100GbE。随着用户对接入带宽要求的不断提升,4G 和移动互联网应用、三网合一的高清视频业务增长,以及云计算、物联网应用的兴起,城域网和广域网核心交换网传输带宽面临巨大挑战,现有 10GbE 技术开始难以应对日益增长的需求,更高速率的 40Gb/s 和 100Gb/s 的 Ethernet 研究很自然地被提上议事日程,并且呈现从 10GbE 向 40GbE、100GbE 平滑过渡的发展趋势。

1996 年,40Gb/s 波分复用技术出现。2004 年,该技术在局部范围开始商用,同时路由器开始提供 40Gb/s 接口。2007 年,多个厂商开始提供 40Gb/s 波分复用设备。同时,电信业对 40Gb/s 波分复用系统的业务需求增多。40GbE 技术将大量应用于 IDC、高性能计算机、高性能服务器集群与云计算平台。

2004 年前后,100Gb/s 技术开始出现并受到广泛的关注。100GbE 不是一个单项技术的研究,而是一系列技术的综合,包括相关技术标准、Ethernet 技术、DWDM 技术等方面。

为了适应数据中心、运营商网络和高性能计算环境的宽带需求,满足云计算、高性能计算的数据中心内部虚拟化、虚拟机数量快速增长的需求,满足三网融合业务、视频点播和社交网络的需求,IEEE 于 2007 年 12 月成立 IEEE 802.3ba 工作组,开始研究 40GbE 和 100GbE 标准。2010 年 6 月,IEEE 通过传输速率为 100GbE 的 IEEE 802.3ba 标准。100GbE 保留传统 Ethernet 的帧格式、最小/最大帧长度等规定。

100GbE 物理接口主要有以下 3 种。

(1) 10×10GbE 短距离互连的 LAN 接口技术:采用并行的 10 根光纤,每根光纤的速率为 10Gb/s,以达到 100Gb/s 的传输速率。这种方案的优点是可沿用现有 10GbE 器件,技术比较成熟。

(2) 4×25GbE 中短距离互连的 LAN 接口技术:采用波分复用的方法,在一根光纤上复用 4 路 25Gb/s,以达到 100Gb/s 的传输速率。这种方案主要考虑性价比,需选择合适的编码调制和 WDM 技术,技术相对不成熟。

(3) 10m 的铜缆接口和 1m 的系统背板互连技术:主要针对电接口的短距离和内部互连,采用 10 对速率为 10Gb/s 的并行互连方式。

4.9 无线局域网

目前,对于许多人来说,无线局域网(Wireless Local Area Networks,WLAN)已经是很熟悉的一个名词了。在计算机硬件市场上,有关组建无线局域网所需的各种设备也是种类繁多,而且大多数主流的品牌计算机(包括家庭计算机的桌面计算机或笔记本电脑等)都提供了无线网卡适配器。在许多单位或学校都建设了规模或大或小的无线局域网络系统,并且和原来的有线局域网互联互通,形成了对原来系统的有效延伸和灵活扩展。

4.9.1 无线局域网技术背景

无线局域网是实现移动计算网络的关键技术之一。无线局域网以微波、激光与红外线等无线电波作为传输介质,部分或全部代替传统局域网中的同轴电缆、双绞线与光纤,实现移动计算网络中移动结点的物理层与数据链路层功能。

1987 年,IEEE 802.4 工作组开始研究无线局域网。最初目标是希望研究一种基于无线令牌总线网的介质访问控制 MAC 协议。经过一段时间的研究后,人们发现令牌总线方式不适合无线电信道的控制。1990 年,IEEE 802 委员会决定成立一个新的 IEEE 802.11 工作组,专门从事无线局域网的 MAC 协议和物理介质标准的研究。

4.9.2 无线局域网应用领域

无线局域网作为传统局域网的补充,目前已成为局域网应用的一个热点问题。无线局域网不仅能满足移动和特殊应用领域的需求,还能覆盖有线网络难以涉及的范围。无线局域网的应用领域主要有以下 4 个方面。

(1) 作为传统局域网的扩充。

(2) 用于建筑物之间的互联。

(3) 用于移动结点的漫游访问。

(4) 用于构建特殊的移动网络。

4.9.3 无线局域网技术特点

无线局域网使用的是无线传输介质,按采用的传输技术可以分为3类:红外线局域网、扩频局域网和窄带微波局域网。红外线局域网的数据传输有3种基本技术:定向光束红外传输、全方位红外传输与漫反射红外传输。红外波长为850~950nm,数据速率为1Mb/s和2Mb/s。

扩频无线局域网的数据传输有两种基本技术:跳频扩频(Frequency Hopping Spread Spectrum,FHSS)、直接序列扩频(Direct Sequence Spread Spectrum,DSSS)。

免于申请的工业、科学与医药专用的ISM频段包括902~928MHz(915MHz频段)、2.4~2.485GHz(2.4GHz频段)、5.725~5.825GHz(5.8GHz频段)。跳频扩频(FHSS)与直接序列扩频(DSSS)使用ISM频段中的2.4GHz,数据传输速率为1Mb/s或2Mb/s。

4.9.4 IEEE 802.11 协议特点

无线局域网的第一个标准IEEE 802.11定义了2.4GHz频段的无线局域网物理层与介质访问控制层的协议标准,数据传输速率为2Mb/s。此后,IEEE 802.11标准体系与技术发展非常迅速。1999年,出现了IEEE 802.11a标准,5GHz频段,数据传输速率为54Mb/s;出现了IEEE 802.11b标准,2.4GHz频段,数据传输速率为54Mb/s。此后,又出现了IEEE 802.11c~IEEE 802.11i等多个关于充实无线局域网服务质量、互联、安全性方面的协议,比较引人注意的一个标准是2009年发布的IEEE 802.11n标准。

IEEE 802.11n标准通过对物理层和MAC层的技术改进,使数据传输速率最高可达600Mb/s,覆盖范围扩大到几平方千米。由于IEEE 802.11n工作的频段是不需要申请的免费ISM频段,并且与目前大规模应用的Ethernet、IEEE 802.11无线局域网有很好的兼容性,因此为无线局域网以较低的代价在全世界推广奠定了坚实的基础。移动互联网用户可在IEEE 802.11n覆盖区域内快速浏览网页、拨打电话、收发电子邮件、下载音乐与视频。未来符合IEEE 802.11ac的无线局域网速率将提高到1Gb/s,而IEEE 802.11n与IEEE 802.11ac将保持良好的兼容性,因此IEEE 802.11n必然在移动互联网应用中有广阔的应用前景,成为目前世界各国的智慧城市的无线传输全覆盖的首选技术与标准。采用IEEE 802.11n技术与标准实现城市无线通信的全覆盖又为物联网的应用打下了良好的基础。

习　题

(1) 什么是局域网?

(2) 局域网的特点有哪些?

(3) 简述以太网的工作原理。

(4) 简述令牌环网的工作原理。

(5) 简述令牌总线网的工作原理。

(6) 什么是 ATM 局域网仿真？
(7) 简述 IP over ATM 的工作原理。
(8) IP 地址分为几类？各有什么特征？
(9) 虚拟局域网 VLAN 的功能有哪些？
(10) 简述进行 VLAN 划分的方法。
(11) 简述高速局域网包含的技术。

第 5 章　网络盛宴里的新生代

网络时代，新生事物源源不断涌入到人们的生活中，为人们的生活提供了极大的便利。本章介绍了云计算、大数据和物联网的概念、原理及用途，为我们认知这个世界又打开了一个新的窗口。

5.1　云计算

5.1.1　云计算的概念

云计算

云计算是一种基于互联网的分布式计算，在虚拟的数据中心里，成千上万台计算机和服务器连接成一片"云"，形成超级强大的运算服务能力，甚至可以体验到每秒钟 10 万亿次的运算。拥有如此强大的计算能力，可以模拟核爆炸、预测气候变化和市场发展趋势。用户通过计算机、笔记本电脑、手机等终端设备接入数据中心，按自己的需求共享这种超级运算。云计算有狭义云计算和广义云计算之分。

1. 狭义云计算

提供资源的网络被称为"云"。"云"中的资源在使用者看来是可以无限扩展的，并且可以随时获取，按需使用，随时扩展，按使用付费。这种特性经常被称为像水电一样使用 IT 基础设施。

2. 广义云计算

这种云计算服务可以是 IT 和软件、互联网相关的，也可以是任意其他的服务。

这种资源池称为"云"。"云"是一些可以自我维护和管理的虚拟计算资源，通常为一些大型服务器集群，包括计算服务器、存储服务器、宽带资源等。云计算将所有的计算资源集中起来，并由软件实现自动管理，无须人为参与。这使得应用提供者无须为烦琐的细节而烦恼，能够更加专注于自己的业务，有利于创新和降低成本。

云计算是并行计算（Parallel Computing）、分布式计算（Distributed Computing）和网格计算（Grid Computing）的发展，或者说是这些计算机科学概念的商业实现。云计算是虚拟化（Virtualization）、效用计算（Utility Computing）、IaaS（基础设施即服务）、PaaS（平台即服务）、SaaS（软件即服务）等概念混合演进并跃升的结果。

总的来说，云计算可以算作网格计算的一个商业演化版。

3. 私有云

私有云

私有云（Private Clouds）是为一个客户单独使用而构建的，因而提供对数据、安全性和服务质量的最有效控制。该公司拥有基础设施,并可以控制在此基础设施上部署应用程序的方式。私有云可部署在企业数据中心的防火墙内,也可以将它们部署在一个安全的主机托管场所。私有云极大地保障了安全问题,目前有些企业已经开始构建自己的私有云。

优点:提供了更高的安全性,因为单个公司是唯一可以访问它的指定实体。这也使组织更容易定制其资源以满足特定的 IT 要求。

缺点:安装成本很高。此外,企业仅限于合同中规定的云计算基础设施资源。私有云的高度安全性可能会使得从远程位置访问也变得很困难。

4. 公有云

公有云通常指第三方提供商用户能够使用的云,公有云一般可通过 Internet 使用,可能是免费或成本低廉的。这种云有许多实例,可在当今整个开放的公有网络中提供服务。公有云的最大意义是能够以低廉的价格,提供有吸引力的服务给最终用户,创造新的业务价值。公有云作为一个支撑平台,还能够整合上游的服务(如增值业务、广告)提供者和下游的最终用户,打造新的价值链和生态系统。它使客户能够访问和共享基本的计算机基础设施,其中包括硬件、存储和带宽等资源。

优点:除了通过网络提供服务外,客户只需为他们使用的资源支付费用。此外,由于组织可以访问服务提供商的云计算基础设施,因此他们无须担心自己安装和维护的问题。

缺点:与安全有关。公共云通常不能满足许多安全法规遵从性要求,因为不同的服务器驻留在多个国家,并具有各种安全法规。而且,网络问题可能发生在在线流量峰值期间。虽然公共云模型通过提供按需付费的定价方式通常具有成本效益,但在移动大量数据时,其费用会迅速增加。

5. 混合云

混合云是公有云和私有云两种服务方式的结合。由于安全和控制原因,并非所有的企业信息都能放置在公有云上,这样大部分已经应用云计算的企业将会使用混合云模式。很多企业选择同时使用公有云和私有云,有一些也会同时建立公众云。因为公有云只会向用户使用的资源收费,所以集中云将会变成处理需求高峰的一个非常便宜的方式。比如对一些零售商来说,他们的操作需求会随着假日的到来而剧增,或者是有些业务会有季节性的上扬。同时混合云也为其他目的的弹性需求提供了一个很好的基础,比如灾难恢复。这意味着私有云把公有云作为灾难转移的平台,并在需要的时候去使用它。这是一个极具成本效应的理念。另一个好的理念是,使用公有云作为一个选择性的平台,同时选择其他的公有云作为灾难转移平台。

优点:允许用户利用公共云和私有云的优势。还为应用程序在多云环境中的移动提供了极大的灵活性。此外,混合云模式具有成本效益,因为企业可以根据需要决定使用成本更昂贵的云计算资源。

缺点:因为设置更加复杂而难以维护和保护。此外,由于混合云是不同的云平台、数据和应用程序的组合,因此整合可能是一项挑战。在开发混合云时,基础设施之间也会出现主要的兼容性问题。

5.1.2 云计算的原理及特点

1. 云计算的原理

云计算的基本原理是,通过使计算分布在大量的分布式计算机上,而非本地计算机或远程服务器中,企业数据中心的运行将更与互联网相似。这使得企业能够将资源切换到需要的应用上,根据需求访问计算机和存储系统。

这是一种革命性的举措,打个比方,这就好比是从古老的单台发电机模式转向了电厂集中供电的模式。它意味着计算能力也可以作为一种商品进行流通,就像煤气、水电一样,取用方便,费用低廉。最大的不同在于,它是通过互联网进行传输的。

云计算的蓝图已经呼之欲出:在未来,只需要一台笔记本电脑或者一个手机,就可以通过网络服务来实现我们需要的一切,甚至包括超级计算这样的任务,如图 5-1 所示。从这个角度而言,最终用户才是云计算的真正拥有者。

云计算的应用包含这样的一种思想,把力量联合起来,给其中的每一个成员使用。

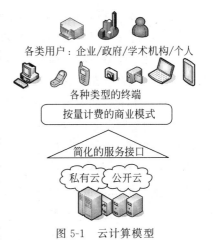

图 5-1 云计算模型

2. 云计算的特点

1) 数据安全可靠

首先,云计算提供了最可靠、最安全的数据存储中心,用户不用再担心数据丢失、病毒入侵等麻烦。

很多人觉得数据只有保存在自己看得见、摸得着的计算机里才最安全,其实不然。你的计算机可能会因为自己不小心而被损坏,或者被病毒攻击,导致硬盘上的数据无法恢复,而有机会接触你的计算机的不法之徒则可能利用各种机会窃取你的数据。

反之,当你的文档保存在类似 Google Docs 的网络服务上,当你把自己的照片上传到类似 Google Picasa Web 的网络相册里,你就再也不用担心数据的丢失或损坏。因为在"云"的另一端,有全世界最专业的团队来帮你管理信息,有全世界最先进的数据中心来帮你保存数据。同时,严格的权限管理策略可以帮助你放心地与你指定的人共享数据。这样,你不用花钱就可以享受到最好、最安全的服务,甚至比在银行里存钱还方便。

2) 客户端需求低

其次,云计算对用户端的设备要求最低,使用起来也最方便。

大家都有过维护个人计算机上种类繁多的应用软件的经历。为了使用某个最新的操作系统,或使用某个软件的最新版本,必须不断升级自己的计算机硬件;为了打开朋友发来的某种格式的文档,不得不疯狂寻找并下载某个应用软件;为了防止在下载时引入病毒,不得不反复安装杀毒和防火墙软件。所有这些麻烦事加在一起,对于一个刚刚接触计算机,刚刚接触网络的新手来说不啻一场噩梦!如果你再也无法忍受这样的计算机使用体验,云计算也许是你的最好选择。只要有一台可以上网的电脑,有一个喜欢的浏览器,你要做的就是在浏览器中输入 URL,然后尽情享受云计算带来的无限乐趣。

你可以在浏览器中直接编辑存储在"云"的另一端的文档,你可以随时与朋友分享信息,再也不用担心软件是否是最新版本,再也不用为软件或文档染上病毒而发愁,因为在"云"的另一端,有专业的 IT 人员帮你维护硬件,帮你安装和升级软件,帮你防范病毒和各类网络攻击,帮你做你以前在个人计算机上所做的一切。

3) 轻松共享数据

此外,云计算可以轻松实现不同设备间的数据与应用共享。

不妨回想一下,你自己的联系人信息是如何保存的。一个最常见的情形是,你的手机里存储了几百个联系人的电话号码,你的个人计算机或笔记本电脑里则存储了几百个电子邮件地址。为了方便在出差时发邮件,你不得不在个人计算机和笔记本电脑之间定期同步联系人信息。买了新的手机后,你不得不在旧手机和新手机之间同步电话号码。

考虑到不同设备的数据同步方法种类繁多,操作复杂,要在这许多不同的设备之间保存和维护最新的一份联系人信息,你必须为此付出难以计数的时间和精力。这时,你需要用云计算来让一切都变得更简单。在云计算的网络应用模式中,数据只有一份,保存在"云"的另一端,你的所有电子设备只需要连接互联网,就可以同时访问和使用同一份数据。

仍然以联系人信息的管理为例,当你使用网络服务来管理所有联系人的信息后,你可以在任何地方用任何一台计算机找到某个朋友的电子邮件地址,可以在任何一部手机上直接拨通朋友的电话号码,也可以把某个联系人的电子名片快速分享给好几个朋友。当然,这一切都是在严格的安全管理机制下进行的,只有对数据拥有访问权限的人,才可以使用或与他人分享这份数据。

4) 可能无限多

最后,云计算为人们使用网络提供了几乎无限多的可能。

为存储和管理数据提供了几乎无限多的空间,也为人们完成各类应用提供了几乎无限强大的计算能力。想像一下,当你驾车出游的时候,只要用手机联入网络,就可以直接看到自己所在地区的卫星地图和实时的交通状况,可以快速查询自己预设的行车路线,可以请网络上的好友推荐附近最好的景区和餐馆,可以快速预订目的地的宾馆,还可以把自己刚刚拍摄的照片或视频剪辑分享给远方的亲友……

离开了云计算,单单使用个人计算机或手机上的客户端应用,我们是无法享受这些便捷的。个人计算机或其他电子设备不可能提供无限量的存储空间和计算能力,但在"云"的另一端,由数千台、数万台甚至更多服务器组成的庞大的集群却可以轻易地做到这一点。个人和单个设备的能力是有限的,但云计算的潜力却几乎是无限的。当你把最常用的数据和最重要的功能都放在"云"上时,我们相信,你对计算机、应用软件乃至网络的认识会有翻天覆地的变化,你的生活也会因此而改变。

互联网的精神实质是自由、平等和分享。作为一种最能体现互联网精神的计算模型,云计算必将在不远的将来展示出强大的生命力,并将从多个方面改变人们的工作和生活。无论是普通网络用户,还是企业员工,无论是 IT 管理者,还是软件开发人员,他们都能亲身体验到这种改变。

5.1.3 云计算的服务类型

云计算主要有3种服务类型：基础架构即服务、软件即服务和面向广大互联网开发者的平台即服务。

1. 基础架构即服务

基础架构即服务(Infrastructure as a Service,IaaS)一般面向的是企业用户,它的代表有 Amazon 的 AWS(Amazon Web Service),还有国内的 PPPCloud 等。

这种云计算最大的特征在于,它并不像传统的服务器租赁商一样出租具体的服务器实体,它出租的是服务器的计算能力和存储能力。AWS 将 Amazon 计算中心的所有的服务器的计算能力和存储能力整合成一个整体,然后将其划分为一个个虚拟的实例,每一个实例代表着一定的计算能力和存储能力。购买 AWS 云计算服务的公司就以这些实例作为计量单位。

基础架构即服务与平台即服务有显著的区别,基础架构即服务提供的只有计算能力和存储能力的服务,平台即服务除了提供计算能力和存储能力的服务,还提供给开发者完备的开发工具包和配套的开发环境。也就是说,开发者使用平台即服务时,可以直接开始进行开发工作。而使用基础架构即服务时,则必须先进行如安装操作系统、搭建开发环境等准备工作。基础架构即服务是云计算的基石,平台即服务和软件即服务构建在它的上面,分别为开发者和消费者提供服务,而它本身则为大数据服务。

2. 软件即服务

软件即服务(Software as a Service,SaaS)是普通消费者可以感知到的云计算,它的代表有 Dropbox,还有国内用户熟悉的百度云、腾讯微云等。这种云计算最大的特征就是消费者并不购买任何实体的产品,而是购买具有与实体产品同等功能的服务。

以前,人们花钱购买的是服务器上的存储空间。现在,人们花钱购买的是 Dropbox 的存储服务。表面上看,两者没有实际的区别。但是换一个角度来看,两者却完全不同。以前花钱购买服务器上的存储空间,假设空间容量是 10GB,我们是真正地买到了服务器上的 10GB 空间。如果不上传文件的话,那么服务器上的这 10GB 空间就是空的。现在,我们购买 Dropbox 的存储服务,假设空间容量还是 10GB,却并没有真正地买到 Dropbox 服务器上 10GB 的空间,而买到的是 10GB 空间的服务。也就是说,如果上传文件,Dropbox 会将文件分开放在任何地方的任何服务器上,如果不上传文件,Dropbox 的服务器上就根本没有属于我们的任何空间。

3. 平台即服务

与软件即服务不同,平台即服务(Platform as a Service,PaaS)是面向开发者的云计算。这种云计算最大的特征是它自带开发环境,并向开发者提供开发工具包。它的代表有 Google 的 GAE(Google App Engine),还有国内的百度的 BAE、新浪的 SAE 等。

平台即服务与软件即服务之间可以相互转换。如果是消费者,购买 Dropbox 的服务,那 Dropbox 就是软件即服务。如果是开发者,利用 Dropbox 提供的开发包借助 Dropbox 的服务开发自己的服务,那么 Dropbox 本身就是平台即服务,构筑在 Dropbox 之上的开发者的服务就是软件即服务。

以前,开发者如果要搭建一个网站,需要做很多准备工作,比如购买服务器,安装操作系统,搭建开发环境等。现在,开发者如果购买平台即服务云计算,就可以省去上面费时费力的准备工作,直接进行网站的开发。不仅如此,开发者还可以使用各种现成的服务,比如 GAE 会向开发者提供 Google 内部使用的先进的开发工具和领先的大数据技术。这一切都使得网站开发变得比以前轻松很多,这也是云计算时代互联网更加繁荣的原因之一。

5.1.4 云计算应用案例

1. 应用背景

H3C 提供大量的网络设备和网络机房运维服务,拥有完善的售后服务体系,大量的售后技术服务人员为用户提供技术支撑服务,H3C 业务的特性决定了售后技术支持人员需要到客户现场处理技术、软硬件故障等一系列问题。同时,由于 H3C 产品和解决方案众多,客户数量庞大,对售后支持有着严格的审批和处理流程,然而售后技术服务管理的系统位于 H3C 内部网络,这就造成了 H3C 技术支持人员在客户现场无法根据现场情况实时派发售后工单,而只能在现场了解客户情况后,回到内部网络在开始售后技术支持工单的审批工作,或者在客户现场通过 VPN 访问内部网络系统派发工单,这无疑严重影响了售后技术支持人员的工作效率,也降低了 H3C 带给客户良好的售后服务体验。

2. 技术方案

H3C 经过对微软 Azure 云平台的评估和测试,决定分步骤分阶段地将业务系统迁移到 Azure 上。H3C 在杭州有自建的数据中心,拥有丰富的计算资源和大量关键的业务系统和核心数据,在使用 Azure 的同时,需要确保与自有数据中心的互联互通,对系统做出平滑的迁移,而不影响服务的可用性,在业务上相互协作。

H3C Learning 是迁移到 Azure 上的第一个业务系统,Azure 中虚拟机(VM)的应用是整个业务系统中的重点。H3C 通过在 Azure 中快速产生和部署虚拟机,将 H3C Learning 整个业务系统通过虚机镜像的方式快速迁移到了 Azure 中。H3C 部署了两台 CentOS 的虚拟机,通过 Apache 搭建 Web Server 服务器,用于用户访问 H3C Learning 的前端 Web 展示页面,使用 Azure LB 实现了负载均衡。同时使用了一台 Windows Server 虚拟机,部署了文件服务器,用于 H3C Learning 的各种类型的文件数据存储。H3C Learning 系统使用了 Oracle 的数据库服务,通过在 Azure 上生成一台新的虚拟机,将自由数据中心的 Oracle 数据库整体迁移到了 Azure 的虚拟机中,实现了业务系统的平滑迁移。

H3C 使用 Azure 提供点到点的 VPN 服务,通过配置和管理 Azure 中的虚拟专用网络,将其与原有数据中心的 IT 基础设施的 VPN 进行安全连接。在使用 Azure 的 VPN 服务时,由于 H3C 自身的产品就有 VPN 客户端,但是 H3C 的客户端并不在 Azure 的支持列表中,通过对实际环境的评估以及提供的适配参数,H3C 选择了一款产品并与 Azure 成功适配,满足了业务需求。通过虚拟网络,H3C 将原有数据中心扩展到云端,使得部署在 Azure 中的应用程序安全连接到原有数据中心的本地系统中。

为了解决售后技术支持人员在客户现场的业务需求,H3C 基于移动设备开发了移动端的 App,以便售后技术支持人员能随时随地地访问内部办公系统,并生成工单,快速进入业务的审批流程。H3C 将移动 App 的前端整体迁移到了 Azure 中,通过生成新的虚拟机部署移动端 App 接口服务，接受来自客户端的请求，而后端服务仍在自有数据中心。用户通过移动端 App 访问 Azure 中的前端服务器，对于用户简单的业务请求直接返回用户请求数据，而对于需要与自有数据中心的后端服务器交互的数据，通过 VPN 将请求发送至后端服务器处理，并返回数据到 Azure 中的前端服务器，完成用户不同业务层面的需求，整个过程属于无缝连接与切换，用户完全感受不到，如图 5-2 所示。

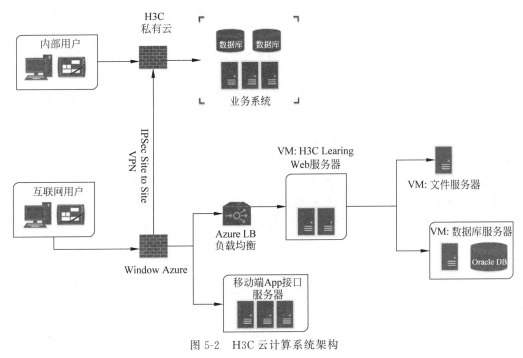

图 5-2　H3C 云计算系统架构

5.2　大数据

5.2.1　大数据的概念

大数据（Big Data）指无法在一定时间范围内用常规软件工具进行捕捉、管理和处理的数据集合，是需要新处理模式才能具有更强的决策力、洞察发现力和流程优化能力来适应海量、高增长率和多样化的信息资产；是目前存储模式与能力、计算模式与能力不能满足存储与处理现有数据集规模产生的相对概念。麦肯锡全球研究所给出的定义是：一种规模大到在获取、存储、管理、分析方面大大超出了传统数据库软件工具能力范围的数据集合，具有海量的数据规模（Volume）、快速的数据流转（Velocity）、多样的数据类型（Variety）和价值密度低（Value）四大特征。

5.2.2　大数据的特点

大数据带来的信息风暴正在变革人们的生活、工作和思维，大数据开启了一次重大的时代转型；大数据时代最大的转变就是，放弃对因果关系的渴求，而取而代之关注相关关系。也就是说，只要知道"是什么"，而不需要知道"为什么"。这就颠覆了千百年来人类的思维惯例,对人类的认知和与世界交流的方式提出了全新的挑战。

大数据是指"无法用现有的软件工具提取、存储、搜索、共享、分析和处理的海量的、复杂的数据集合。"业界通常用4个V(Volume、Velocity、Variety、Value)来概括大数据的特征。

(1) 数据体量巨大(Volume)。截至目前,人类生产的所有印刷材料的数据量是200PB($1PB=2^{10}TB$),而历史上全人类说过的所有的话的数据量大约是5EB($1EB=2^{10}PB$)。当前,典型个人计算机硬盘的容量为TB量级,而一些大企业的数据量已经接近EB量级。

(2) 处理速度快(Velocity)。这是大数据区分于传统数据挖掘的最显著特征。根据IDC的"数字宇宙"的报告,到2020年,全球数据使用量达到35.2ZB。在如此海量的数据面前,处理数据的效率就是企业的生命。

(3) 数据类型繁多(Variety)。这种类型的多样性也让数据被分为结构化数据和非结构化数据。相对于以往便于存储的以文本为主的结构化数据,非结构化数据越来越多,包括网络日志、音频、视频、图片、地理位置信息等,这些多类型的数据对数据的处理能力提出了更高要求。

(4) 价值密度低(Value)。价值密度的高低与数据总量的大小成反比。以视频为例,一部1小时的视频,在连续不间断的监控中,有用数据可能仅有一两秒。如何通过强大的机器算法更迅速地完成数据的价值"提纯"成为目前大数据背景下亟待解决的难题。

5.2.3 大数据的主要问题

计算机中存在不断变大的数据集,不存在绝对的大数据,计算机中的所有数据集都是有限集合。大数据主要有以下一些问题。

(1) 大数据采样——把大数据变小、找到与算法相适应的极小样本集、采样对算法误差的影响。

(2) 大数据表示——表示决定存储、表示影响算法效率。

(3) 大数据不一致问题——导致算法失效和无解、如何消解不一致。

(4) 大数据中的超高维问题——超高维导致数据稀疏、算法复杂度增加。

(5) 大数据中的不确定维问题——多维度数据并存、按任务定维难。

(6) 大数据中的不适定性问题——高维导致问题的解太多难以抉择。

5.2.4 大数据的处理过程

大数据处理分为四步,分别是数据获取、数据抽取、统计分析、数据挖掘。大数据处理的普遍流程至少应该满足这四个方面的步骤,才能算得上是一个比较完整的大数据处理。具体过程如图5-3所示。

1. 数据获取

大数据的采集是指利用多个数据库接收发自客户端的数据,并且用户可以通过这些数据库进行简单的查询和处理工作。在大数据的采集过程中,其主要特点和挑战是并发数高,因为有可能会有成千上万的用户同时进行访问和操作,比如火车票售票网站和淘宝,它们并发的访问量在峰值时达到上百万,所以需要在采集端部署大量数据库才能支撑,并且如何在这些数据库之间进行负载均衡和分片也需要深入的思考和设计。

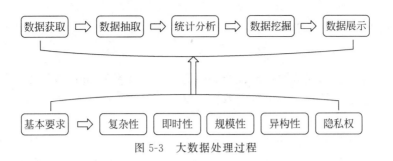

图 5-3 大数据处理过程

2. 数据抽取

虽然采集端本身会有很多数据库,但是如果要对这些海量数据进行有效的分析,还是应该将这些来自前端的数据导入到一个集中的大型分布式数据库,或者分布式存储集群,并且可以在导入基础上做一些简单的清洗和预处理工作。导入与预处理过程的特点和挑战主要是导入的数据量大,每秒的导入量经常会达到百兆甚至千兆级别。

3. 统计分析

统计分析主要利用分布式数据库,或者分布式计算集群来对存储于其内的海量数据进行普通的分析和分类汇总等,以满足大多数常见的分析需求。统计分析这部分的主要特点和挑战是分析涉及的数据量大,其对系统资源会有极大的占用。

4. 数据挖掘

与前面统计分析过程不同的是,数据挖掘一般没有什么预先设定好的主题,主要是在现有数据上面进行基于各种算法的计算,从而起到预测的效果,从而实现一些高级别数据分析的需求。该过程的特点和挑战主要是用于挖掘的算法很复杂,并且计算涉及的数据量和计算量都很大,常用数据挖掘算法都以单线程为主。数据挖掘主要体现在以下几个过程,如图5-4 所示。

图 5-4 数据挖掘主要步骤

1)估计和分类

根据所采集的数据,通过估值得到未知的连续变量的值,然后根据预先设定的阈值比对,运用分类技术对数据进行分类,并建立分类模型。

2)预测分析

通过估值和分类得出模型后,将模型用于对未知变量的预测,并形成阶段性分析结论。

3)相关性分组或关联规则

决定各预测结果间的联系性,找出关联规则,推导关联过程。

4)聚类分析

聚类是对挖掘记录或预测结果进行分组,把相似的记录放在一个聚集里做研究。

5)描述和可视化

描述和可视化是对数据挖掘结果的表示方式。通过数据可视化工具进行数据展现、分析、钻取,将数据挖掘的分析结果以更形象、更深刻、更可视化的方式展现出来。

5.2.5 大数据的发展趋势

趋势一：数据的资源化。

资源化，是指大数据成为企业和社会关注的重要战略资源，并已成为大家争相抢夺的新焦点。因而，企业必须提前制定大数据营销战略计划，抢占市场先机。

趋势二：与云计算的深度结合。

大数据离不开云处理，云处理为大数据提供了弹性可拓展的基础设备，是产生大数据的平台之一。自2013年开始，大数据技术已开始和云计算技术紧密结合，预计未来两者关系将更为密切。除此之外，物联网、移动互联网等新兴计算形态，也将一齐助力大数据革命，让大数据营销发挥出更大的影响力。

趋势三：科学理论的突破。

随着大数据的快速发展，就像计算机和互联网一样，大数据很有可能是新一轮的技术革命。随之兴起的数据挖掘、机器学习和人工智能等相关技术，可能会改变数据世界里的很多算法和基础理论，实现科学技术上的突破。

趋势四：数据科学和数据联盟的成立。

未来，数据科学将成为一门专门的学科，被越来越多的人所认知。各大高校将设立专门的数据科学类专业，也会催生一批与之相关的新的就业岗位。与此同时，基于数据这个基础平台，也将建立起跨领域的数据共享平台，之后，数据共享将扩展到企业层面，并且成为未来产业的核心一环。

趋势五：数据泄漏泛滥。

未来几年数据泄漏事件的增长率也许会达到100%，除非数据在其源头就能够得到安全保障。可以说，在未来，每个财富500强企业都会面临数据攻击，无论他们是否已经做好安全防范。而所有企业，无论规模大小，都需要重新审视今天的安全定义。在财富500强企业中，超过50%将会设置首席信息安全官这一职位。企业需要从新的角度来确保自身以及客户数据，所有数据在创建之初便需要获得安全保障，而并非在数据保存的最后一个环节，仅仅加强后者的安全措施已被证明于事无补。

趋势六：数据管理成为核心竞争力。

数据管理成为核心竞争力，直接影响财务表现。当"数据资产是企业核心资产"的概念深入人心之后，企业对于数据管理便有了更清晰的界定，将数据管理作为企业核心竞争力，持续发展，战略性规划与运用数据资产，成为企业数据管理的核心。数据资产管理效率与主营业务收入增长率、销售收入增长率显著正相关。此外，对于具有互联网思维的企业而言，数据资产竞争力所占比重为36.8%，数据资产的管理效果将直接影响企业的财务表现。

趋势七：数据质量是BI(商业智能)成功的关键。

采用自助式商业智能工具进行大数据处理的企业将会脱颖而出。其中要面临的一个挑战是，很多数据源会带来大量低质量数据。想要成功，企业需要理解原始数据与数据分析之间的差距，从而消除低质量数据并通过BI获得更佳决策。

趋势八：数据生态系统复合化程度加强。

大数据的世界不只是一个单一的、巨大的计算机网络，而是一个由大量活动构件与多元参与者元素所构成的生态系统，终端设备提供商、基础设施提供商、网络服务提供商、网络接入服务提供商、数据服务使能者、数据服务提供商、触点服务、数据服务零售商等一系列的参与者共同构建的生态系统。而今,这样一套数据生态系统的基本雏形已然形成,接下来的发展将趋向于系统内部角色的细分,也就是市场的细分;系统机制的调整,也就是商业模式的创新;系统结构的调整,也就是竞争环境的调整等,从而使得数据生态系统复合化程度逐渐增强。

5.2.6 大数据的应用方向

传统产业人士通常认为大数据是大型互联网公司的"专利"。当龙头企业通过互联网平台将大数据应用连接到传统企业,并带来巨大的商业价值后,通信行业、金融行业、服务零售业以及传统的装备制造业等,都纷纷开始进军大数据。

根据调查显示,32.5%的公司正在搭建大数据平台,处于测试阶段;29.5%的公司已经在生产环节实践大数据,并有成功的产品。总体来看,目前正在开发和已经使用的大数据应用平台占比超过60%,而准备开发的占24.52%,并且这个比例还会日渐上升,说明企业对大数据的需求明显加大。

下面给出几个大数据应用方向。

1. 对顾客群体细分

大数据可以对顾客群体细分,然后对每个群体量体裁衣般地区分服务。瞄准特定的顾客群体来进行营销和服务是商家一直以来的追求。云存储的海量数据和大数据的分析技术使得对消费者的实时和极端的细分有了成本效率极高的可能。

2. 个性化精准推荐

在企业运营商内部,根据用户喜好推荐各类业务及应用是常见的,比如应用商店软件推荐、IPTV 视频节目推荐等,而通过关联算法、文本摘要抽取、情感分析等智能分析算法后,可以将之延伸到商用化服务,利用数据挖掘技术帮客户进行精准营销,今后的盈利可以来自于客户增值部分的分成。

很多人讨厌广告的原因,在于它推送的是无用的信息。互联网的出现更是放大了这一特点,而如今人们发现自己搜索过的或者买过的商品都能被针对性地推荐,出现在浏览的网页广告中。这便是随着信息数量的持续增加,大数据的到来。在这些数据中,隐藏了消费者的消费习惯、市场的变化、产品的趋势以及大量的历史记录,这些关键数据对于企业和组织的后续运营和发展起到了至关重要的作用。更准确的营销手段已经成为一种广告工具,这种个性化的广告推广,主要是为了缩小范围来针对某一类人群。

3. 数据精准搜索

数据搜索是一个并不新鲜的应用,随着大数据时代的到来,实时性、全范围搜索的需求也就变得越来越强烈。我们需要能搜索各种社交网络、用户行为等数据。

其商业应用价值是将实时的数据处理分析和广告联系起来,即实时广告业务和应用内移动广告的社交服务。运营商掌握的用户网上行为信息,使得所获取的数据具备更全面的维度,更具商业价值。

4. 数据存储空间出租

企业和个人有着海量信息存储的需求,只有将数据妥善存储,才有可能进一步挖掘其潜在价值。具体而言,这块业务模式又可以细分为针对个人文件存储和针对企业用户两大类。

主要是通过易于使用的 API，用户可以方便地将各种数据对象放在云端，然后再像使用水、电一样按用量收费。

5.2.7 大数据应用案例：业务分析

1. 应用背景

随着余额宝用户数持续呈指数级增长，数据量也成倍增长。在这种情况之下，已经无法通过简单的 Hadoop 集群进行数据的管理工作，而业务端面临需要通过数据了解用户、分析行为进而对业务决策和用户行为进行精准预测。基于这些业务的需求驱动需要一个大数据平台来承载，我们在对稳定性、成本、自身能力和复杂度等进行综合考量后，决定采用当前最流行和最成熟的云平台阿里云 MaxCompute。

2. 技术方案

从技术指标的角度搭建大数据平台是达到数据存储和数据计算两大目标，而从各个业务环节的角度看是数据采集、数据清洗、在线/离线分析与预测、实时/非实时查询。而业务目标是为了能够快速响应业务需求，能够为业务分析提供稳定的开发和建模平台，为业务提供逻辑清晰和灵活便捷的可视化平台，从而实现从数据支持业务到数据驱动业务的逐步升级。

整个架构都是搭建在阿里云上的，该架构是成熟的三层架构：采集层＋整合层＋应用层，如图 5-5 所示。

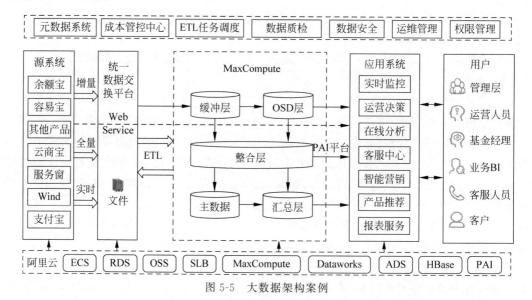

图 5-5 大数据架构案例

采集层对接了几乎所有的业务，采集数据的频率有实时的、分钟级、小时级、日级、月级，支持不同的采集频率，而且这些都是灵活可配置的。将采集的数据通过企业级的数据交换平台进行存储和交换，该平台使用 OSS 实现。通过 OSS 可以实现数据的中转、分发和备份存储。

在 MaxCompute 整个整合层包含五大区：缓冲区、ODS 区、整合区、主数据和汇总区。不同的区域实现不同的功能。缓冲区是为了在正式进入数仓应用数据模块之前进行数据质检,满足质检后方可进行真正的加工处理,避免因为数据错误污染整个数仓的数据;ODS区是为了保留源系统格式的数据模块,一方面能够在有问题时追根溯源,另一方面能够满足部分业务的需要;整合区是数据仓库的核心区域,通过主题建模的方式进行数据的模型化处理,使得数据的解释口径具有统一性;主数据则是与业务结合比较紧密的主题数据,这样更方便业务方的使用;汇总区则是提前将需要预加工统计的数据进行统计计算,避免多次开发计算带来的时间成本、开发成本和计算成本等。

应用层主要是通过监控、管理看板、报表等可视化系统给业务提供直观的数据呈现,从而为业务的决策提供更加有力的数据支撑。在应用层通过 RDS、ADS、HBase 等不同的产品满足了不同的需求。

数据仓库是一个比较复杂的系统,需要很多配套的系统辅助才能做好这样的项目。而其中很多系统在 MaxCompute、DataWorks 中都已经产品化,大大简化了大数据平台的搭建和运维,提供了一站式的解决方案,而且通过阿里云 MaxCompute、Dataworks 能够实现敏捷开发、快速响应、轻量化运维,低成本地实现大数据平台架构。其中包括最核心的调度系统、权限管理、元数据管控、数据安全保护伞等一系列功能。而在使用中,数据分析师能够快速上手完成数据的加工和分析。

5.2.8 大数据应用案例:病虫害检测

1. 应用背景

传统方法处理茶树或者茶叶信息,都是在实验室里面完成的,是静止的且数据量比较小,而基于大数据处理的茶园病虫害检测系统所采取的方法是对整个茶园可视的每一株每一叶进行处理,是一个海量数据库的系统,所以把它归到大数据处理方法。

茶园种植面积普遍有上亿平方米,茶园病虫害检测系统数据的采集分为两种,第一种是在茶园里布置很多地面传感结点,采集茶园的温度、湿度、风向、风速、光照度和降水量等信息;第二种方法是用无人机在整个茶园的上空采集视频信息,通过相关软件,比如在 PhotoScan 中呈现三维效果,管理者和消费者将来都会通过这个模型,看到地面以及高空的一些信息。这样,大家都能够通过这个平台很好地掌握整个茶园茶树的生长过程。茶园传感结点搜集的数据,会有一个专门开发的服务器进行收集,大量服务器可以放在 DC(Data Center)机房里,为了能更长时间、更加清晰地保存这些信息,服务器容量也会很大。

采用无人机采集茶园图像信息的过程:控制无人机起飞到达高空中,然后在中间点悬停,以 365°定点旋转拍摄全景照片,通过 4G 无线传输的方式将采集到的图像传回到后台服务器中,然后再通过 PhotoScan 做三维建模,再采用地面信息补充模型。例如,茶叶上很多都有红色的斑,是炭疽病的一种表现,通过航拍的方式以及地面的一些信息采集来识别这一种病害。

由于采用的数据量很大,所以可以采用大数据处理算法来识别这些病害。茶叶上面的这些红斑,如果是通过图像处理的方法,是要识别它的轮廓,也可以采用光谱分析方法,不识别它的轮廓,就可以识别出来了。

2. 技术方案

茶园病虫害预警系统有很多关键模块,主要有以下几部分。

1) 茶园信息采集模块

该模块包括宏观的卫星图像,也有用四旋翼无人机对整个茶园进行低空拍摄的微观图像，另外还有采集茶园的温度、湿度、风向、风速、光照度和降水量等信息的传感网络。

2）处理模块

系统需要有病虫害分析算法的计算服务器对这些数据进行处理，把处理结果通过专业设备展现给生产者和消费者，也需要有一个庞大的DC机房来存储这些数据。

3）展示模块

数据展示还需要基于安卓开发App应用程序，生产者可以通过数据显示结果来调控执行部件，消费者可以通过数据显示结果对茶叶产品的安全放心。

茶园病虫害预警系统结构框架图见图5-6。

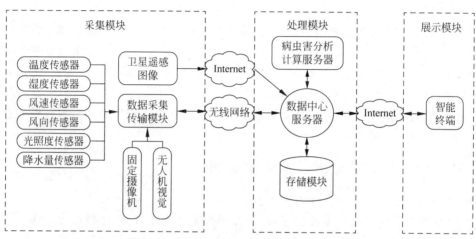

图5-6　茶园病虫害预警系统结构框架图

通过在茶园里布置的大量传感结点，连续采集地面的温度、湿度、风向、风速、光照度和降水量等微气候要素大规模数据，这些气象数据也可以通过机器学习和深度学习的方法找到与病虫害的相关性。

采用传统的卫星遥感图像，分辨率达不到分析要求，而固定摄像机采集图像的面积是有限的，采用配高清摄像机的低空四旋翼无人机采集图像，涉及的面积是比较大的，整个茶园只需要一架四旋翼无人机就可以采集完整茶园图像，并且用4G模块可以实时将数据上传到服务器。这其中涉及的大数据首先体现在图像数据量会比较大，而且还要连续从图像中提取有价值的数据信息，并把这些信息实时地发送给服务器。

对下载的卫星遥感图像MODIS数据采用ENVI软件处理，首先进行校正、裁剪、拼接等预处理操作，然后计算NDVI值，归一化后得到MODIS图像。因为MODIS数据选择在出现病虫害发生之后的一段时间，这个值在一定程度上反映了病虫害对茶叶的破坏作用。

项目用PhotoScan软件基于无人机低空遥感图像对南京市六合区平山茶园部分区域构建3D模型，见图5-7，该3D模型便于茶园大数据可视化分析和展示。

这个系统大数据不但能够体现在对病虫害的研究上，还可以研究茶叶的生长过程，以及茶叶销售的整个销售链过程。使得消费者不仅可以事后溯源，也可以实时同步观测生产者是如何管理茶叶的生长，确保茶叶质量，与智慧农业有效地结合起来，可见大数据处理技术在农业领域有着非常广阔的应用前景。

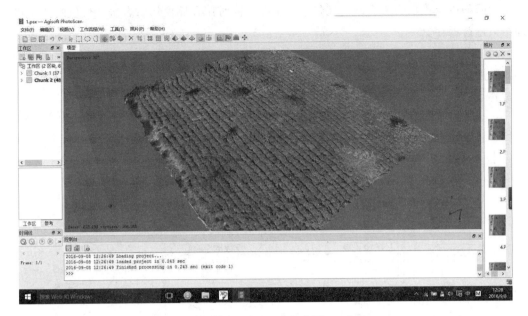

图 5-7 基于 PhotoScan 的茶园 3D 建模

5.2.9 大数据应用案例：内涝监测

1. 应用背景

南京夏季经常下暴雨，可以通过城市内涝监测系统来实时观测城市淹水的情况。城市内涝监测系统由宏观和微观两个系统组成，宏观系统是通过卫星遥感图像来对整个城市的宏观内涝情况进行分析；微观系统是通过每一个小区、每一条道路布置的监控摄像机来分析微观积水情况。

从大数据层面上来研究到现有的局部布点系统有了一个很大的提升。之前我们国家可能做了一些防汛抗灾系统，针对某一个点历史数据进行预测，是静态的、非实时性的。而从大数据层面来讲，研究的系统是动态的、连续的和实时的。降雨时雨量在不断地增加，暴雨导致城市的积水量在不断变化，这些都需要实时监测，而且是基于视频监测，因此这个数据量是巨大的，就是依据这样的大数据来对整个城市的内涝进行实时解析，来通过实时监测平台展示给防灾减灾部门，甚至个人都可以通过实时监测平台来进行监测，决策自己的出行。基于大数据的城市内涝检测系统是一个时间等待是秒级的实时系统。

2. 技术方案

城市内涝监测系统分为三个子系统，具体如下。

1）采集模块

采集模块通过宏观和微观手段来采集宏观图像和微观图像。宏观采集系统是通过卫星遥感获取遥感图像，微观采集模块是通过在每一个小区、每一条道路布置的监控摄像机来采集图像。

2）处理模块

大规模服务器集群作为处理中心，对宏观和微观图像进行解析，尤其是微观的，要通过积水的面积以及积水的深度来判定受灾的情况。同时用存储模块对有研究价值的图像和处理结果进行保存。

3）展示模块

数据展示同样还需要基于安卓开发 App 应用程序，需要将结果通过 App 的方式，或者通过其他的一些方式，呈现给使用者，及时地了解灾情。

具体系统结构框架图见图 5-8。

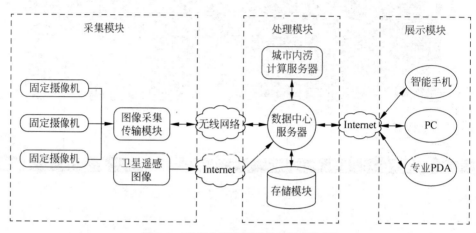

图 5-8　城市内涝监测系统结构框架图

系统主要采用图像处理手段，图像的信息量是非常巨大的，而且采用实时方法一天 24 小时连续采集图像，一个点一天可以达到几十 GB 的数据量，整个城市布置几千个点，这个信息量是非常巨大的，需要用专业的大数据处理软件来对它进行处理，而且要有非常高效的硬件平台支撑，所以这是一个"规模巨大"的大数据处理。

对于数据存放的问题是很多大数据处理所面临的共同问题，通常解决方法有两种，第一种是租用服务器提供商的服务器，但这是非常有限的。对于城市内涝监测系统，需要建设自己专门的 DC 机房，也就是建立服务器集群。根据数据量的需求，DC 机房的规模，取决于数据量的大小，确保有足够的空间来存放海量的实时数据。项目需要存储的数据量，完全是由它本身的量来决定的，当然这也需要有强大的资金来作为支持。

网上曾经有一个非常热门的话题，一个小伙子家里突然受到了水灾，他的一边是他的父亲，另一边是母亲，而这两个地方他到底该先救谁？因为他不知道哪边受灾更严重，从而产生了一个非常复杂、焦虑的情况。如果用到以上大数据处理的城市内涝监测系统，就可以从容应对。

在布置监控摄像机的时候会布置其所在位置的对应的二维码，二维码下面会有一个标尺，标记积水深度。利用大数据图像处理的方法，很容易地分析得到整个小区内部的积水情况以及积水深度。以此为依据来判定到底先救谁。所以这个小伙子只要拿着手机看一下，到底是父亲那边淹水严重，还是母亲那边淹水严重，就可以做出非常准确和迅速的判断。从个体来看，可以判别先救谁，而从整个城市宏观来看，可以判定先救哪个区域。

5.3 物联网

2009年年初,"智慧地球"这一概念由IBM公司首先提出。智慧地球也称为智能地球,就是把感应器嵌入和装备到电网、铁路、桥梁、隧道、公路、建筑、供水系统、大坝、油气管道等各种物体中,并且被普遍连接,形成"物联网",然后将"物联网"与现有的互联网整合起来,实现人类社会与物理系统的整合。

5.3.1 物联网的概念

物联网的英文名称为"The Internet of Things",简称IOT。物联网是在互联网、移动通信网等通信网络的基础上,针对不同应用领域的需求,利用具有感知、通信与计算能力的智能物体自动获取物理世界的各种信息,将所有能够独立寻址的物理对象互联起来,实现全面感知、可靠传输、智能处理,构建人与物、物与物互联的网络智能信息服务系统,如图5-9所示。

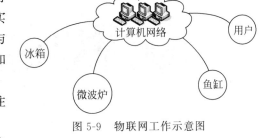

图5-9 物联网工作示意图

理解物联网的定义与技术特征,需要注意以下4个基本的问题。

(1)物联网是在互联网基础上发展起来的,它与互联网在基础设施上有一定程度的重合,但它不是互联网概念、技术与应用的简单扩展。

(2)互联网扩大了人与人之间信息共享的深度与广度,而物联网更加强调它在人类社会生活的各个方面、国民经济的各个领域广泛与深入的应用。

(3)物联网的主要特征是全面感知、可靠传输、智能处理。物联网的基础是感知技术,支撑环境是计算机网络、移动通信网及其他可以用于物联网数据传输的网络,核心价值应该体现在对自动感知的海量数据的智能处理,利用所产生的知识形成反馈控制指令,通过人与执行机制的结合,"智慧"地处理物理世界的问题。

(4)物联网是一种新的计算模式。它使人类对客观世界具有更透彻的感知能力、更全面的认知能力、更智慧的处理能力,可以在提高人类的生产力、效率、效益的同时,改善人类社会发展与地球生态环境的和谐性以及与可持续发展的关系。

物联网是通过智能感知、识别技术与普适计算、泛在网络的融合应用,被称为继计算机、互联网之后世界信息产业发展的第三次浪潮。与其说物联网是网络,不如说物联网是业务和应用,物联网也被视为互联网的应用拓展。因此应用创新是物联网发展的核心,以用户体验为核心的创新是物联网发展的灵魂。

这里的"物"要满足以下条件才能够被纳入"物联网"的范围。

(1)要有相应信息的接收器。

(2)要有数据传输通路。

(3)要有一定的存储功能。

(4)要有CPU。
(5)要有操作系统。
(6)要有专门的应用程序。
(7)要有数据发送器。
(8)遵循物联网的通信协议。
(9)在世界网络中有可被识别的唯一编号。

5.3.2 物联网的体系结构

物联网是在互联网和移动通信网等网络通信基础上,针对不同领域的需求,利用具有感知、通信和计算的智能物体自动获取现实世界的信息,将这些对象互联,实现全面感知、可靠传输、智能处理,构建人与物、物与物互联的智能信息服务系统。

物联网体系结构主要由三个层次组成:感知层、网络层和应用层,模型如图5-10所示。

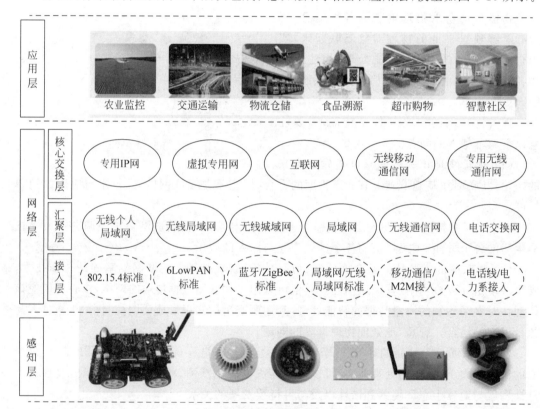

图 5-10　物联网层次结构模型

1. 感知层

感知层设备主要分为两类:自动感知设备与人工生成信息设备。

一类为能够自动感知外部物理物体与物理环境信息的 RFID 和传感器。传感器根据它所能够感知的参数可以分为物理传感器、化学传感器与生物传感器。另一类是用来人工生成信息的智能电子设备,如智能手机、个人数字助理(PDA)、GPS、智能家用电器、智能测控设备,它是自动感知技术的辅助手段。

人们将 RFID 形容成能够让物体"开口"的技术。RFID 标签中存储了物体的信息，通过无线信道将它们储存的数据传送到 RFID 应用系统中。一般的传感器只具有感知周围环境参数的能力。例如，在环境监测系统中，一个温度传感器可以实时地传输它所测量到的环境温度，但是它对环境温度不具备控制能力。而一个精准农业物联网应用系统中的植物定点浇灌传感器结点，系统设计者希望它能够在监测到土地湿度低于某一个设定的数值时，就自动打开开关，给果树或蔬菜浇水，这种感知结点同时具有控制能力。在物联网突发事件应急处理的应用系统中，核泄漏现场处理的机器人可以根据指令进入指定的位置，通过传感器将周边的核泄漏相关参数测量出来，传送给指挥中心。根据指挥中心的指令，机器人需要打开某个开关或关闭某个开关。从这个例子可以看出，作为具有智能处理能力的传感器结点，它必须同时具备感知和控制能力，还应具备适应周边环境的运动能力。因此，从一块简单的 RFID 芯片、一个温度传感器到一个复杂的测控装置和智能机器人，它们之间最重要的区别表现在智能物体是不是需要同时具备感知能力和控制、执行能力，以及需要什么样的控制、执行能力。

2. 网络层

网络层包括接入层、汇聚层和核心交换层。很多文献将这一层叫作"传输层"。需要注意的是：物联网的"网络层"或"传输层"与计算机网络体系结构七层协议中的网络层、传输层内涵是不相同的。物联网的"网络层"或"传输层"相当于计算机网络中传输网的概念。

1）接入层

物联网接入层相当于计算机网络 OSI 参考模型中的物理层与数据链路层。传感器与接入层设备构成了物联网感知网络的基本单元。

接入层网络技术类型可以分为两类：无线接入与有线接入。无线接入主要有 IEEE 802.15.4 协议、6LowPAN 协议、蓝牙协议、ZigBee 协议与无线移动通信网的 M2M 协议。有线接入主要有现场总线网接入、电力线接入与电话线接入。从接入层可以选择的各种网络技术的特点可以看出，接入层技术对应于计算机网络体系结构中的物理层与数据链路层，与网络层的 IP 协议无关。因此，可以不必担心目前互联网中 IP 协议安全问题对物联网接入层的影响。

2）汇聚层

一个实际的公路、铁路、输油管线的安全监控物联网系统由分布在很长的线路上的多个无线传感器网络组成。实际的智能电网由从发电厂、输变电电路到用户智能电表多种感知单元与数据处理单元组成。要将这些系统中的多个感知单元的数据准确、实时、有序地汇集起来，传送到高层数据处理中心，在整体物联网网络拓扑结构设计时也必须考虑在接入层之上加入汇聚层，将汇集、整理后的数据流通过核心交换层传送到高层数据处理中心。

汇聚层位于接入层与核心交换层之间，它的基本功能包括：汇接接入层的用户流量，进行数据分组传输的汇聚、转发与交换；根据接入层的用户流量，进行本地路由、过滤、流量均衡、QoS 优先级管理，以及安全控制、地址转换、流量整形等处理；根据处理结果把用户流量转发到核心交换层或在本地进行路由处理。

汇聚层网络技术可以分为无线与有线两类。无线网络技术主要有符合 IEEE 802.15.4 协议标准的无线个人区域网（WPAN），符合 IEEE 802.11 协议标准的无线局域网

(WLAN),符合 IEEE 802.16 协议标准的无线城域网(WMAN),符合 M2M 协议标准的无线移动通信网(4G/5G),以及专用无线通信网。有线网络技术主要有符合 IEEE 802.3、IEEE 802.4 或 IEEE 802.5 协议标准的局域网(LAN),工业现场总线网标准,以及电话交换网(PSTN)。

3) 核心交换层

核心交换层为物联网提供高速、安全与具有服务质量保障能力的数据传输环境。目前,物联网核心交换层分为 3 种基本的结构:IP 网、非 IP 网和混合结构。目前,非 IP 网的研究主要是基于移动通信网(4G/5G)传输网与专用无线通信网技术。同时也存在 IP 网和非 IP 网互联的混合结构。

3. 应用层

物联网的"应用层"又称为"应用管理层"。物联网的应用层非常复杂,它既包括各种行业性应用的应用层协议,又包括支持这些应用实现的各种软件技术,因此需要进一步将应用层分为两个子层:管理服务层与行业应用层。管理服务层通过中间件软件实现了感知硬件与应用软件物理上的隔离与逻辑上的无缝连接,提供海量数据的高效、可靠地汇聚、整合与存储,通过数据挖掘、智能数据处理与智能决策计算,为行业应用层提供安全的网络管理与智能服务。

1) 管理服务层

管理服务层位于传输层与行业应用层之间。当感知层产生了大量数据经过传输层传送到应用层时,如果不经过有效地整合、分析和利用,那么物联网就不可能发挥应有的作用。在提供数据存储、检索、分析、利用服务功能的同时,管理服务层还要提供信息安全、隐私保护与网络管理功能,在管理之中也体现出服务的目的。

2) 行业应用层

物联网的特点是多样化、规模化与行业化。物联网可以用于智能电网、智能交通、智能物流、智能数字制造、智能建筑、智能农业、智能家居、智能环境监控、智能医疗保健、智慧城市等领域。

物联网体系结构的行业应用层由多样化、规模化的行业应用系统构成。为了保证物联网中人与人、人与物、物与物之间有条不紊地交换数据,就必须制定一系列的信息交互协议。行业应用层的主要组成部分是应用层协议(Application Layer Protocol)。应用层协议是由语法、语义与时序组成。语法规定了智能服务过程中的数据与控制信息的结构与格式。语义规定了需要发出何种控制信息,以及完成的动作与响应。时序规定了事件实现的顺序。不同的物联网应用系统需要制定不同的应用层协议。例如,智能电网的应用层协议与智能交通的协议不可能相同。为了实现复杂的智能电网的功能,人们必须为智能电网的工作过程制定一组协议。为了保证物联网中大量的智能物体之间有条不紊地交换信息、协同工作,人们必须制定大量的协议,构成一套完整的协议体系。

物联网网络体系结构是物联网网络层次结构模型与各层协议的集合。物联网体系结构将对物联网应该实现的功能进行精确定义。物联网体系结构是抽象的,而实现协议的技术是具体的。目前我们在研究不同领域物联网应用系统设计方法时,会发现很多针对不同应用场景的新的协议标准的研究和出台。

5.3.3 物联网应用案例

1. 应用背景

丰甞农业总部位于江苏省南通市,拥有数千万平方米的种植土地,作物包括蔬菜、花卉、香料等不同的品种,面向上海市提供产品销售服务,主要客户群涵盖超市、邮轮等高端客户。对于丰甞农业来说,企业不仅要实现管理规模庞大的农场,更需要通过精益化的管理来提升农作物的产量和品质,避免食品安全风险。而农业物联网能够通过对环境的监测,数据的采集来提供相应的数据支撑,一方面可以帮助企业及时根据农作物的需求调节环境温湿度、光照等促进作物的生长;另一方面也能够积累作物生长全周期的数据,为农业科研、食品安全溯源等应用领域提供可靠的数据支持。

2. 技术方案

该公司通过在微软 Azure 云平台上使用 IoT Hub 连接包括 HTTP、高级消息队列协议(AMQP)和 MQ 遥测传输(MQTT)的各类传感器,用于监测 pH 值、溶解氧、电导率、温度、湿度、CO_2、Lux 流明、土壤湿度、水温、PIR 等指标,并采用 Stream Analytics 对数据进行流式处理,实时接收来自农场的各类传感器数据。

为了让农场的管理者能够及时了解农作物的生长环境,采用了 Power BI 实现数据的可视化,以具有丰富交互式图标的仪表板进行展现,让农场管理者和一线员工都能够直观地了解所需的信息。此外,该平台还通过使用 Azure 通知中心面向工作人员的移动电话和 App 推送特定通知,让工作人员在任何时间和任何地点及时掌握农场运营信息,如图 5-11 所示。

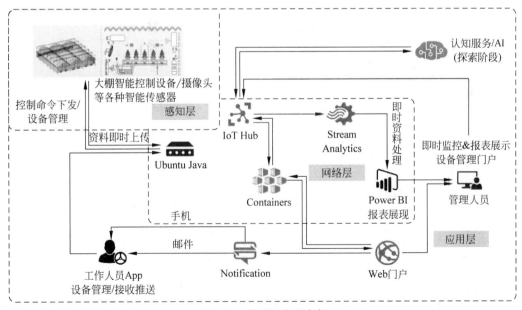

图 5-11 物联网应用案例

感知层包含大棚智能控制设备、摄像头和各类传感器。网络层包含各类传输和信息处理装置,如 IoT Hub、Ubuntu Java 主机、交换机、路由器等。应用层包含 Web 应用、通知推送、监控和认知服务。

习 题

(1) 什么是云计算?
(2) 简述广义云计算与狭义云计算的区别。
(3) 什么是大数据?
(4) 大数据有哪些特点?
(5) 什么是物联网?
(6) 物联网的原理和用途有哪些?

第 6 章 我的网络我来秀

在家庭内部组建小型网络,实现家庭成员间的资源共享、娱乐互动、多点接入和移动办公的需求越来越强烈。家庭网虽然简单,但是却涉及相当复杂的组网知识。本章结合家庭网的具体实例,探索家庭网的多种组网方案。

6.1 家庭网络组建概述

随着信息化的普及,拥有两台或两台以上计算机的家庭越来越多,一些 SOHO 型企业的信息化更是建立在家庭网络的基础之上。在这种情况下,家庭网络设备市场逐渐成型。

面对家庭网络的终端设备数量较少,缺乏专业技术管理人员,对设备价格比较敏感等特点,一些厂商推出了针对家庭网络的网络设备,用于完成家庭网络的两大功能:设备互联与共享宽带接入。这些设备一般外观小巧美观,价格经济实惠,性能以够用为原则。在目前市场上的集线器、交换机和宽带接入路由器中,都有不少适合家庭应用的产品。

6.2 家庭网络组建策略

6.2.1 家庭网络接入方式

家庭网络如何连接到外部网络称为家庭网络的接入方式。目前,我国的家庭网络接入方式有很多种类型,其中应用最广泛的是 ADSL 接入、Cable Modem 接入、LAN 接入和 WLAN 接入。

1. ADSL 接入

ADSL 是一种非对称的宽带接入方式,即用户线的上行速率和下行速率不同。它采用 FDM 技术和 DMT 调制技术,在保证不影响正常电话使用的前提下,利用原有的电话双绞线进行高速数据传输。ADSL 的优点是可在现有的任意双绞线上传输,误码率低,系统投资少。

典型的 ADSL 接入模型如图 6-1 所示。

2. Cable Modem 接入

Cable Modem 与以往的 Modem 在原理上都是一样的,将数据进行调制后在电缆的一个频率范围内传输,接收时进行解调,传输机理与普通 Modem 相同。不同之处在于,Cable

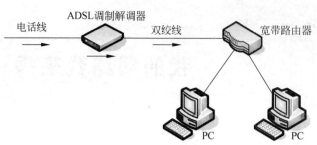

图 6-1 典型的 ADSL 接入模型

Modem 是通过有线电视 CATV 的某个传输频带进行调制解调的。普通 Modem 的传输介质在用户与访问服务器之间是独立的,即用户独享通信介质。Cable Modem 属于共享介质系统,其他空闲频段仍然可用于有线电视信号的传输。

典型的 Cable Modem 接入模型如图 6-2 所示。

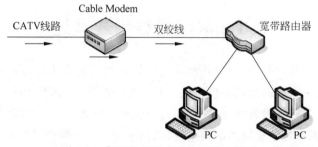

图 6-2 典型的 Cable Modem 接入模型

3. LAN 接入

目前新建住宅小区和商务楼流行局域网(LAN)方式接入。小区接入结点提供住宅小区接入,采用千兆以太网交换机;楼宇接入结点提供居民楼宇接入,采用百兆以太网交换机,实现千兆光纤到住宅小区、百兆光纤或 5 类线到住宅楼、十兆 5 类线到用户的宽带用户接入方案。

典型的 LAN 接入模型如图 6-3 所示。

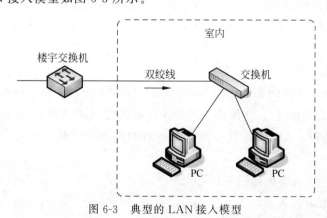

图 6-3 典型的 LAN 接入模型

4. WLAN 接入

无线局域网(WLAN)接入是 LAN 接入的一种特殊形式,目前正在逐渐流行起来。它是一种依赖于电信运营商在小区内的无线接入点(AP)的接入方式。对于用户来说,这种接入方式不需要任何附加的设备,只需要自己的终端具有无线网卡即可。因此,这种接入方式具有很大的市场潜力。

6.2.2 家庭组网设备的选择

1. 宽带路由器的选择

利用宽带路由器进行家庭网络的宽带共享是比较普遍的,主要原因是它无需一台专门的计算机作为服务器长期开启,节省电能不说(计算机的功率远比家庭路由器功率高),在性能和功能配置上也远非一般计算机所能比拟的(如果要在一台计算机上配置路由器、打印服务器、防火墙等功能,还需配置许多相应软件)。然而由于市场的庞大,许多知名、不知名的企业都纷纷声称推出了自己的宽带路由器,那么我们到底应该如何选择适合自己的家庭宽带路由器呢?下面先简单介绍一些选购注意事项。

1)"网关型"还是"代理型"

首先要确定所选路由器是属于"网关型"还是"代理型",也就是上面所说的是否具有不同用户权限配置功能。现在的三口之家,通常为了限制孩子的上网时间和不正当网络应用,需要对孩子专用计算机的上网权限做适当限制。当然如果都是成人用于学习或工作,可以无需这种配置功能,所以在选购路由器时就需要注意,所选购的路由器是否具有这种功能。

2)是否具有多个 LAN 端口

传统意义上的路由器通常只提供少数一两个 LAN(局域网)交换端口,而 WAN(广域网)端口通常有多个,因为它不要用来连接 LAN,而是用来连接不同的 WAN。而家庭宽带路由器则应用重点不同,它所连接的 WAN 通常只有一个,而 LAN 则有几个用户连接需求,所以现在的宽带路由器通常还提供 4 个左右的交换机端口,以供共享用户连接,而无须另外购买交换机或者集线器,为用户节省了网络设备投资。所以在选择路由器时,作为家庭用户通常是少于 4 台计算机,所以一定要选提供足够应用的交换 LAN 端口,供共享用户直接连接。当然路由器肯定是有一个以上的 WAN 端口的。

3)注意 LAN 端口的带宽占有方式

除了要注意是否提供足够的 LAN 端口外,现在有些杂牌厂商提供的宽带路由器看外观与其他品牌的没什么区别,也都提供 4 个左右的 LAN 端口,但其中却是采用集线器的共享带宽方式,而非交换机的带宽独享方式。这对于网络通信速率影响较大,特别是对有高带宽互联网应用需求的用户,如视频点播、实时 3D 网络游戏等。

4)是否支持相应的宽带接入方式

这一点也是相当重要的,特别是对于采用虚拟拨号方式的 ADSL 用户。因为有些路由器只支持专线方式的路由,不内置虚拟拨号协议 PPPoE,当然也就不能为虚拟拨号用户提供拨号服务,路由功能也就无从实现了。有的还只支持某一种宽带接入方式,多数体现只支持 ADSL/Cable Modem 方式,不支持小区宽带接入方式,当然绝大多数支持目前所有类型的宽带接入方式。

如果宽带接入方式是小区宽带方式,则更要注意了,路由器的 WAN 端口最好选择能支持100Mb/s的,因为小区宽带较容易在短时间内升级到100Mb/s。

5) 是否支持 NAT 服务

NAT 即网络地址转换,有了这一服务,路由器就能把所有 LAN 用户的 IP 地址转换成单一的 Internet IP 地址,从而实现对内部网络的 IP 起到屏蔽作用,从而达到保护 LAN 用户的目的。目前绝大多数路由器都是支持这一服务的,只需查看其说明书或询问经销商即可。

6) 所支持的网管方式

为了客户配置方便起见,现在绝大多数宽带路由器都提供 Web 配置功能,这样用户通过普通的浏览器进行所见即所得的配置,方便易行。但是也有一些品牌的路由器却不提供这种网管方式,只提供命令行配置方式,这对于非专业的计算机用户来说,困难较大,要注意问清楚。

7) 其他辅助功能

现在的宽带路由器厂商,为了最大限度地吸引用户,通常在其路由器产品中除了提供基本的路由和 LAN 端口交换外,还提供了诸如防火墙、打印服务器、DHCP、VPN 等辅助功能,可根据需要选择。

当然在选购路由器时要注意的方面还有很多,如品牌、售后服务、CPU、内存容量、背板带宽等,这些都是路由器选购的常规注意事项。

2. 桌面交换机的选择

桌面交换机也叫宽带交换机,因其体积小巧、性能优越,成为家庭网络中最常见的组网设备之一。其主要作用是扩展网络接口数量,实现多台计算机的同时接入。在选择桌面交换机时,需要注意以下几个方面。

1) 端口数量

如果有多台计算机需要通过桌面交换机接入网络,那么必须考虑桌面交换机的端口数量是否足够。目前常见的桌面交换机端口有 4 口的、8 口的和 16 口的,甚至更多。

2) 背板带宽和传输速率

背板带宽和传输速率是交换机存储-转发能力的重要体现。选择时,需要根据当前的网络环境,选择最合适的桌面交换机。

3) 厂商和售后服务

选择桌面交换机时,应尽可能选择信誉较好的知名厂商的产品。一旦产品出现质量问题,可以进行更换或维修。

6.2 家庭网组网实例——普通家庭网络

普通家庭网络组建方案的设计,不仅要考虑满足各家庭成员的联网、上网的需要,同时还要因家庭中计算机个数多少、准备投资多少而定。下面就以接入的计算机的多少为基准,介绍各种可能的网络组建方案。

6.2.1 实例1:两台计算机组网方案

如果一个家庭只有两台计算机,则通常采用电缆直连方法。不过这里的电缆又可以有多种,一种是双绞网线电缆,另一种是串行电缆,还有一种就是并行电缆。如果使用双绞线电缆,则需要配置如下设备。

(1) 三块以太网卡,当然最好是现在主流的 10/100Mb/s 双速以太网卡。

(2) 一条交叉型和一条直通型的超 5 类双绞线。

当然以上仅是网络连接所需设备,要实现宽带接入共享,则还要有相应的宽带终端设备,如 ADSL Modem 或者 Cable Modem。究竟选择哪种 Modem,需要根据接入方案来确定。目前这两种主流的 Modem 都是以太网接口的,所以也需要用网卡连接,这样就还需在其中一台计算机中多安装一块网卡。

把直接连接宽带终端设备的计算机作为网关或代理服务器,安装相应的网关或代理服务器软件,然后再进行相应的配置,即可实现网关型或代理服务器型宽带共享上网。

这种共享方案的详细网络拓扑结构如图 6-4 所示。

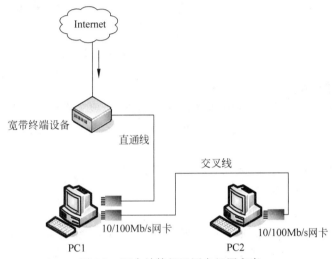

图 6-4　两台计算机双网卡组网方案

如果采用串、并行电缆,则可以直接在市场上买一条专门的电缆,然后直接连在两台计算机的串口或者并口上,而不购买任何其他设备,包括网卡。然后通过简单的配置即可实现网络的连接。但由于这两种网络连接方法的传输速率比较低,所以虽然最经济,但实用性不强,通常很少人采用。

6.2.2　实例 2：三台计算机组网方案

这是一种比较多的情况。在这种配置情况中,通常也可能有多种具体共享上网方案。

1. 双网卡方案

在这种方案中,无需集线器和交换机,只需通过网卡实现三台计算机的互联。所需设备如下。

(1) 5 块 10/100Mb/s 以太网卡,其中一块用于宽带连接。

(2) 两条交叉型和一条直通型的 5 类双绞线。

双网卡网络连接的实现方法如图 6-5 所示。PC2 上安装两块网卡,作为"网络桥接器"(即网桥),这两块网卡都用于局域网联接。PC1 也安装两块网卡,一块用于连接宽带终端,另一块连接 PC2,最终实现共享上网。

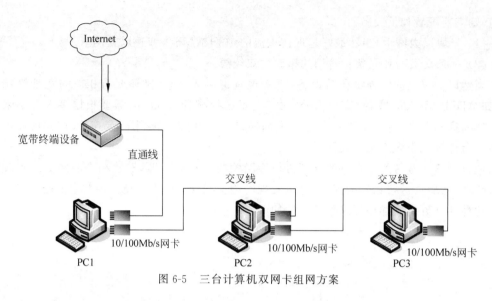

图 6-5　三台计算机双网卡组网方案

2. 交换机或集线器方案

三台计算机除了通过双网卡方法实现网络连接外,最典型的还是通过集线器或交换机来进行集中连接。这种方案中也就不需要单独用一块网卡来进行桥接。这种方案所需设备如下。

(1) 3 块 10/100Mb/s 双速以太网卡。

(2) 桌面型集线器或交换机。

(3) 4 条直通型 5 类双绞网线。

桌面交换机/集线器通过直通线连接到宽带终端设备,三台计算机都通过直通线连接到桌面交换机/集线器,如图 6-6 所示。

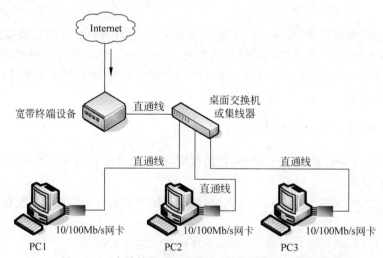

图 6-6　三台计算机通过交换机/集线器共享组网方案

在这种方案中的桌面型集线器非常多,几乎所有网络设备商都提供这类集线器或交换机。如著名的 D-Link 公司的 DES1008 交换机、DES-1016D 交换机,腾达的 TEH8805 集线器、TEH500S 交换机等。这些产品的价格也非常便宜,通常在 300 元以内,有的还只有 100元左右。

在以上两种方案中都需要在其中一台计算机中安装网关或代理服务器软件,把这台计算机当作网关或代理服务器。如果其他用户要上网,则先要开启这台作为服务器的计算机,并使它与 Internet 连接。

这两种方案都有一个明显的缺点,那就是都需要把一台计算机作为网关或代理服务器,并且使之连接到 Internet 才能使其他用户共享上网。

下面介绍一种无需单独一台计算机作为服务器的共享方案,那就是路由方案。

3. 路由器方案

三台计算机的情况中,除了以上两种方案外,还有一种最为实用、最方便的共享,那就是路由器方案。这种方案的网络拓扑结构其实与图 6-6 基本一样,不同的只是把图中的桌面交换机/集线器换成宽带路由器即可,如图 6-7 所示。因为现在的宽带路由器除了提供基本路由功能外,还具有数据交换能力,提供 4 个以上的交换端口。这种方案所需设备也与交换机或集线器方案类似,只要把桌面交换机/集线器换成宽带路由器即可。

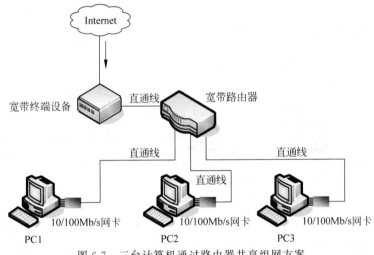

图 6-7　三台计算机通过路由器共享组网方案

这种方案的最大特点就是不需要单独一台计算机担当服务器角色,这个任务由路由器完成,无论用户是采用专线连接的,还是虚拟拨号连接,路由器都可以实现自动或手动互联网连接,只要有用户需要。因为在这些宽带路由器都内置了 PPPoE 拨号软件,支持动态路由。

网络连接好后,可以在浏览器中直接输入路由器的 Web 管理 IP 地址,然后输入用户账号、密码后在 Web 界面中配置路由器各协议。如果是 PPPoE 虚拟拨号用户,则还可配置路由器的 PPPoE 协议,使它能自动或手动拨号,代替计算机用户直接拨号。各种用户访问权限的配置也可以在路由器中通过 Web 配置界面进行详细配置,由此实现代理型共享功能。

目前这种宽带路由器也非常多,价格也还便宜,通常为 200~500 元。

6.2.3 实例3：四台以上的计算机组网方案

当共享上网的计算机超过4台时(一般是多家庭共享上网)，则可根据实际情况采取如下方案。

1. 路由器方案

这种方案是指仅通过宽带路由器来实现。现在的宽带路由器所提供的交换端口基本上都为4口或4口以上。如果需要上网的计算机数量少于宽带路由器的交换端口数量时，采用这种方案较为恰当。其网络拓扑结构与图6-7相同，这里不再赘述。

2. 路由器+交换机方案

如果需要上网的计算机数量多于宽带路由器的交换端口数量时，这时就不能采用纯路由器方案，而需要采用路由器+交换机的组合方案，如图6-8所示。

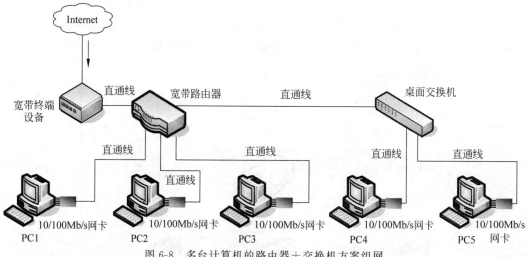

图6-8 多台计算机的路由器+交换机方案组网

宽带路由器的WAN口连接到宽带终端设备，而其中一个LAN口用来连接到交换机的UPLink口(交换机若没有UPLink口，则连接到普通口即可)，其余的未使用的LAN口可以用来连接计算机。

所需设备如下。

(1) n块(n为相应用户数)10/100Mb/s以太网卡。

(2) 桌面交换机1台。

(3) 宽带路由器1台。

(4) n+1条5类以上直通型双绞线。

其中，路由器配置方法与实例3中的路由器方案中的配置方法相同。

6.2.4 实例4：家庭无线网络组建方案

笔记本电脑的厂家为了方便用户的使用，在出厂时大多内置了无线网卡。其实有了无线网卡，便可以组建一个无线局域网，方便地实现资源共享、文件传递了。

无线网络具有如下优点和缺点。

(1)优点：让上网更方便。只要无线路由器处于开启状态，与路由器连接的计算机就能随时上网。

(2)缺点：无线路由器处于固定位置，这样的无线网络相对固定，各个连接到无线网络中的笔记本电脑，受到距离的限制。一般情况下，无线路由器的无线信号覆盖半径为300～500m，不过该信号会严重受到建筑物的影响。

本实例将以ADSL接入环境中的无线网络为例，讲述搭建无线网络的过程及安全设置。

1. 无线网络组建

在ADSL接入的环境中搭建无线网络，需要下列设备。

(1)无线路由器1台。

(2)直通型双绞线两根。

1) 设备的连接

首先确保室内的ADSL宽带已经安装，接着使用一条直通线，一端插入ADSL Modem网线接口，另一端连接到无线路由器的WAN口。随后连接好电源线即可，如图6-9所示。

图6-9 无线路由器的连接

2) 无线路由器设置

设备连接后，无线网络暂时还不能使用，此时需要使用本地连接登录到无线路由器中进行设置。

首先使用一台笔记本电脑，用一根直通线将笔记本电脑的网卡接口和无线路由器的LAN接口进行连接。

提示：如果组建的无线网络中有台式计算机已经使用网线和无线路由器连接，可以省去此步。

然后，设置笔记本电脑的IP地址和无线路由器的Web管理地址在同一IP段，如无线路由器默认的Web管理地址是192.168.1.1，那么笔记本电脑的IP地址可为192.168.1.2。

设置后，在IE地址栏中输入无线路由器默认IP地址，如http://192.168.1.1，回车后弹出一个用户登录界面，如图6-10所示。输入用户名和密码即可登录到配置界面。

提示：不同的路由器提供的登录密码不一样，设置时可以根据路由器说明书中提供的用户名和密码进行登录设置。

接下来进入到无线路由器的设置界面。由于使用的是ADSL接入，所以在WAN口连接类型应该设置为PPPoE，之后填写拨号参数。

最后设置DHCP地址池和无线网络服务区的标识符(SSID)。

如果为了防止非法用户的未授权接入，还可以对无线网络设置密钥。

配置完毕，拆除笔记本电脑与无线路由器之间的有线连接。

图 6-10　无线路由器的登录界面

3）无线终端的设置

这里的无线终端指的是笔记本电脑或 WiFi 手机。此处以笔记本电脑的设置为例。

首先检查笔记本电脑的无线网卡驱动是否正确安装。若已经安装好了，检查无线连接是否处于启动状态。

若无线连接已经启动，则刷新一下无线连接列表，即可搜索到无线路由器的信号，进而连接到无线网络。

2．无线网络的安全设置

现在，多数家庭通过组建无线网络来访问因特网已经成为一个趋势。然而又有多少人知道在这个趋势的背后隐藏着许多的网络安全问题。原则上，无线网络比有线网络更容易受到入侵，因为被攻击端的计算机与攻击端的计算机并不需要网线设备上的连接，他只要在你无线路由器或中继器的有效范围内，就可以进入你的内部网络，访问你的资源。如果你在内部网络传输的数据并未加密的话，更有可能被人家窥探你的数据隐私。此外，无线网络就其发展的历史来讲，远不如有线网络长，其安全理论和解决方案远不够完善。所有的这些都将导致无线网络的安全性较有线网络差。

这里将重点介绍提高无线网络的安全性的方法。

1）修改管理员用户名和密码

一般的家庭无线网络都是通过一个无线路由器或中继器来访问外部网络。通常这些路由器或中继器设备制造商为了便于用户设置这些设备建立起无线网络，都提供了一个管理页面工具。这个页面工具可以用来设置该设备的网络地址以及账号等信息。为了保证只有设备拥有者才能使用这个管理页面工具，该设备通常也设有登录界面，只有输入正确的用户名和密码的用户才能进入管理页面。然而在设备出售时，制造商给每一个型号的设备提供的默认用户名和密码都是一样的。不幸的是，很多家庭用户购买这些设备回来之后，都不会去修改设备的默认用户名和密码，这就使得黑客们有机可乘。他们只要通过简单的扫描工具很容易就能找出这些设备的地址并尝试用默认的用户名和密码去登录管理页面，如果成功则立即取得该路由器的控制权。

2)使用加密

所有的无线网络都提供某些形式的加密。攻击端计算机只要在无线路由器/中继器的有效范围内的话,那么它有很大机会访问到该无线网络。一旦它能访问该内部网络时,该网络中所有传输的数据对他来说都是透明的。如果这些数据都没经过加密的话,黑客就可以通过一些数据包嗅探工具来抓包、分析并窥探到其中的隐私。开启你的无线网络加密后,即使无线网络上传输的数据被截取了,但是也没办法被解读。目前,无线网络中已经存在好几种加密技术。通常选用能力最强的那种加密技术。

3)修改默认的服务区标识符

通常每个无线网络都有一个服务区标识符(SSID)。无线客户端需要加入该网络的时候需要有一个相同的 SSID,否则将被"拒之门外"。通常路由器/中继器设备制造商都在他们的产品中设了一个默认的相同的 SSID。例如,Linksys 设备的 SSID 通常是"linksys"。如果一个网络,不为其指定一个 SSID 或者只使用默认 SSID 的话,那么任何无线客户端都可以进入该网络。这无疑为黑客的入侵网络打开了方便之门。

4)禁止 SSID 广播

在无线网络中,各路由设备有一个很重要的功能,那就是服务区标识符广播,即 SSID 广播。最初,这个功能主要是为那些无线网络客户端流动量特别大的商业无线网络而设计的。开启了 SSID 广播的无线网络,其路由设备会自动向其有效范围内的无线网络客户端广播自己的 SSID 号。无线网络客户端接收到这个 SSID 号后,利用这个 SSID 号才可以使用这个网络。但是,这个功能却存在极大的安全隐患,就好像它自动地为想进入该网络的黑客打开了门户。在商业网络里,由于为了满足经常变动的无线网络接入端,必定要牺牲安全性来开启这项功能,但是作为家庭无线网络来讲,网络成员相对固定,所以没必要开启这项功能。

5)设置 MAC 地址过滤

基本上每一个网络接点设备都有一个独一无二的标识称为物理地址或 MAC 地址,当然无线网络设备也不例外。所有路由器/中继器等路由设备都会跟踪所有经过他们的数据包源 MAC 地址。通常,许多这类设备都提供对 MAC 地址的操作,这样我们就可以通过建立自己的"允许"通过的 MAC 地址列表,来防止非法设备(主机等)接入网络。但是值得一提的是,该方法并不是绝对有效的,因为我们很容易修改自己计算机网卡的 MAC 地址。

6)使用静态 IP 地址

由于 DHCP 服务越来越容易建立,很多家庭无线网络都使用 DHCP 服务来为网络中的客户端动态分配 IP。这导致了另外一个安全隐患,那就是接入网络的攻击端很容易就通过 DHCP 服务来得到一个合法的 IP。然而在成员很固定的家庭网络中,可以通过为网络成员设备分配固定的 IP 地址,然后再在路由器上设定允许接入设备 IP 地址列表,从而可以有效地防止非法入侵。

文印室
SOHO型网络

6.3 家庭网组网实例——文印室 SOHO 型网络

学校文印室是学生打印复印资料的地方。随着技术的发展,文印室已经由传统的单机离线打印复印模式向自助云打印模式发展。下面以某高校文印室为例,阐述文印室 SOHO 型网络的组网。

6.3.1 需求分析

文印室需要多台计算机与打印机复印一体机联网,共享数据;需要专人服务器一体化管理;需要具有网络监控功能;能够提供云打印服务并自动计费。

所需硬件如下。

(1) 路由器。

(2) 服务器。

(3) 交换机。

(4) 网络摄像头。

(5) 打印复印一体机。

(6) 计算机若干。

6.3.2 网络拓扑结构

根据实际需求,制定网络拓扑结构,如图 6-11 所示。

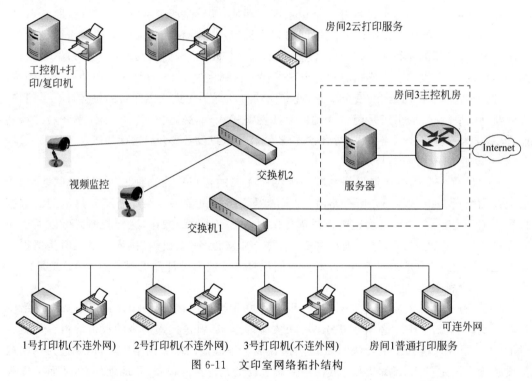

图 6-11 文印室网络拓扑结构

6.3.3 网络组建方案

该文印室共有三个房间。

第一个房间提供普通打印服务。房间内有 3 台打印机和 5 台计算机。它们共同连接在交换机 1 上。其中第 1~4 台计算机是不连外网的,它们在局域网内部按需使用空闲的打印机。第 5 台计算机可以连接到外网,下载外网资料在本网络内打印。

第二个房间提供云打印服务。房间内有两台工控机、两台打印机和1台普通计算机，共同连接在交换机2上。工控机用于连接外网，从云端获取资料，并认证缴费。缴费完毕后直接通过打印机执行打印作业。普通计算机用于现场向云端上传打印资料。当工控机出现故障时，该计算机能够起到临时替代作用。此外，两台网络监控摄像头也连接在交换机2上，用于实时监控。

第三个房间是主控机房，里面有1台路由器和1台服务器。路由器用于连接外网，是内外网络的桥梁。服务器用于对整个网络进行一体化管理，包括视频监控、资料共享、打印任务管理等。

6.4 家庭网组网实例——宿舍网络

宿舍网络

学生宿舍网络相对简单，一般以无线组网方式为主。下面以某高校学生宿舍组网为例，说明学生宿舍组网的过程。

6.4.1 需求分析

宿舍内有1台台式计算机、3台笔记本电脑、4部手机和两台平板电脑需要联网。台式计算机采用有线方式接入，笔记本电脑采用有线或无线均可，手机和平板电脑只能采用无线方式接入。

宿舍内有100M校园网接口，宿舍内所有设备的IP地址段由网络中心分配，具体为172.16.2.0/24。汇聚层交换机已经开启DHCP功能。

所需硬件如下。

(1) 无线路由器。

(2) 智能手机/平板电脑/笔记本电脑。

6.4.2 网络拓扑结构

根据实际需求，制定了星状网络拓扑结构，如图6-12所示。

6.4.3 网络组建方案

本方案中，采用常见的桌面无线路由器作为接入设备。由于上层交换机已经开启了DHCP功能，且已经指定了合法的IP地址段，那么在设备接入时，就不能开启NAT功能了。

本方案中，将无线路由器降级为无线交换机使用。具体方法如下。

(1) 校园网网络插孔采用交叉线或直通线直接与路由器的LAN口相连，其余LAN口通过直通线连接到台式计算机和笔记本电脑，路由器WAN口不接线。

(2) 路由器关闭DHCP功能。

(3) 设置路由器的无线标识，配置密码。

(4) 所有接入设备的IP地址设置为自动获取。

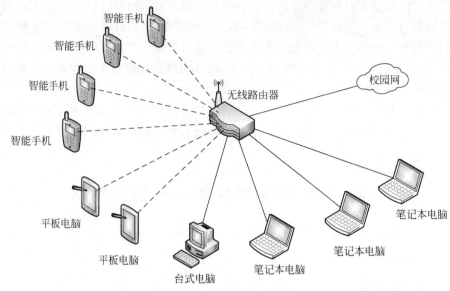

图 6-12 宿舍网络拓扑结构

6.5 家庭网组网实例——智能家庭网络

智能家庭网络

6.5.1 需求分析

随着物联网技术的发展,其相应成果越来越多地应用到家庭中,形成了智能家庭网络。智能家庭网络一般包含智能安防系统、智能家电系统、智能照明系统、智能环境系统、物联网关和路由器。

所需硬件如下。

(1) 路由器。

(2) 交换机。

(3) 计算机。

(4) 物联网关。

(5) 各类智能接入设备、传感器等。

6.5.2 网络拓扑结构

根据实际需求,制定了智能家庭网络的拓扑结构,如图 6-13 所示。

6.5.3 网络组建方案

路由器用于连接家庭内部网络和 Internet。

物联网关是智能家庭网络的核心,是家庭内部各智能模块与 Internet 相互通信的协议转换装置。

在智能安防系统中,包含智能门禁、红外摄像机、水浸检测仪、火灾探测器和水阀控制器。它们均通过无线方式与物联网关相连。当有人按门铃时,相关画面通过红外摄像机采

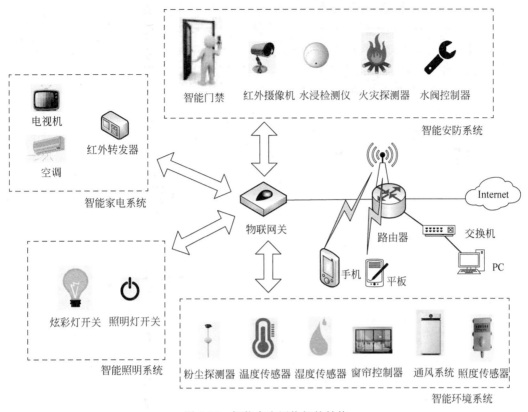

图 6-13　智能家庭网络拓扑结构

集到,并推送到手机端。操作手机可以给门禁发送开启指令。当房间内水管破裂,水浸传感器将数据推送到手机端。通过手机端可以控制水阀控制器关闭水源。当房间意外起火时,火灾报警器能够及时向手机端推送烟雾数据和火灾等级。

在智能家电系统中,包含红外转发器、电视机和空调等。通过手机或语音接收器,能够将控制指令传递给物联网关。物联网关进而通知红外转发器,发送红外控制信号,操控电视机和空调。

在智能照明系统中,主要包含照明灯开关和炫彩灯开关。这两种开关均连接到物联网关,通过手机可以操控照明灯和炫彩灯。

在智能环境系统中,包含粉尘探测器、温度传感器、湿度传感器、照度传感器、窗帘控制器和通风系统。当照度传感器检测到天黑之后,则通过物联网关控制窗帘关闭。当天亮之后,则控制窗帘拉开。当粉尘探测器、温度传感器、湿度传感器探测到环境异常,不利于人的健康时,则自动启动通风系统自动调节。以上传感器和执行器的工作状态均可在手机端查看。

习　　题

(1) 家庭网络的接入方式有哪些?
(2) 简述家庭网络设备选购注意事项。

(3) 简述两台计算机的组网方案。
(4) 简述 3 台计算机的组网方案。
(5) 简述 4 台以上计算机的组网方案。
(6) 简述家庭无线网络的组网方案。
(7) 简述文印室 SOHO 型网络的组网方案。
(8) 简述宿舍网络的组建方案。
(9) 简述智能家庭网络的组建方案。

第 7 章　最重安全地带　大中型企业网络

> 企业网络的组建是一个巨大的复杂工程,需要考虑的因素非常多。本章重点讲述了企业网组建过程中的细节问题。同时,结合具体实例,深入剖析企业网组建方案。通过本章的学习,相信读者将对企业网络的组建过程不再感到陌生。

7.1　企业网络设计概述

企业局域网的用户数量较多,分散在机构内的多个部门。对于中小型企业来说,入网计算机通常集中在一座建筑物内或几个相距不远的建筑物内,而大型企业的入网计算机甚至分布在不同的城市。因此,企业网络的设计较为复杂。

企业级局域网通常作为 Internet 提供各种应用服务和管理服务,运行办公自动化系统,实现广泛的资源共享、无纸化办公,并提供如电子邮件、网站等信息服务。企业级局域网需要设立信息中心,对信息网络服务和建设提供统一的管理。网络设计目标一般包括以下几个。

(1) 增加收入和利润。
(2) 加强合作交流,共享宝贵的数据资源。
(3) 加强对分支机构或部属的调控能力。
(4) 缩短产品开发周期,提高雇员生产力。
(5) 与其他公司建立伙伴关系。
(6) 扩展进入世界市场。
(7) 转变为国际网络产业模式。
(8) 使落后的技术现代化。
(9) 降低通信及网络成本,包括与语音、数据、视频等独立网络有关的开销。
(10) 将数据提供给所有雇员及所属公司,使其做出更好的商业决定。
(11) 提高关键任务应用程序和数据的安全性与可靠性。
(12) 提供新型的客户服务。

7.2 企业网规划与设计

7.2.1 需求分析

1. 收集原有网络基础结构信息

包括调查和发现当前广域网的拓扑结构,以及公司和分支机构的局域网拓扑结构;全面理解端到端的网络配置。另外,对带宽分配和经费的利用必须有一个完整的概念。

2. 考虑所要建设的网络的应用需求

通信协议、客户端/服务器结构、电子邮件、分布式处理、Internet 或 Intranet、声音和图像,每一种要求都有自己本身的特性,以及自身对网络的独特要求。在设计企业级的解决方案时,这些要求都必须加以考虑和重视。不同的应用需求,决定了不同的网络方案。

3. 估计所要建设的网络的操作

网络操作不仅包括每日的故障检查,还包括其他重要的网络管理,比如用工作日志的形式记录每天的网络变更、网络配置、安全防范、性能改善、费用记录等信息。了解这些有助于系统集成商估计提供服务的底线,以及确定那些需要适应各种变化而重新设计的区域。

7.2.2 逻辑网络设计

1. 网络结构设计

网络结构是对网络进行逻辑抽象,描述网络中主要连接设备和网络计算机结点分布而形成的网络主体框架。

2. 物理层技术选择

物理层技术选择包括选用的线缆类型、网卡类型等。在选择物理层技术时,应该充分考虑到网络的扩展性与伸缩性、安全性和成本等。

3. 局域网技术选择与分层模型

在这里要做出决定,局域网中是否采用 VLAN 技术、是否使用 WLAN 技术。另外,局域网是两层结构还是三层结构也需要明确。

4. IP 地址规划

在逻辑设计阶段必须将 IP 地址的分配方案制定出来。分配规划、管理 IP 地址是网络管理工作的重要内容。好的 IP 地址规划方案,不仅让管理员对 IP 地址实施便捷的管理,同时也为路由协议的收敛打下良好的基础。

5. 网络安全设计

网络安全设计包括采用的防火墙模型、防火墙策略等,同时也包括入侵检测系统和入侵防御系统的选择。

7.2.3 物理网络设计

1. 设备选型

在此阶段,需要根据需求分析和逻辑网络设计选择设备的品牌和型号。在选型新设备时,应尽可能地选择与原有设备相兼容的产品。

2. 结构化布线

科学合理的布线是网络能够稳定运行的基础。结构化布线应该坚持实用、灵活、开放、经济的原则进行

3. 机房设计

机房设计需要注意到防尘、防静电、防盗等问题。机房的电源设计也尤为重要。

7.2.4 网络实施与维护

1. 网络实施

在网络基础设计的各个步骤中,这一步的成果是最明显的。但它是建立在以前良好的工作基础上的。当然,如果实施阶段不能满足用户的需求,不能保护用户的商业投资,或者不能显著改善用户的信息环境,以前的计划和分析就都等于零。

2. 试运行和测试

新的基础结构的实施是否成功要通过试运行和测试来确定。测试报告非常重视网络是否健全;看它是否达到策略计划所预期的效果。同时看实际的网络性能是否达到企业的工作目标。

3. 培训和正常运行

网络试运行通过后,交付用户正常使用。培训工作是系统集成商应该提供的服务之一。这其实是贯穿网络设计和实施的始终工作。在网络正常运行期间要做好工作日志,并根据需要适当调整网络结构,以适应变化了的需求。

7.3 企业网综合布线技术

结构化布线系统又称为综合化布线系统。《建筑与建筑群结构化布线系统工程设计规范》(GB/T 50311—2000)中对结构化布线系统的总的要求如下。

(1) 结构化布线系统的设施及管线的建设,应纳入建筑与建筑群相应的规划之中。

(2) 结构化布线系统应与大楼办公自动化(OA)、通信自动化(CA)、楼宇自动化(BA)等系统统筹规划,按照各种信息的传输要求做到合理使用,并应符合相关的标准。

(3) 工程设计时,应根据工程项目的性质、功能、环境条件和远近用户要求,进行结构化布线系统设计和管线的设计。工程设计施工必须保证结构化布线系统的质量和安全,考虑施工和维护方便,做到技术先进,经济合理。

(4) 工程设计中必须选用符合国家有关技术标准的定型产品。未经国家认可的产品质量监督检验机构鉴定合格的设备及主要材料,不得在工程中使用。

(5) 结构化布线系统的工程设计,除应符合本规范外,还应符合国家现行的相关强制性标准的规定。

结构化布线系统分为6个子系统:工作区子系统、水平干线子系统、管理间子系统、垂直干线子系统、设备间子系统、建筑群子系统,如图7-1所示。

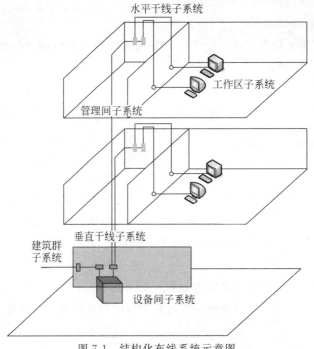

图 7-1 结构化布线系统示意图

7.3.1 工作区子系统

工作区子系统设计主要考虑工作区的划分与信息插座数量的配置、工作区适配器的选用、工作区子系统信息插座的安装、工作区电源等方面。

1. 工作区的划分与信息插座数量的配置

一个独立的需要设置终端设备的区域宜划分为一个工作区。工作区应由配线(水平)布线系统的信息插座延伸到工作站终端设备处的连接电缆及适配器组成。

一个工作区的服务面积可按 $5\sim10m^2$ 估算,或按不同的应用场合调整面积的大小。

每个工作区信息插座的数量应按以下的配置标准配置。

1) 最低配置

适用于结构化布线系统中配置标准较低的场合,用铜芯双绞电缆组网。每个工作区有1个信息插座。每个信息插座的配线电缆为1条4对对绞电缆。

2) 基本配置

适用于结构化布线系统中中等配置标准的场合,用铜芯双绞电缆组网。每个工作区有两个或两个以上信息插座。每个信息插座的配线电缆为1条4对对绞电缆。

2. 工作区适配器的选用

(1) 设备的连接插座应与连接电缆的插头匹配,不同的插座与插头应加装适配器。

(2) 当开通 ISDN 业务时,应采用网络终端或终端适配器。

(3) 在连接使用不同信号的数模转换或数据速率转换等相应的装置时,宜采用适配器。

(4) 对于不同网络规程的兼容性,可采用协议转换适配器。

(5) 各种不同的终端设备或适配器均安装在信息插座之外的工作区的适当位置。

3. 工作区子系统信息插座的安装

(1) 安装在地面上的信息插座应采用防水和抗压的接线盒。

(2) 安装在墙面或柱子上的信息插座底部离地面的高度宜为300mm。

(3) 安装在墙面或柱子上的多用户信息插座底部离地面的高度宜为300mm。

4. 工作区电源

工作区的电源插座应选用带保护接地的单相电源插座,保护接地与零线应严格分开。

7.3.2 水平干线子系统

水平干线子系统的作用是将主干子系统的线路延伸到用户工作区子系统。水平子系统的数据、图形图像等电子信息交换服务和话音传输服务可以采用的线缆有100Ω非屏蔽双绞线电缆、100Ω屏蔽双绞线电缆、100Ω同轴电缆和62.5/125μm光纤。

1. 水平干线子系统的设计

(1) 根据工程提出的近期和远期的终端设备要求。

(2) 每层需要安装的信息插座的数量及其位置。

(3) 终端将来可能产生移动、修改和重新安排的预测情况。

(4) 一次性建设或分期建设的方案。

2. 水平干线子系统的配置

(1) 水平干线子系统应采用4对对绞电缆,在需要时也可采用光缆。配线子系统根据结构化布线系统的要求,应在交换间或设备间的配线设备上进行连接。配线子系统的配线电缆或光缆长度不应超过90m。在能保证链路性能的情况下,水平光缆的距离可适当加长。

(2) 配线电缆可选用普通的综合布线铜芯对绞电缆,在必要时应选用阻燃、低烟、低毒等电缆。

(3) 信息插座应采用8位模块式通用插座或光缆插座。

(4) 配线设备交叉连接的跳线应选用综合布线专用的插拔软跳线,在电话应用时也可选用双芯跳线。

(5) 1条4对对绞电缆应全部固定接在1个信息插座上。

3. 水平干线子系统的布线方案

(1) 直接埋管式。

(2) 先走吊顶内线槽,再走支管到信息出口的方式。

(3) 适合大开间及后打隔断的地面线槽方式。

7.3.3 管理间子系统

应对设备间、交接间和工作区的配线设备、缆线、信息插座等设施,按一定的模式进行标识和记录,并要符合下列规定。

(1) 规模较大的结构化布线系统宜采用计算机进行管理,简单的结构化布线系统宜按图纸资料进行管理,并应做到记录准确、及时更新、便于查阅。

(2) 综合布线的每条电缆、光缆、配线设备、端接点、安装通道和安装空间均应给定唯一的标志。标志中可包括名称、颜色、编号、字符串或其他组合。

(3) 配线设备、缆线、信息插座等硬件均应设置不易脱落和磨损的标识，并应有详细的书面记录和图纸资料。

(4) 电缆和光缆的两端均应标明相同的编号。

(5) 设备间、交换间的配线设备宜采用统一的色标，以区别各类用途的配线区。配线机架应留出适当的空间，供未来扩充之用。

7.3.4 垂直干线子系统

垂直干线子系统通常简称干线子系统，它的设计主要考虑干线子系统的组成、干线子系统的配置、干线子系统缆线的敷设方案。

1. 干线子系统的组成

干线子系统应由设备间的建筑物配线设备(BD)和跳线，以及设备间至各楼层交接间的干线电缆组成。

2. 干线子系统的配置

干线子系统所需要的电缆总对数和光纤芯数的容量可按以下配置标准的要求确定。

1) 最低配置

适用于结构化布线系统中配置标准较低的场合，用铜芯双绞电缆组网。每个工作区有1个信息插座。每个信息插座的配线电缆为1条4对对绞电缆。对计算机网络宜按24个信息插座配两对双绞线，或每一个集线器(Hub)或集线器群(Hub 群)配4对双绞线；对电话至少每个信息插座配1对双绞线。

2) 基本配置

适用于结构化布线系统中中等配置标准的场合，用铜芯双绞电缆组网。每个工作区有两个或两个以上的信息插座。每个信息插座的配线电缆为1条4对对绞电缆。干线电缆的配置，对计算机网络宜按24个信息插座配置两对双绞线，或每一个 Hub 或 Hub 群配4对双绞线；对电话至少每个信息插座配1对双绞线。

3) 综合配置

适用于结构化布线系统中配置标准较高的场合，用光缆和铜芯对绞电缆混合组网。以基本配置的信息插座量作为基础理论配置。

垂直干线的配置，每48个信息插座宜配双芯光纤，适用于计算机网络、电话或部分计算机网络，选用双绞电缆，按信息插座所需线对的25％配置垂直干线电缆，或按用户要求进行配置，并考虑适当的备用量。

楼层之间原则上不敷设垂直干线电缆，但在每层的 FD 可适当预留一些接插件，需要时可临时布放合适的缆线。

对数据应用采用光缆或5类双绞线电缆，双绞线电缆的长度不应超过90m，对电话应用可采用3类双绞线电缆。

3. 干线子系统线缆的敷设方案

(1) 干线子系统应选择干线电缆较短，安全和经济的路由，且宜选择带门的封闭型综合布线专用的通道敷设干线电缆,也可与弱电竖井合用。

(2) 干线电缆宜采用点对点端接,也可采用分支递减端接。

(3) 如果设备间与计算机机房和交换机房处于不同的地点,而且需要将话音电缆连至交换机房,数据电缆连至计算机房,则宜在设计中选取不同的干线电缆或干线电缆的不同部分来分别满足话音和数据的需要。当需要时,也可采用光缆系统予以满足。

(4) 缆线不应布放在电梯、供水、供气、供暖、强电等竖井中。

垂直干线子系统线缆的敷设如图 7-2 所示。

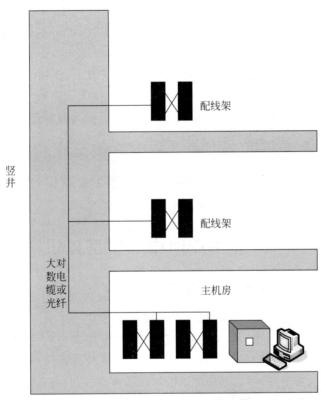

图 7-2　垂直干线子系统线缆的敷设

7.3.5　设备间子系统

设备间子系统设计的主要内容有设备间的设计应符合的规定和设备安装宜符合的规定。

1. 设备间的设计应符合的规定

(1) 设备间宜处于干线子系统的中间位置。

(2) 设备间宜尽可能靠近建筑物电缆引入区和网络接口。

(3) 设备间的位置宜便于接地。

(4) 设备间室温应保持在 10～30℃,相对湿度应保持在 20%～80%,并应有良好的通风。

(5) 设备间内应有足够的设备安装空间,其面积最低不应小于 $10m^2$。

(6) 设备间应防止有害气体(如 SO、HS、NH 和 NO 等)侵入,并应有良好的防尘措施。

2. 设备安装宜符合的规定

(1) 机架或机柜前面的净空不应小于 800mm,后面的净空不应小于 600mm。

(2) 壁挂式配线设备底部离地面的高度不宜小于 300mm。

(3) 在设备间安装其他设备时,设备周围的净空要求,按该设备的相关规范执行。设备间应提供不少于两个 220V、10A 带保护接地的单相电源插座。

7.3.6 建筑群子系统

建筑群子系统应由连接各建筑物之间的综合布线缆线、建筑群配线设备(CD)和跳线等组成。

建筑物之间的缆线宜采用地下管道或电缆沟的敷设方式,并应符合相关规范的规定。

建筑物群干线电缆、公用网和专用网电缆、光缆(包括天线馈线)进入建筑物时,都应设置引入设备,并在适当位置终端转换为室内电缆、光缆。引入设备还包括必要的保护装置。引入设备宜单独设置房间,如条件合适也可与 BD 或 CD 合设。引入设备的安装应符合相关规定。

建筑群和建筑物的干线电缆、主干光缆布线的交接不应多于两次。从楼层配线架到建筑群配线架之间只应该通过一个建筑物配线架。

7.4 企业网中心机房建设

企业网中心机房建设

7.4.1 电子信息系统机房位置选择

(1) 电力供给稳定可靠,交通通信便捷,自然环境清洁。

(2) 远离产生粉尘、油烟、有害气体以及生产或储存具有腐蚀性、易燃、易爆物品的场所。

(3) 远离水灾火灾隐患区域,远离强振源和强噪声源,避开强电磁场干扰。

(4) 对于多层或高层建筑物内的电子信息系统机房,在确定主机房的位置时,应对设备运输、管线敷设、雷电感应和结构荷载等问题进行综合考虑和经济比较;采用机房专用空调的主机房,必须具备安装室外机的建筑条件。

(5) 电子信息系统主机房建设面积(尚未确定设备规格的情况下)的计算公式为:

$$A = KN$$

其中:

K——单台设备占用面积,可取 $3.5 \sim 5.5 (m^2/台)$;

N——计算机主机房内所有设备的总台数。

(6) 电子信息系统辅助区面积宜为主机房的 1 倍,如图 7-3 所示。

7.4.2 电子信息系统办公区面积计算

(1) 短期或临时用户工作室的面积可按 $3.5 \sim 4m^2/人$计算;

(2) 长期工作人员的办公面积可按 $5 \sim 7m^2/人$计算。

图 7-3 主机房环境

7.4.3 环境要求

1. 温度、相对湿度

温度、相对湿度技术要求如表 7-1 所示。

表 7-1 温度、相对湿度技术要求

项 目	技 术 要 求
主机房温度(开机时)	23℃±1℃
主机房相对湿度(开机时)	40%~50%
主机房温度(停机时)	5~35℃
主机房相对湿度(停机时)	40%~70%
主机房与辅助区温度变化率(开停机时)	<5℃/h
辅助区房温度(开机时)	18~28℃
辅助区相对湿度(开机时)	35~75℃
辅助区温度(停机时)	5~35℃
辅助区相对湿度(停机时)	20%~80%
不间断电源系统电池室温度	15~25℃

2. 噪声、电磁干扰、振动及静电

(1) 有人值守的主机房和辅助区,在电子信息设备停机时,在主操作员位置测量的噪声值应小于 65dB(A)。

(2) 当无线电干扰频率为 0.15~1000MHz 时,主机房和辅助区内的无线电干扰场强不应大于 126dB。

(3) 主机房和辅助区内磁场干扰环境场强不应大于 800A/m。

(4) 在电子信息设备停机条件下,主机房地板表面垂直及水平向的振动加速度不应大于 $500mm/s^2$。

(5) 主机房和辅助区内绝缘体的静电电位不应大于 1kV。

7.4.4 建筑要求

1. 一般规定

（1）建筑平面和空间布局应具有灵活性，并应满足电子信息系统机房的工艺要求。

（2）变形缝不应穿过主机房。

（3）主机房和辅助区不应布置在用水区域的垂直下方，不应与振动和电磁干扰源为邻。围护结构的材料选型应满足保温、隔热、防火、防潮、少产尘等要求。

（4）电子信息系统机房须设有技术夹层和技术夹道，建筑设计应满足各种设备和管线的安装和维护要求。当管线需穿越楼层时，必须设置技术竖井。

2. 防火与疏散

（1）电子信息系统机房的耐火等级不应低于二级。

（2）当电子信息系统机房位于其他建筑物内时，在主机房与其他部位之间应设置耐火极限不低于2h的隔墙，隔墙上的门应采用甲级防火门。

（3）面积大于$100m^2$的主机房，安全出口不应少于两个，且应分散布置。门应向疏散方向开启，且应自动关闭，并应保证在任何情况下均能从机房内开启。走廊、楼梯间应畅通，并应有明显的疏散指示标志。

（4）主机房的顶棚、壁板(包括夹芯材料)和隔断应为不燃烧体。

3. 人流、物流和出入口

（1）主机房宜设置单独出入口，当与其他功能用房共用出入口时，应避免人流和物流的交叉。

（2）有人操作区域和无人操作区域宜分开布置。

（3）电子信息系统机房内通道的宽度及门的尺寸应满足设备和材料的运输要求，建筑入口至主机房的通道净宽不应小于1.5m。

（4）电子信息系统机房可设置门厅、休息室、值班室和更衣间。更衣间使用面积可按最大班人数的$1\sim3m^2$/人计算。

7.4.5 机房承重要求

机房承重：动力机房区要求为$\geq10kN/m^2$，其他机房区域要求为$\geq5kN/m^2$，如表7-2所示。

表7-2 机房承重技术要求

项 目	技术要求
主机房活荷载标准值(kN/m^2)	8~10 组合值系数
主机房吊挂荷载(kN/m^2)	1.2
不间断电源系统室活荷载标准值(kN/m^2)	8~10
电池室活荷载标准值(kN/m^2)	16
监控中心活荷载标准值(kN/m^2)	6
电磁屏蔽室活荷载标准值(kN/m^2)	8
高压配电室(kN/m^2)	7
低压配电室(kN/m^2)	8

7.5 企业网新技术应用

随着云计算的逐渐兴起,云计算最基础的产品云主机在企业网组建中非常受欢迎,其中,云主机分为公有云和私有云,许多企业准备把数据往云上迁移。

公有云,是由云服务提供商控制,用于云服务用户和资源的云部署模式。云服务商构建基础架构,整合资源构建云端虚拟资源池,根据需要分配给多租户使用。我们经常听到或使用的云服务器、云服务器实例等都属于公有云范畴,适合无架设私有云条件或需求的企业和开发者使用。公有云具有非常广泛的边界,用户访问公有云服务的限制很少。简单地说,公有云是由云服务提供商管理的云 IaaS,并且几乎可以用于任何人,通常具有上述功能,有时还具有 PaaS 选项。

私有云,是由云服务客户控制,用于单一云服务用户和资源专用的云部署模式。私有云可能由企业本身或第三方拥有、管理和运营,可能部署在企业工作场所内或数据中心。用户也可以授权访问其他方面。私有云旨在设置一个狭窄的边界,将用户限制在一个单一的企业。

与公有云相比,私有云使用的是相同的云计算技术,并提供相同的功能。用户可掌握和控制计算、存储等所有资源,享有独家使用权。这种基础设施可能由用户内部部署和管理,或交由云服务商托管。后者有时被称为"私有云托管"。

私有云提供额外的控制,"隐私"和替代成本模式。使用私有云,客户需要为底层基础架构以及任何软件许可支付固定费用。对于重视业务的灵活性和敏感功能,以及专享资源的客户,这是一个理想的选择。它还为大型企业提供机会,通过向每个使用付费模式的内部客户收取资源费用,从而在企业内部分摊成本。私有云的另一大优点是能够将云计算的附加控制和益处应用于现有的数据中心操作。作为私有云的管理者,用户可以访问其基础架构的全局视图,允许用户监控其基础设施、应用模板和自动化操作,例如根据应用需求自动调整虚拟机。

7.6 实例1:中小型企业网络设计

7.6.1 需求分析

1. 背景分析

该企业是一家石油勘探企业,主楼是一座10层办公大楼,办公大楼后方是一栋6层的辅楼。共有信息点大概500个,企业网络中心机房设在主楼5楼中间。

2. 应用需求

1) Web 服务

众所周知,Web 服务提供网上信息浏览,是 Internet 目前发展最快和应用最广泛的服务。

2) FTP 服务

为了在企业内部能够轻松进行文件数据交换,权限分配,FTP 服务器十分必要。

3）域控制器

由于工作组是一个小型的通过网络相联的计算机组，它允许用户协同工作，但是不支持集中式管理。而域是一组连接在网络上的计算机，它们有一个中央的安全数据库来保存安全信息。管理员能够轻易地管理各个计算机。一个域可以通过统一的方法和规则来进行管理。每个域都有一个唯一的名字，域中的每台计算机也都有一个唯一的名字。因此，使用域管理企业网络是最佳选择。

4）DNS 服务

计算机网络间的通信首先必须由 DNS 将域名解析为 IP 地址。为了公司内部网络之间能够通信，DNS 为员工访问内部网络提供域名解析，同时也提高了网络访问的速度和准确度。

5）邮件服务

为了通信的安全、快捷，需要为企业架设一台邮件服务器。

6）数据库服务

数据库服务器存储了企业内大量的业务资料，员工资料，以便随时检索。

7）代理服务

通过代理，实现企业内部计算机的监控与管理。

3. 安全需求

中小企业的网络安全指的主要是对各服务器进行授权访问，对所有服务器进行病毒防护，数据备份，对企业内部计算机进行统一集中式的管理，以及远程及移动用户对公司内部网络的安全访问等。

4. 网络扩展性需求

一方面要确保公司新的部门能够简单地接入现有网络，另一方面要确保公司新的应用能够无缝地在现有网络上运行。

5. 网络方案概述

以网络中心机房形成企业主干网总结点，对外连接广域网和石油主干专网，对内实现与辅楼分中心的连接。广域网连接采用网通 100M 宽带接入，由广域网路由器完成内外地址转换，实现外网访问，并通过硬体防火墙实现对内网的安全保护；石油主干专网连接采用 DDN 专线接入；整个网络实现全网管千兆互联，并根据需要对网络做了适当的 VLAN 划分。应用系统部分：在网络中心架设了 Mail、FTP、File、Proxy、数据库服务器，并开设了内部论坛 BBS。代理服务器则主要是为了实现对网络的有效监控和管理，以便对访问外部网络进行时间、站点、时间段等的监控，并有效地进行授权访问和非法站点访问禁止。

7.6.2 逻辑网络设计

1. 网络拓扑结构设计

中小企业行业特点要求网络系统速度快，稳定性好，具有扩展性和开放性。同时，需要考虑技术产品的成熟稳定性。由于该企业网络拓扑结构简单，接入用户数量相对较少，因此采用单核心的局域网结构。网络拓扑结构如图 7-4 所示。

2. 物理层技术选择

为了实现数据的高速传输，在核心交换机和接入交换机之间采用四芯多模光纤。各个

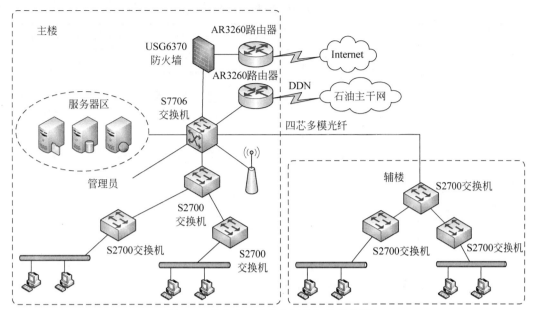

图 7-4 某中小石油企业网络拓扑结构图

服务器均采用千兆以太网网卡,以便和交换机的端口交换速度相匹配。服务器到核心交换机的连接采用千兆双绞线。

3. 局域网技术选择与分层

在局域网技术中,采用了 VLAN 技术,将大的冲突域划分为小型冲突域,提高了通信效率。

同时,为了方便无线终端的接入,在企业内部建立了 WLAN,其覆盖范围仅在企业办公楼内。

4. IP 地址规划

企业内部 IP 地址采用 192.168.n.X 段的私有 IP 地址,n 表示部门的序号,X 表示主机号。并且对企业内部局域网进行 VLAN 划分,其优点是可以减少网络内的广播数据包,提高网络运行效率,区分不同的应用和用户等,且方便网络的管理与维护等。总经办和采购部各有 150 台以上的设备需要网络接入,项目 1 部、2 部、质保部、财务部各有 100 台左右的设备需要接入,生产 1 部～4 部各有 50 台左右的设备需要接入。

各个子网的详细划分及 IP 地址分配如表 7-3 所示。

5. 网络安全规划

(1) WLAN 的接入均采用用户＋密码的验证策略。

(2) 在网络的广域网接口配置高性能防火墙,保障内部网络的安全。

(3) 用备份技术来提高数据恢复时的完整性。备份工作可以手工完成,也可以自动完成。

(4) 及时安装各种安全补丁程序,不要给入侵者以可乘之机。

(5) 提高物理环境安全。保证计算机机房内计算机设备不被盗、不被破坏,如采用高强度电缆在计算机机箱中穿过等技术措施。

表 7-3　子网的详细划分及 IP 地址分配

部门	VLAN	地址范围	子网掩码	网络号	广播地址	网关
服务器	1	192.168.1.2～192.168.1.254	255.255.255.0	192.168.1.0	192.168.1.255	192.168.1.1
总经办	2	192.168.2.2～192.168.2.254	255.255.255.0	192.168.2.0	192.168.2.255	192.168.2.1
采购部	3	192.168.3.2～192.168.3.254	255.255.255.0	192.168.3.0	192.168.3.255	192.168.3.1
项目1部	4	192.168.4.2～192.168.4.126	255.255.255.128	192.168.4.0	192.168.4.127	192.168.4.1
项目2部	5	192.168.4.130～192.168.4.254	255.255.255.128	192.168.4.128	192.168.4.255	192.168.4.129
生产1部	6	192.168.5.2～192.168.5.62	255.255.255.192	192.168.5.0	192.168.5.63	192.168.5.1
生产2部	7	192.168.5.66～192.168.5.126	255.255.255.192	192.168.5.64	192.168.5.127	192.168.5.65
生产3部	8	192.168.5.130～192.168.5.190	255.255.255.192	192.168.5.128	192.168.5.191	192.168.5.129
生产4部	9	192.168.5.194～192.168.5.254	255.255.255.192	192.168.5.192	192.168.5.255	192.168.5.193
质保部	10	192.168.6.2～192.168.6.254	255.255.255.0	192.168.6.0	192.168.6.255	192.168.6.1
财务部	11	192.168.7.2～192.168.7.254	255.255.255.0	192.168.7.0	192.168.7.255	192.168.7.1

7.6.3　物理网络设计——设备选型

1. 交换机的选择

由于本企业通信量不大，结构简单，但是管理要求比较严格，所以在核心层和接入层采用三层模块化交换机。

交换机选型时，应该遵循以下原则。

首先，接入交换机全部采用可网管交换机，实现对每台接入计算机的控制，实现 VLAN 的划分，确保最大限度的网络访问安全。同时，接入交换机需具备光纤接口。

其次，核心交换机采用三层交换机，实现 VLAN 间的快速转发，并借助访问控制列表控制计算机接入和网络服务。

影响交换机选择的因素有很多，不同位置、不同环境、不同应用需要不同的可网管交换机。在选择可网管交换机时，应考虑以下问题。

(1) 所处位置。不同位置应该选用不同的可网管交换机，核心交换机选择模块化三层交换机，汇聚交换机选择高性能的三层交换机，接入层交换机应选择可网管的二层交换机。

(2) 网络应用。不同的网络应用决定了所需设备的性能。当然，性能越高，价格越高。所以，我们不能盲目追求性能，而应该根据网络应用、数据流量等多方面因素，选择最适合本企业网络拓扑结构、网络应用和最具性价比的交换机。

(3) 所处环境。在选择交换机时，我们应综合进行考虑。考虑下级交换机是否支持上级交换机的功能与应用，考虑上下级交换机在性能上应有的差别，考虑上下级交换机端口的数量与类型，考虑网络带宽、通信线缆等，从而使所有交换机相互协调，达到上下级交换机的最佳组合。

(4) 设备兼容性。理论上讲，虽然大多数可网管交换机都遵守相同的国际标准，但是每个厂家都有一些特殊的协议，并且使用不同的网络管理软件，所以，如果想实现可网管交换机的统一管理，实现各种网络应用的同时，并且达到性能最优化，最好选择同一厂商的产品。

（5）设备性能。设备性能是在选择交换机时必须注重的因素。背板带宽、转发速率、MAC 地址数量、支持的端口类型等参数，都必须与具体的网络应用相结合。

综合考虑，核心层使用华为 S7706 交换机，汇聚层接入层采用华为 S2700-26TP 交换机，具体参数如表 7-4 和表 7-5 所示。

表 7-4　S7706 交换机主要参数

项　　目	参　　数
产品类型	路由交换机、POE 交换机
应用层级	三层
传输速率	10/100/1000Mb/s
交换方式	存储-转发
背板带宽	3.84Tb/s、5.12Tb/s
包转发率	1152Mpps/2880Mpps
端口结构	模块化
扩展模块	6 个业务槽位

表 7-5　S2700-26TP 交换机主要参数

项　　目	参　　数
产品类型	智能交换机
应用层级	二层
传输速率	10/100Mb/s
交换方式	存储-转发纠错
背板带宽	32Gb/s
包转发率	6.6Mpps
MAC 地址表	8K
端口结构	非模块化
端口数量	26 个
端口描述	24 个 10/100Base-TX 端口，2 个千兆 Combo 口
传输模式	全双工/半双工自适应

2．路由器的选择

路由器是最重要的网络互联设备之一，它工作在网络层，用于互联不同类型的网络，使用路由器互联网络的最大特点是：各互联子网仍保持各自独立，每个子网能采用不同的拓扑结构、传输介质和网络协议，网络结构层次分明。路由器的作用是在源结点和目的结点之间为数据交换选择路由。

选择路由器时，应该首先考虑其路由表能力、整机吞吐量、端口吞吐量、背板容量等因素。

华为 AR3260 为企业级路由器 2GB 内存，160Gb/s 交换容量，功耗 350W，支持升级管理、设备管理、Web 网管。综合考虑，选择华为 AR3260 为出口路由器，其参数如表 7-6 所示。

表 7-6　AR3260 路由器参数

项　　目	参　　数
路由器类型	企业级路由器
端口结构	模块化
扩展模块	4 个 SIC 插槽＋2 个 WSIC 插槽＋4 个 XSIC 插槽＋1 个 EXSIC 插槽＋3 个 DSP 插槽
防火墙	内置防火墙
QoS 支持	支持
VPN 支持	支持
网络安全	ACL、防火墙、802.1x 认证、MAC 地址认证
网络管理	Web 网管
产品内存	2GB
电源电压	AC 100～240V
电源功率	350W
产品尺寸	442mm×470mm×130.5mm

3. 服务器的选择

在选择服务器时，不仅要看当前的性能，还要看生产厂商的服务能力。这种能力包括两个方面，一方面是基本的安装和调试能力，另一方面是开发和升级能力。后一种能力是最为重要的，企业系统的每一次升级换代都可能面临着产品的升级后功能的增减。如果厂商有升级能力，企业的每一次升级都有相应的保障，相反，就会给企业造成很大的浪费和经济损失。

服务器是系统中至关重要的核心设备，其作用是为各类应用提供硬件运行平台。对服务器的选择不仅是满足当前已开展的各项业务需要，更要着眼于未来。对网络服务器的选择，首先应从系统性能入手，通过客观的分析比较，确定一款或者一系列具有令人满意的主频处理速度和 I/O 吞吐量的服务器。产品质量要有保证，严格执行国际质量认证体系，确定产品稳定可靠。由于各项业务属于对外开放的，因此作为集中放置数据载体的服务器系统，一旦出现数据丢失或者差错将给用户造成重大经济损失和极坏影响，因此在服务器选型和系统配置时，应该充分考虑到系统可靠性在今后系统运行时的重要地位。

综合考虑，选择华为 2288H V5 服务器。该服务器内存容量为 16GB，两个 10GE 接口，CPU 型号 Xeon Bronze 3106，8 核心 8 线程，满足日常需要。

4. 防火墙的选择

防火墙是位于两个信任程度不同的网络之间(如企业内部网络和 Internet 之间)的软件或硬件设备的组合，它对两个网络之间的通信进行控制，通过强制实施统一的安全策略，防止对重要信息资源的非法存取和访问，以达到保护系统安全的目的。

企业安全政策中往往有些特殊需求不是每一个防火墙都会提供的，这方面常会成为选择防火墙的考虑因素之一，常见的需求如下。

1) 网络地址转换功能

进行地址转换(NAT)有两个好处：其一是隐藏内部网络真正的 IP，这可以使黑客无法直接攻击内部网络，这也是笔者之所以要强调防火墙自身安全性问题的主要原因；另一个好处是可以让内部使用保留的 IP，这对许多 IP 不足的企业是有益的。

2) 双重 DNS

当内部网络使用没有注册的 IP 地址,或是防火墙进行 IP 转换时,DNS 也必须经过转换,因为同样的一个主机在内部的 IP 与给予外界的 IP 将会不同,有的防火墙会提供双重 DNS,有的则必须在不同主机上各安装一个 DNS。

3) 虚拟专用网络

VPN 可以在防火墙与防火墙或移动的客户端之间对所有网络传输的内容加密,建立一个虚拟通道,让两者感觉是在同一个网络上,可以安全且不受拘束地互相存取。

4) 扫毒功能

大部分防火墙都可以与防病毒软件搭配实现扫毒功能,有的防火墙则可以直接集成扫毒功能,差别只是扫毒工作是由防火墙完成,或是由另一台专用的计算机完成。

另外,选择防火墙时,还需要考虑以下两个方面。

其一,防火墙管理的难易度。防火墙管理的难易度是防火墙能否达到目的的主要考虑因素之一。一般企业之所以很少将已有的网络设备直接当作防火墙,除了先前提到的包过滤不能达到完全的控制外,更主要的原因是存在设定工作困难、须具备完整的知识以及不易除错等管理问题。

其二,防火墙自身的安全性。

大多数人在选择防火墙时都将注意力放在防火墙如何控制连接以及防火墙支持多少种服务,但往往忽略了一点,防火墙也是网络上的主机之一,也可能存在安全问题,防火墙如果不能确保自身安全,则防火墙的控制功能再强,也终究不能完全保护内部网络。

综上考虑,这里采用了华为 USG6370 防火墙。

7.7 实例 2:大型企业网络设计

本书中定义的大型企业是指具有多家分公司,而分公司与总公司又分布在不同的城市的企业。本节以某物流公司的网络设计为例,讲述跨区域的大型企业网络设计。

由于大型企业的结构化布线系统与中小型企业的结构化布线系统并无本质区别,这里将不再分析其结构化布线系统,只对该大型企业的需求分析、逻辑网络设计和物理网络设计的设备选型做相关阐述。

7.7.1 需求分析

该公司总部设在南京,另外还有 4 家分公司。第一分公司在南京,距离公司总部 10km,第二分公司在上海,第三分公司在北京,第四分公司在武汉。每个分公司均有十余个部门,100 人左右的规模。

该公司要求在企业内部建立稳定、高效的办公自动化网络,通过项目的实施,为所有员工配桌面 PC,使所有员工能够通过总部网络进入 Internet,从而提高所有员工的工作效率和加快企业内部信息的传递。同时需要建立 Web 服务器,用于在互联网上发布企业信息。在总部和子公司均设立专用服务器,使集团内所有员工能够利用服务器方便地访问公共文件资源,并能够完成企业内部邮件的收发。系统建立完成后,要求能满足企业各方面的应用需求,包括办公自动化、邮件收发、信息共享和发布、员工账户管理、系统安全管理等。

该公司的网络建设总体目标如下。

(1) 构造一个既能覆盖本地又能与外界进行网络互通、共享信息、展示企业的计算机企业网。

(2) 选用技术先进、具有容错能力的网络产品,在投资和条件允许的情况下也可采用结构容错的方法。

(3) 完全符合开放性规范,将业界优秀的产品集成于该综合网络平台之中。

(4) 具有较好的可扩展性,为今后的网络扩容做好准备。

(5) 采用 OA 办公,做到集数据、图像、声音三位一体,提高企业管理效率,降低企业信息传递成本。

(6) 设备选型上必须在技术上具有先进性、通用性,且必须便于管理和维护。应具备未来良好的可扩展性、可升级性,保护公司的投资。设备要在满足该项目的功能和性能上还具有良好的性价比。设备在选型上要是拥有足够实力和市场份额的主流产品,同时也要有好的售后服务。

最终形成的方案是:以总公司为核心,配置完整的网络体系,通过中国电信 30M 和中国网通 100M 两个出口连接到 Internet。第一分公司由于距离总公司较近,可以通过光纤连接到总公司,第二、三、四分公司通过 VPN 连接到总公司,进而实现企业内部信息共享与安全控制。

7.7.2 逻辑网络设计

虽然该网络为大型企业的网络,但是由于信息点数目较少,数据流量又不是很大,所以,骨干网络依然采用单核心的千兆以太网结构。同时为了更好地对接入的计算机进行管理,保证网络的可靠性,在层次上分为以下三层。

核心层提供高速的数据交换,并具有 VLAN 管理功能。

汇聚层连接接入层和核心层,提供网关和内部路由功能。

接入层提供结点的高速率接入,进行接入认证和计费。

核心层与汇聚层之间通过千兆光纤连接,汇聚层与接入层之间通过千兆双绞线连接,如图 7-5 所示。

7.7.3 物理网络设计——设备选型

1. 核心层

为了提供多媒体办公、办公自动化、图书资料检索、远程互联、视频会议等复杂的网络应用,我们建议选用 1 台 Cisco 公司的 Cisco WS-C6509 交换机作为主干交换机,形成 1 兆到主干、百兆到桌面的布局。

Cisco WS-C6509 产品有 9 个插槽,产品端口密度大,可用性强,具有丰富的第 3 层网络服务,可扩展的性能,集成式高性能的网络安全性和网络管理,产品安全性高,提供数据丢包保护,能够从网络故障中快速恢复。

2. 汇聚层

考虑到要求每个子公司的网络自成体系,单个子公司的局域网广播数据流不能扩展到全网,单个子公司的网络故障不应该扩展到全网,汇聚层交换机也应该采用具有路由功能的多层交换机,以达到网络隔离和分段的目的。子公司的主交换机负责子公司内部的网络数据交换和路由。

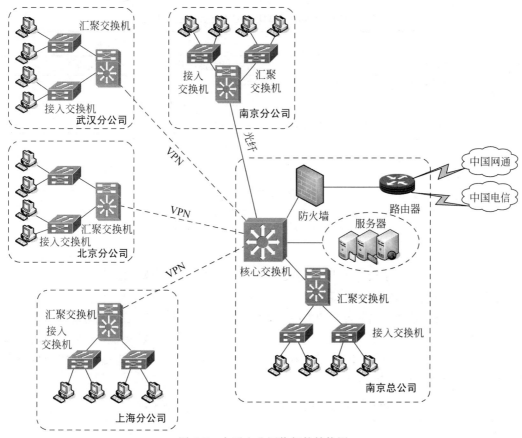

图 7-5 大型企业网络拓扑结构图

汇聚层设备选择 Cisco 公司的 Cisco WS-C4506-E 交换机,每个子公司的主交换机选择 Cisco N3K-C3524P-10GX 交换机,其主要参数见表 7-7 和表 7-8。

表 7-7　Cisco WS-C4506-E 交换机主要参数

项　　目	参　　数
产品类型	企业级交换机
应用层级	四层
传输速率	10/100/1000Mb/s
交换方式	存储-转发
背板带宽	100Gb/s
包转发率	75Mpps
端口结构	模块化
扩展模块	1 个超级引擎插槽数＋5 个线路卡插槽
传输模式	支持全双工
网络标准	IEEE 802.3,IEEE 802.3u,IEEE 802.3,IEEE 802.3z,IEEE 802.3x,IEEE 802.3ab
VLAN	支持
QoS	支持
网络管理	SNMP 管理信息库(MIB)II,SNMP MIB 扩展,桥接 MIB(RFC 1493)

表 7-8　Cisco N3K-C3524P-10GX 交换机主要参数

项　　目	参　　数
产品类型	万兆以太网交换机,数据中心交换机
应用层级	三层
传输速率	1000/10 000/40 000Mb/s
背板带宽	480Gbps
包转发率	360Mpps
MAC 地址表	8K
端口数量	24 个
端口描述	24 个 SFP+
VLAN	VLAN 数：4096

3. 接入层

接入层交换机放置于楼层的设备间,用于终端用户的接入,应该能够提供高密度的接入,对环境的适应能力强,运行稳定。

楼层接入设备选择 Cisco 公司的 Cisco WS-C2960X-48TS-L 智能以太网交换机。思科 WS-C2960X-24PS-L 交换机采用 APM86392 600MHz 双核处理器,搭载 28 个非模块化端口,其中,24 个 10/100/1000Mb/s 千兆接口,4 个 SFP 接口,可为企业提供高速的网络转发,具体参数见表 7-9 和表 7-10。

表 7-9　Cisco WS-C2960X-48TS-L 交换机主要参数

项　　目	参　　数
产品类型	网管交换机
应用层级	二层
传输速率	10/100/1000Mb/s
处理器	APM86392 600MHz dual core
产品内存	Flash 内存：128MB；DRAM 内存：512MB
交换方式	存储-转发
背板带宽	108Gb/s
包转发率	107.1Mpps
端口结构	非模块化
端口数量	52 个
端口描述	48 个 10/100/1000 接口,4 个 SFP 接口
传输模式	全双工/半双工自适应
电源电压	AC 100～240V,50～60Hz
产品尺寸	45mm×279mm×445mm
产品重量	4.2kg
平均无故障时间	442 690 小时

表 7-10 WS-C2960X-24PS-L 交换机主要参数

项　目	参　数
产品类型	网管交换机
应用层级	二层
传输速率	10/100/1000Mb/s
处理器	APM86392 600MHz dual core
产品内存	Flash 内存：128MB；DRAM 内存：512MB
交换方式	存储-转发
背板带宽	108Gb/s
包转发率	71.4Mpps
端口结构	非模块化
端口数量	28 个
端口描述	24 个 10/100/1000 接口，4 个 SFP 接口
传输模式	全双工/半双工自适应
电源电压	AC 100～240V,50～60Hz
电源功率	370W
产品尺寸	45mm×368mm×445mm
产品重量	5.8kg
平均无故障时间	324 280 小时

习　题

(1) 企业网络的设计目标是什么？

(2) 企业网逻辑网络设计和物理网络设计具体指什么？

(3) 企业网综合布线系统包含哪些子系统？

(4) 企业网中心机房建设有哪些注意事项？

第 8 章　畅游我们的网络校园

> 与企业网络的组建相比,校园网络的组建也有其自身的侧重点。根据校园网的规模不同,校园网的组建也呈多种方式。本章以最典型的校园网组建为例,讲述校园网内部不为人知的秘密。

8.1　校园网络设计概述

校园网是指在学校范围内,将计算机以相互共享资源(硬件、软件和数据)的方式连接起来,同时具有进行教学、管理和信息服务等功能的计算机系统的集合。它以学校各部门的应用硬件(如多媒体网络教室等)系统为基础,将各个分离的硬件系统连接成一个有机的信息交流硬件平台。在丰富的教育教学资源与管理信息的支持下,通过学校管理信息平台、校园通信平台、网络教学平台、教育资源管理平台等,实现现代信息技术环境下的教学与管理。

从规划和应用的角度看,校园网具有以下特点。

1. 快速的网络连接

校园网的核心是面向校园内部师生的网络,因此校园局域网是该系统的设计重点。由于参与网络应用的师生数量众多,使用时间集中,尤其是在教学活动中不允许拖延等待信息下载,并且有大量的多媒体信息传递,高速的网络连接成为组建校园网必不可少的首要条件。校园网系统要求具有较高的数据通信能力和较大的带宽,并在主干网上提供较强的可扩展性。为了及时、迅速地处理网络上传送的数据,网络应有较高的网络主干速度。

2. 信息类型多样化

校园网应满足不同层面的应用需求,可分为多媒体应用(互联网访问、多媒体教学、电子图书馆、视频点播、学校网站、内部 E-mail 等)、信息管理(成绩统计、档案管理等)和远程通信(外部拨入、异地互联等)三大部分内容。由于数据成分复杂,所以不同类型的数据对网络传输有着不同的质量需求。

3. 良好的可扩充性

教育信息化建设是一个长期的过程,校园网在设计时应考虑到今后学校的发展,应确保网络设备及网络拓扑结构都具有很好的升级扩展能力,升级时应尽可能利用原有设备,以保护以往投资,尽量减少不必要的浪费。对学校而言,常更换网络设备是一笔很大的开支,在组建校园网时首先应考虑的因素是今后几年内的可持续扩充性,因而,完整的校园网通常采用三层交换机结构,以满足当前学校网络的需求以及今后整体网络的改造和升级。

4. 安全可靠性

校园网是一个教育和教学环境，保证安全稳定的网络运行以及健康、准确的信息内容是至关重要的。校园网用户有不同的身份，如教师、学生、行政人员及校外访问者，他们分别从内部和外部访问校园网，而不同的身份对校园网资源的访问权限显然是不能等同设定的。校园网中有大量关于教学和档案管理的重要数据，如果损坏、丢失或是被窃取，受到某些人的蓄意破坏和攻击，不仅会造成经济上的巨大损失，还会带来教育上的不良影响。

5. 便于应用和管理

校园网面向不同知识层次的教师、学生、家长和办公人员，应用和管理都要简便易行。各个应用软件应做到全中文、界面友好、易学易用，不宜太过专业化。强有力的网管软件是有效地进行网络管理的助手，网管软件应能够支持对网络进行设备级和系统级的管理，并支持通过浏览器进行网络设备的管理及配置，还能灵活地设置每个用户对 Internet 的访问功能，对每个用户实行管理，并且能够实现计费管理。

在应用上，大型校园网除了 DNS、Web、FTP、E-mail 等一些 Internet 应用服务外，还会规划更高层次的校园网络服务。例如，提供丰富的多媒体资源，实现在线的视频、音频点播；建立共享的数据库平台，不仅可以实现网络的图书资料检索查询，还可以进行电子图书和资料的阅览，并且在此平台基础之上可以很方便地开展教务、办公、财务、科研、学生管理等一系列的信息化应用。当然，这些系统不是在所有大型校园网中都是完善、健全的，很多都是分期完成的。

8.2 校园网规划与设计

校园网规划与设计

8.2.1 大型校园网建设原则

大型校园网在设计和规划过程中，一般要遵循以下几个方面的原则。

1. 以学校需求为前提

坚持以学校具体需求作为校园网信息系统方案设计的根据和前提，同时也要注重满足当前需求又高于当前需求的原则，注意用专业化的技术思想进行校园网的规划与设计，确保校园网的实用性、先进性和可扩展性。

2. 追求高性价比

选择最好的设备不一定是最佳方案，成本高低也是一个不容忽视的问题，选择设备时必须考虑性价比，选择性价比高的设备才是一个最优的方案。

3. 设备选型综合考虑

设备选型不仅应满足学校现代化教学的要求，而且要满足校园网整体建设及互联网的要求，要注意所选设备在国际上要保持技术先进性，同时还要考虑供应商有良好的商业信誉和优质的售后服务。

4. 技术应用全面

在技术应用方面，应同时注意其实用性、先进性、开放性、可扩充性、可靠性、安全性和友好性。

5. 坚持标准

校园网的设计和施工,均要严格遵循国际和国家标准,这样才能保证与未来新技术的发展相适应。

校园网是以计算机为基础,服务于教学科研、行政管理和内外通信三大目标的计算机局域网络。校园网络系统包括的地域比较广,要求能够连接不同功能和不同地点的部门。在进行建设时,不仅要考虑投入的实用性,还要考虑技术的前瞻性和网络的可扩展性,以及校园网软件系统的构建等。

校园网软件系统通过对大量信息的采集、分析、整理,并以视频、音频及文字、多维图片等单独或综合的表现形式和手法,应用于学校教学和管理,从而改变了传统的教学和管理模式。校园网软件系统提高了教学的效率和教学管理的质量,校园网软件系统通常包括四个子系统:网络管理系统、教学资源系统、课程与教学系统和管理与办公系统。

8.2.2 校园网的组成

1. 物理组成

从物理的角度来了解校园网的构成,校园网是 LAN 和 WAN 技术的结合。LAN 构成校园网的通信基础,网络服务由各种应用服务器组成,客户机(Client)上运行浏览器软件浏览服务器上的 Web 信息,网络由防火墙防止外部的非法入侵。

各个学校的网络拓扑结构可能会有差异,但其基本组成相同,大致划分为办公楼子网、教学楼子网、图书馆子网、宿舍区子网等部分。图 8-1 为常见的校园网物理拓扑结构图。

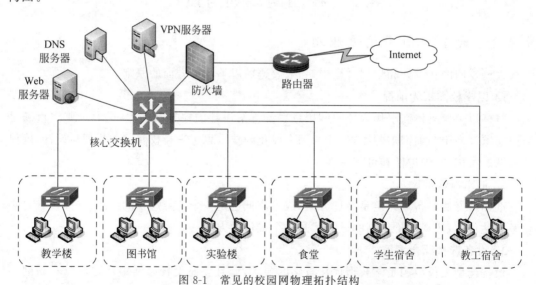

图 8-1 常见的校园网物理拓扑结构

2. 逻辑组成

从逻辑的角度看校园网的构成,按照运行于网络上的软件可以将其分成两种结构:如图 8-2 所示的 C/S 结构和如图 8-3 所示的 B/S 结构。随着 Internet 的不断发展,人们对信息交换的区域限制和访问的用户数量提出了更高要求。B/S 结构是基于 Internet 的 Web

服务器结构,它较好地解决了C/S结构的不足,已经被人们普遍地接受,是网络发展的趋势。

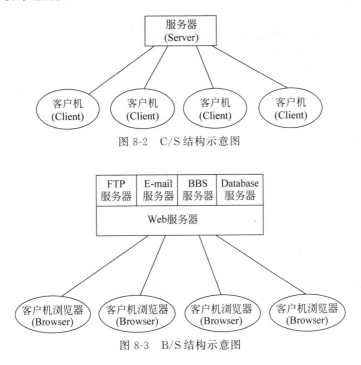

图8-2 C/S结构示意图

图8-3 B/S结构示意图

8.3 校园网建设

校园网建设

校园网建设的主要硬件包含电缆、路由器、接入交换机、汇聚交换机和核心交换机。

8.3.1 电缆

1. 光缆

光缆是为了满足光学、机械或环境的性能规范而制造的,它是利用置于包覆护套中的一根或多根光纤作为传输媒质并可以单独或成组使用的通信线缆组件。光缆主要是由光导纤维(细如头发的玻璃丝)和塑料保护套管及塑料外皮构成,光缆内没有金、银、铜铝等金属,一般无回收价值。光缆是一定数量的光纤按照一定方式组成缆芯,外包有护套,有的还包覆外护层,用以实现光信号传输的一种通信线路,即由光纤(光传输载体)经过一定的工艺而形成的线缆。光缆的基本结构一般是由缆芯、加强钢丝、填充物和护套等几部分组成,另外根据需要还有防水层、缓冲层、绝缘金属导线等构件。

2. 铜缆

铜缆是一种综合布线工程中最常用的传输介质,是由两根具有绝缘保护层的铜导线组成的。把两根绝缘的铜导线按一定密度互相绞在一起,每一根导线在传输中辐射出来的电波会被另一根线上发出的电波抵消,有效降低信号干扰的程度。

与其他传输介质相比,铜缆在传输距离、信道宽度和数据传输速度等方面均受到一定限制,但价格较为低廉。

8.3.2 路由器

路由器是整个网络的对外接口,路由器要求安全性高,支持多种协议,路由功能强大、稳定。校园网路由器选型时,需要关注的参数如下。

1. CPU

CPU 是路由器最核心的组成部分。不同系列、不同型号的路由器,其中的 CPU 也不尽相同。处理器的好坏直接影响路由器的吞吐量(路由表查找时间)和路由计算能力(影响网络路由收敛时间)。

2. 内存

路由器中存在多种内存,例如,Flash(闪存)、DRAM(动态内存)等。内存用作存储配置、路由器操作系统、路由协议软件等内容。路由表可能存储在内存中。通常来说,路由器内存越大越好(不考虑价格)。但是与 CPU 能力类似,内存同样不直接反映路由器性能与能力。

3. 吞吐量

吞吐量是指在不丢包的情况下单位时间内通过的数据包数量,也就是指设备整机数据包转发的能力,是设备性能的重要指标。路由器吞吐量表示的是路由器每秒能处理的数据量,是路由器性能的一个直观上的反映。

4. 线速转发能力

线速转发能力是指在达到端口最大速率的时候,路由器传输的数据没有丢包。线速转发是路由器性能的一个重要指标,简单地说就是进来多大的流量,就出去多大的流量,不会因为设备处理能力的问题而造成吞吐量下降。

5. 支持的网管协议

在路由器中最常见的路由协议是 SNMP,即简单网络管理协议。支持的网关协议越多,越容易管理网络。

6. 带机数量

带机数量很好理解,就是路由器能负载的计算机数量。在厂商介绍的性能参数表上经常可以看到标称自己的路由器能带 200 台 PC、300 台 PC 的,但是很多时候路由器的表现与标称的值都有很大的差别。

7. 是否支持 VPN

VPN 是虚拟专用网的简称。VPN 是一种快速建立广域联接网的互联和访问工具,也是一种强化网络安全和管理的工具。带 VPN 功能的路由器主要作用于远程访问本地局域网。

8. 是否支持 QoS

QoS 是网络的一种安全机制,是用来解决网络延迟和阻塞等问题的一种技术。在正常情况下,如果网络只用于特定的无时间限制的应用系统,并不需要 QoS,比如 Web 应用或 E-mail 设置等。但是对关键应用和多媒体应用就十分必要。当网络过载或拥塞时,QoS 能确保重要业务量不受延迟或丢弃,同时保证网络的高效运行。

9. 是否内置防火墙

防火墙是隔离本地和外部网络的一道防御系统。路由器支持防火墙功能可以有效地提高网络的安全性。

8.3.3 交换机

通常将网络中直接面向用户连接或访问网络的部分称为接入层,将位于接入层和核心层之间的部分称为分布层或汇聚层。接入交换机一般用于直接连接计算机,汇聚交换机一般用于楼宇间。汇聚相对于一个局部或重要的中转站,核心相当于一个出口或总汇总。原来定义的汇聚层的目的是为了减少核心的负担,将本地数据交换机流量在本地的汇聚交换机上交换,减少核心层的工作负担,使核心层只处理到本地区域外的数据交换。

1. 接入交换机

接入层目的是允许终端用户连接到网络,因此接入层交换机具有低成本和高端口密度特性。接入交换机是最常见的交换机,它直接与外网联系,使用最广泛,尤其是在一般办公室、小型机房和业务受理较为集中的业务部门、多媒体制作中心、网站管理中心等部门。在传输速度上,现代接入交换机大都提供多个具有 10Mb/s/100Mb/s/1000Mb/s 自适应能力的端口。

2. 汇聚交换机

汇聚层交换机是多台接入层交换机的汇聚点,它必须能够处理来自接入层设备的所有通信量,并提供到核心层的上行链路,因此汇聚层交换机与接入层交换机相比较,需要更高的性能,更少的接口和更高的交换速率。

汇聚层也就相当于公司的中层管理,用来连接核心层和接入层,处于中间位置,它的上行是核心交换机,下行是接入层交换机。汇聚层具有实施策略、安全、工作组接入、虚拟局域网(VLAN)之间的路由、源地址或目的地址过滤等多种功能,它是实现策略的地方。

在实际应用中,很多时候汇聚层被省略了。在传输距离较短且核心层有足够多的接入能直接连接接入层的情况下,汇聚层是可以被省略的,这样的做法比较常见,一来可以节省总体成本,二来能减轻维护负担,网络状况也更易监控。

3. 核心交换机

通常将网络主干部分称为核心层,核心层的主要目的在于通过高速转发通信,提供优化、可靠的骨干传输结构,因此核心层交换机应拥有更高的可靠性、性能和吞吐量。核心层是网络主干部分,是整个网络性能的保障,其设备包括路由器、防火墙、核心层交换机等,相当于公司架构里的管理高层。

核心层交换机的主要目的在于通过高速转发通信,提供快速、可靠的骨干传输结构,因此核心层交换机应该具有如下特性:可靠性、高效性、冗余性、容错性、可管理性、适应性、低延时性等。

因为核心层是网络的枢纽中心,重要性突出,因此核心层交换机应该采用拥有更高带宽、更高可靠性、更高性能和吞吐量的千兆甚至万兆以上可管理交换机。基于 IP 地址和协议进行交换的第三层交换机广泛应用于网络的核心层,也少量应用于汇聚层。部分第三层交换机也同时具有第四层交换功能,可以根据数据帧的协议端口信息进行目标端口判断。

8.4 校园网管理与运维

8.4.1 网络身份认证方式

校园网管理与运维

1. PPPoE

PPPoE(Point-to-Point Protocol Over Ethernet,以太网上的点对点协议)是将点对点协议(PPP)封装在以太网(Ethernet)框架中的一种网络隧道协议。由于协议中集成 PPP,所以可实现传统以太网不能提供的身份验证、加密以及压缩等功能,也可用于缆线调制解调器(cable modem)和数字用户线路(DSL)等以以太网协议向用户提供接入服务的协议体系。

它使用传统的基于 PPP 的软件来管理一个不是使用串行线路而是使用类似于以太网的有向分组网络的连接。这种有登录和口令的标准连接,方便了接入供应商的记费。并且,连接的另一端仅当 PPPoE 连接接通时才分配 IP 地址,所以允许 IP 地址的动态复用。

2. RADIUS

远程用户拨号认证系统(Remote Authentication Dial In User Service,RADIUS),是目前应用最广泛的 AAA 协议。AAA 是一种管理框架,因此,它可以用多种协议来实现。在实践中,人们最常使用远程访问拨号用户服务来实现 AAA。

RADIUS 是一种 C/S 结构的协议,它的客户端最初就是 NAS(Net Access Server)服务器,任何运行 RADIUS 客户端软件的计算机都可以成为 RADIUS 的客户端。RADIUS 协议认证机制灵活,可以采用 PAP、CHAP 或者 UNIX 登录认证等多种方式。RADIUS 是一种可扩展的协议,它进行的全部工作都是基于 Attribute-Length-Value 的向量进行的。由于 RADIUS 协议简单、明确、可扩充,因此得到了广泛应用,包括普通电话上网、ADSL 上网、小区宽带上网、IP 电话、VPDN(Virtual Private Dialup Networks,基于拨号用户的虚拟专用拨号网业务)、移动电话预付费等业务。IEEE 提出了 802.1x 标准,这是一种基于端口的标准,用于对无线网络的接入认证,在认证时也采用 RADIUS 协议。

8.4.2 网络计费方式

校园网常见的计费方式包括月租制、按流量计费、按时长计费和组合计费。月租制是指每月按固定费用收取,与流量和通信时长无关。按流量计费是指根据上行数据和下行数据的总流量核算费用。按时长计费是指根据登录总时长核算费用。组合计费是将上述 3 种计费方式进行组合,如月租+流量。

8.4.3 内外网安全

在校园网内网中,需要重点防范账户盗用、地址盗用、密码探测和病毒传播等行为,同时需要防范外网的黑客攻击和病毒渗透等。

一方面要使用技术手段保证校园网安全,另一方面也要在广大学生中加强法律宣传,恶意侵入、破坏他人计算机系统属于违法,造成严重后果的需要追究刑事责任。

8.5 网络优化和升级

网络优化和升级

8.5.1 调整路由策略

路由策略是一种比基于目标网络进行路由更加灵活的数据包路由转发机制。应用了路由策略,路由器将通过路由图决定如何对需要路由的数据包进行处理,路由图决定了一个数据包的下一跳转发路由器。路由策略的种类大体上分为两种:一种是根据路由的目的地址来进行的策略,称为目的地址路由;另一种是根据路由源地址来进行策略实施的,称为源地址路由。随着路由策略的发展,现在有了第三种路由方式:智能均衡的策略方式。通过调整路由策略,可以实现校园网控制层面的优化。

8.5.2 引入OSPF

开放式最短路径优先(Open Shortest Path First,OSPF)是一个内部网关协议,用于在单一自治系统内决策路由。它是对链路状态路由协议的一种实现,隶属内部网关协议(IGP),故运作于自治系统内部。

8.5.3 采用链路均衡

链路负载均衡是一个策略性部署的整体系统。它能够帮助用户解决分布式存储、负载均衡、网络请求的重定向和内容管理等问题,其目的是通过在现有的 Internet 中增加一层新的网络架构,将网站的内容发布到最接近用户的网络边缘,使用户可以就近取得所需的内容,解决 Internet 网络拥塞状况,提高用户访问网站的响应速度。从技术上全面解决由于网络带宽小、用户访问量大、网点分布不均等原因,解决用户访问网站的响应速度慢等问题。

8.6 实例1:南京某高校的网络设计

高等学校人数众多,师生数量一般都是 1~2 万人左右。由于高等学校的教学、科研的特殊性,因此其网络设计必须兼顾到方方面面。

8.6.1 网络需求分析

1. 网络应用需求

这方面的需求不同学校有着明显不同,大体都可以分为教学、科研、办公、服务这几方面应用。如对教学、科研方面的网络设计应考虑稳定、扩展、安全等问题;办公、服务等带宽是要着重考虑的方面,所以学校应该根据自己的实际情况来考虑网络的结构,及安全问题。

校园网在信息服务与应用方面应满足以下几个方面的需求。

(1) 学校主页。学校应建立独立的 Web 服务器,在网上提供学校主页等服务,包括校情简介、学校新闻、校报(电子报)、招生信息以及校内电话号码和电子邮件地址查询等。

(2) 文件传输服务。考虑到师生之间共享软件，校园网应提供文件传输服务（FTP）。文件传输服务器上存放各种各样自由软件和驱动程序，师生可以根据自己的需要随时下载并把它们安装在本机上。

(3) 校园网站建设（Web、FTP、E-mail、DNS、Proxy 代理、拨入访问、流量计费等）。

(4) 多媒体辅助点播教学兼远程教学。校园网要求具有数据、图像、语音等多媒体实时通信能力；在主干网上提供足够的带宽和可保证的服务质量，满足大量用户对带宽的基本需要，并保留一定的余量供突发的数据传输使用，最大可能地降低网络传输的延迟。

(5) 校园办公管理。

(6) 学校教务管理。

(7) 校园通卡应用。

(8) 网络安全防火墙。

(9) 图书管理、电子阅览室。

(10) 系统应提供基本的 Web 开发和信息制作的平台。

2. 网络性能需求

性能需求包括服务效率、服务质量、网络吞吐率、网络响应时间、数据传输速度、资源利用率、可靠性、性能/价格比等。

根据本工程的特殊性，语音点和数据点使用相同的传输介质，即统一使用超 5 类 4 对双绞电缆，以实现语音、数据相互备份的需要。

对于网络主干，数据通信介质全部使用光纤，语音通信主干使用大对数电缆；光缆和大对数电缆均留有余量；对于其他系统数据传输，可采用超 5 类双绞线或专用线缆。

此校园中共有 1500 个左右的信息点，分布在教学楼、行政楼、宿舍楼等二十多栋建筑物内，形成以学校网络为中心的星状主干拓扑结构。

此外，校园网需通过中国网通和中国电信接入 Internet，同时通过 CERNET 接入教育科研网，通过 CERNET2 提供教育网内的 IPv6 服务。

8.6.2 网络拓扑结构设计

校园网整体分为三个层次：核心层、汇聚层、接入层。

为实现校区内网络的高速互联，且具有高可靠性，核心层由两台核心交换机组成。两台核心交换机互为热备份，组成双核心系统。其中，服务器群通过千兆双绞线直接连接到核心交换机。

汇聚层设在每栋楼上，每栋楼设置一个汇聚结点，汇聚层为高性能"小核心"型交换机，根据各个楼的配线间的数量不同，可以分别采用一台或是两台汇聚层交换机进行汇聚，为了保证数据传输和交换的效率，现在各个楼内设置三层楼内汇聚层，楼内汇聚层设备不但分担了核心设备的部分压力，同时提高了网络的安全性。

接入层为每个楼的接入交换机，是直接与用户相连的设备。接入层提供足够的网络接口和身份验证机制，保证合法用户的顺利接入。

本实施方案从网络运行的稳定性、安全性及易于维护性出发进行设计，以满足客户需求，如图 8-4 所示。

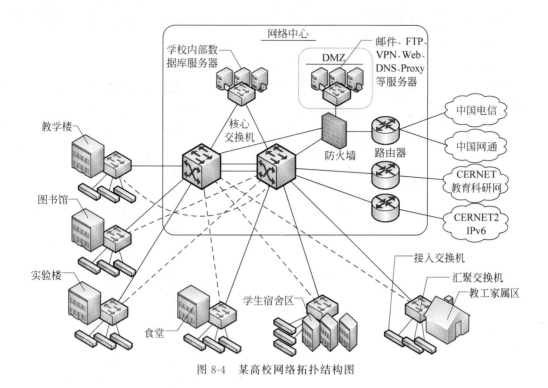

图 8-4 某高校网络拓扑结构图

8.6.3 网络设备选型

1. 核心交换机设备选型

核心层交换机需要稳定地进行高速的数据交换,这里选择华为 S7712 交换机,核心层交换机位于中心机房,配置两台,其主要参数见表 8-1。

表 8-1 华为 S7712 交换机主要参数

项 目	参 数
交换机类型	路由交换机
应用层级	三层
传输速率	10/100/1000Mb/s
端口结构	模块化
交换方式	存储-转发
背板带宽	4.8Tb/s
包转发率	1320Mpps
VLAN 支持	支持
QoS 支持	支持
网管支持	支持
MAC 地址表	16K
模块化插槽数	12
电源	AC90～290V
尺寸/mm	442×476×664
重量/kg	45

安全特性极高的华为 S7712 交换机成为网络核心交换机的不错选择，适用于为政府、学校、企业构建高速、安全、可靠的千兆网络。

2. 汇聚层设备选型

汇聚层交换机选择华为 S5720 交换机。整个校园共用 10 台汇聚层交换机，使用千兆光纤与核心交换机相连，其主要参数见表 8-2。

表 8-2　华为 S5720 交换机主要参数

项目	参数
交换机类型	智能交换机
应用层级	二层/三层
传输速率	10/100/1000Mb/s
端口结构	非模块化
端口数量	24
接口介质	1000Base-T
传输模式	全双工/半双工自适应
交换方式	存储-转发
背板带宽	2.56Tb/s
包转发率	108Mpps
VLAN 支持	支持
QoS 支持	支持
网管支持	支持
MAC 地址表	8K
电源	AC100～240V
尺寸/mm	442×220×43.6

3. 接入层设备选型

接入层交换机选择华为 S2700 和华为 S1700，见表 8-3 和表 8-4。

表 8-3　华为 S2700 交换机主要参数

项目	参数
交换机类型	网管交换机
应用层级	接入层
传输速率	10/100/1000Mb/s
端口数量	24
接口介质	5 类双绞线、单模光纤、多模光纤
传输模式	全双工/半双工自适应
交换方式	存储-转发
背板带宽	32Gb/s
包转发率	6.6Mpps
VLAN 支持	支持
QoS 支持	支持
网管支持	支持
网管功能	支持 Web 网管
电源	AC 100～240V
尺寸/mm	442×420×43.6
重量/kg	<2.4

表 8-4 华为 S1700 交换机主要参数

项目	参数
交换机类型	千兆以太网交换机
应用层级	接入层
传输速率	10/100/1000Mb/s
端口结构	非模块化
端口数量	12
接口介质	5类双绞线
传输模式	全双工/半双工自适应
交换方式	存储-转发
背板带宽	16Gb/s
包转发率	12Mpps
VLAN 支持	不支持
QoS 支持	不支持
网管支持	不支持
电源	AC 100～240V
尺寸/mm	160×134×30

4．出口路由器选型

出口路由器选择华为 AR3260-S 路由器，见表 8-5。

表 8-5 华为 AR3260-S 路由器主要参数

项目	参数
路由器类型	企业级路由器
端口结构	模块化
其他端口	控制端口 RS-232
内置防火墙	是
QoS 支持	支持
支持 VPN	支持
扩展模块	4 个 SIC 插槽＋2/4 个 WSIC 插槽＋4/6 个 XISC 插槽
包转发率	40Mpps
内存	8GB
网络管理	支持 Web
电源	AC 110～240V
尺寸/mm	130.5×442×470
重量/kg	11

5．UPS 选型

为了防止意外情况对网络正常运行的干扰，必须配备不间断电源（UPS）。UPS 的选择要根据自己的网络情况选择，选择最优性价比的设备。这里选用的是艾亚特 UPS-6KVA 电源，见表 8-6。

表 8-6 艾亚特 UPS-6KVA 电源主要参数

项　　目	参　　数
UPS 类型	在线式
额定容量	6kVA
额定功率	4800W
额定电压	220V
额定频率	50Hz
输入电压范围	110～300V
输入频率范围	46～54Hz 或 56～64Hz
输入谐波	≤3％THD(线性负载)，≤6％THD(非线性负载)
输入功因	≥0.99(100％负载)
输出电压范围	208/220/230/240V
输出频率范围	46～54Hz，系统 50Hz

8.6.4　网络安全

1. 威胁网络安全因素分析

计算机网络安全受到的威胁包括：黑客的攻击、计算机病毒和拒绝服务攻击(Denial of Service Attack)。

安全威胁的类型如下。

1) 非授权访问

指对网络设备及信息资源进行非正常使用或越权使用等。如操作员安全配置不当造成的安全漏洞，用户安全意识不强，用户口令选择不慎，用户将自己的账号随意转借他人或与别人共享。

2) 冒充合法用户

主要指利用各种假冒或欺骗的手段非法获得合法用户的使用权限，以达到占用合法用户资源的目的。

3) 破坏数据的完整性

指使用非法手段，删除、修改、重发某些重要信息，以干扰用户的正常使用。

4) 干扰系统正常运行，破坏网络系统的可用性

指改变系统的正常运行方法，减慢系统的响应时间等手段。这会使合法用户不能正常访问网络资源，使有严格响应时间要求的服务不能及时得到响应。

5) 病毒与恶意攻击

指通过网络传播病毒或恶意 Java、ActiveX 等，其破坏性非常高，而且用户很难防范。

6) 软件的漏洞和"后门"

软件不可能没有安全漏洞和设计缺陷，这些漏洞和缺陷最易受到黑客的利用。另外，软件的"后门"都是软件编程人员为了方便而设置的，一般不为外人所知，可是一旦"后门"被发现，网络信息将没有什么安全可言。如 Windows 的安全漏洞便有很多。

7) 电磁辐射

电磁辐射对网络信息安全有两方面影响。一方面，电磁辐射能够破坏网络中的数据和

软件,这种辐射的来源主要是网络周围电子电气设备产生的电磁辐射和试图破坏数据传输而预谋的干扰辐射源。另一方面,电磁泄漏可以导致信息泄露。

2. 网络安全防范措施

在不改变原有网络拓扑结构的基础上实现多种信息安全,保障校园内部网络安全,可以选购一套网络安全防范设备。

1) 瑞星杀毒软件网络版

软件具有超强病毒查杀、智能主动防御、增强型全网漏洞管理功能,兼容多种平台。

2) 瑞星企业级防火墙

系统选用 RFW-100+传统型防火墙。该防火墙具有状态包过滤、MAC 地址绑定、双向网络地址变换、访问时间控制、应用层代理、ADSL+PPPoE、DHCP 功能,支持 VLAN,内建入侵检测功能、VPN 功能模块、双机热备和负载均衡、流量统计及控制、实时监控、日志及审计、基本网络攻击防范和安全管理。

3) 瑞星入侵检测系统

作为一种防火墙的合理补充,入侵检测技术能够帮助系统对付网络攻击,扩展了系统管理员的安全管理能力(包括安全审计、监视、攻击识别和响应),提高了信息安全基础结构的完整性。瑞星 RIDS-100 入侵检测系统能实时捕获内外网之间传输的所有数据,利用内置的攻击特征库,使用模式匹配和智能分析的方法,检测网络上发生的入侵行为和异常现象,并在数据库中记录有关事件。另外,RIDS-100 入侵检测系统可以与防火墙联动,自动配置防火墙策略,配合防火墙系统使用,可以全面保障网络的安全,组成完整的网络安全解决方案。

为了加强对引擎进行访问的用户的管理,RIDS-100 系统设计了一套完善的用户管理机制,每个管理用户配有一把电子钥匙(串口或 USB 接口),内装有该用户的密钥和加密算法。用户在对系统进行管理时必须插入自己的钥匙并输入正确的口令。

检测引擎的接入对被保护网络是透明的,它对被保护网络的任何流量和请求均不做反应,不影响被保护网络的性能。

3. 网络安全策略配置

1) 安全接入和配置

安全接入和配置是指在物理(控制台)或逻辑(Telnet)端口接入网络基础设施设备前必须通过认证和授权限制,从而为网络基础设施提供安全性。限制远程访问的安全设置方法见表 8-7。

2) 拒绝服务的防止

网络设备拒绝服务攻击的防止主要是防止出现 TCP SYN 泛滥攻击、Smurf 攻击等;网络设备的防 TCP SYN 的方法主要是配置网络设备 TCP SYN 临界值,若多于这个临界值,则丢弃多余的 TCP SYN 数据包;防 Smurf 攻击主要是配置网络设备不转发 ICMP echo 请求和设置 ICMP 包临界值,避免成为一个 Smurf 攻击的转发者、受害者。

3) 访问控制

(1) 允许从内网访问 Internet,端口全开放。

(2) 允许从公网到 DMZ(非军事)的访问请求:Web 服务器只开放 80 端口,E-mail 服务器只开放 25 和 110 端口。

表 8-7 安全接入和配置方法

访问方式	保证网络设备安全的方法
Console 控制接口的访问	设置密码和超时限制
进入特权 exec 和设备配置级别的命令行	配置 RADIUS 来记录 logon/logout 时间和操作活动；配置至少一个本地账户作应急之用
Telnet 访问	采用 ACL 限制，指定从特定的 IP 地址进行 Telnet 访问；配置 RADIUS 安全记录方案；设置超时限制
SSH 访问	激活 SSH 访问，从而允许操作员从网络的外部环境进行设备安全登录
Web 管理访问	取消 Web 管理功能
SNMP 访问	常规的 SNMP 访问是用 ACL 限制从特定 IP 地址来进行 SNMP 访问；记录非授权的 SNMP 访问并禁止非授权的 SNMP 企图和攻击
设置不同账号	通过设置不同账号的访问权限，提高安全性

(3) 禁止从公网到内部区的访问请求，端口全关闭。
(4) 允许从内网访问 DMZ（非军事），端口全开放。
(5) 允许从 DMZ（非军事）访问 Internet，端口全开放。
(6) 禁止从 DMZ（非军事）访问内网，端口全关闭。

8.6.5 网络管理

网络管理就是指监督、组织和控制网络通信服务以及信息处理所必需的各种活动的总称。

1. 网络管理的内容

具体网络管理内容包括：网络故障管理、网络配置管理、网络性能管理、网络计费管理、网络安全管理。

2. 网络管理的手段

在校园网络管理方面，为了便于校园网络管理人员的管理及维护，选购 Quidview 网络管理软件。Quidview 网络管理软件基于灵活的组件化结构，用户可以根据自己的管理需要和网络情况灵活选择自己需要的组件，真正实现"按需建构"。

Quidview 网络管理软件采用组件化结构设计，通过安装不同的业务组件实现了设备管理、VPN 监视与部署、软件升级管理、配置文件管理、告警和性能管理等功能。支持多种操作系统平台，并能够与多种通用网管平台集成，实现从设备级到网络级全方位的网络管理。

1) 网络集中监视

Quidview 网络管理软件提供统一拓扑发现功能，实现全网监控，可以实时监控所有设备的运行状况，并根据网络运行环境变化提供合适的方式对网络参数进行配置修改，保证网络以最优性能正常运行。

2) 故障管理

故障管理主要功能是对全网设备的告警信息和运行信息进行实时监控，查询和统计设备的告警信息。

3）性能监控

Quidview 网管系统提供丰富的性能管理功能，同时以直观的方式显示给用户。通过性能任务的配置，可自动获得网络的各种当前性能数据，并支持设置性能的门限，当性能超过门限时，可以以告警的方式通知网管系统。通过统计不同线路、不同资源的利用情况，为优化或扩充网络提供依据。

4）服务器监视管理

服务器是企业 IP 架构中的重要组成部分，通过 Quidview，可实现服务器与设备的统一管理。

5）设备配置文件管理

当网络规模较大时，网络管理员的配置文件管理工作将十分繁重，如果没有好的配置文件维护工具，网络管理员就只能手动备份配置文件。这样就给网络管理员管理、维护网络带来一定的困难。

Quidview 网络配置中心支持对设备配置文件的集中管理，包括配置文件的备份、恢复以及批量更新等操作，同时还实现了配置文件的基线化管理，可以对配置文件的变化进行比较跟踪。

6）设备软件升级管理

Quidview 提供完善的设备软件备份升级控制机制。使用 Quidview，管理员可以方便地查询设备上运行的软件版本，并利用升级分析功能来确定设备运行软件是否需要升级。当升级软件版本时，可以利用 Quidview 集中备份设备运行软件，然后进行批量升级。升级之后，可以使用 Quidview 进行升级结果验证，确保升级操作万无一失。

7）集群管理

针对大量二层交换机设备的应用环境，Quidview 网络管理软件提供集群管理功能，通过一个指定公网 IP 的设备（称作命令交换机）对网络进行管理。

8）堆叠管理

Quidview 网络管理软件通过堆叠管理，可以集中管理较大量的低端设备，并且为用户提供统一的网管界面，方便用户对大量设备的统一管理维护。

9）故障定位与地址反查

针对最为常见的端口故障，Quidview 网络管理软件提供了便捷的定位检测工具——路径跟踪和端口环回测试；当用户报告网络端口使用异常时，网络管理员可以通过网管对指定用户端口做环回测试，直接定位端口故障。

10）RMON 管理

RMON 管理根据 RFC1757 定义的标准 RMON-MIB 及华为 3Com 自定义告警扩展 MIB 对主机设备进行远程监视管理。

8.7 实例 2：南京某中学的网络设计

8.7.1 网络总体设计

该中学网络系统采用当前国际上流行的 1000Base-T 交换式以太网技术，千兆以太网技术基于传统的成熟稳定的以太网技术,可以与用户的以太网为主的网络无缝连接,中间不需要任何格式转换,大大提高了数据的转发和处理能力,减少了交换设备的负担。同时,千兆以太网技术可扩展到10Gb/s,与以太网技术、快速以太网技术向下兼容。

本系统采用三层结构进行网络设计,即核心层、汇聚层和接入层。考虑到校园网内数据流量和网络的扩展能力,核心层选用背板带宽为3.84Tb/s的华为S7706核心交换机,通过用光纤连接到汇聚层交换机,实现"千兆互连,百兆到桌面"。由于校园网需要接入互联网,因此选用一台Quidway SecPath 100F-A防火墙保证内网的安全。

8.7.2 网络详细设计

1. 网络拓扑图

本网络系统是中学网络,用户数量相对较少,负载相对较轻,因此,单核心三层的骨干结构完全能够满足要求,如图8-5所示。

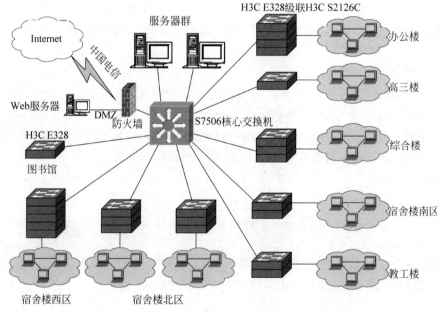

图8-5 某中学的网络拓扑图

2. 核心层网络设计

根据该中学信息点的分布及数量情况,考虑到核心交换机需要为内网的各项信息化应用提供一个高速、优质的数据通信和图像传输平台,满足数据和视频传输的需要,考虑到目前的应用以及将来网络扩展的需要,特别选用了一台技术先进、高性能的华为3Com S7506核心路由交换机来构造内部网络的中心结点。

核心交换机配置1块自带4个SFP千兆接口、Salience III 384G的管理模块及主控引擎,使核心交换的交换容量达到384Gb/s,198Mpps的包转发率完全满足校园网的需求。

为满足汇聚层交换机的连接,采用一块4端口千兆以太网电口(RJ-45)和12端口千兆以太网SFP光口业务板,配置6块多模光纤模块连接和1块单模光纤模块连接汇聚层交换机。

针对宿舍楼西区、校综合楼、办公楼的信息结点较多的情况,核心交换机与这三个汇聚层交换机之间增配一块多模光纤模块,与原配的多模光纤模块采用链路聚合的方式保证传输带宽为2Gb/s。通过以上配置的核心交换机具有16个千兆SFP接口(配12个光纤模块)和4个1000Base-T RJ-45端口,通过核心交换机384Gb/s的背板交换带宽,为网络系统提供稳定的三层路由交换功能。网络中心结点与9个汇聚层结点通过光缆相连,形成内网主干信息通道。

3. 汇聚层网络设计

汇聚层主要用于汇聚接入层的网络流量,并提供各种服务和控制功能。汇聚层设备均位于各个汇聚区域的核心,在本次项目建设中,设立了9个网络汇聚区域,根据汇聚区域的信息点数量,选用了9台华为3Com E328教育网以太网交换机,配置8块多模光纤模块通过多模光纤连接核心交换机,校园网内其中一栋学生宿舍的汇聚层结点由于距离较远,因此配置了一块单模光纤模块通过单模光纤连接核心交换机。为了减轻与核心结点的数据交换压力和信息点较多带来的带宽瓶颈,在校办公楼(100点)、校综合楼(240点)、宿舍楼西区(120点)的汇聚层交换机上配置了两块光纤模块,采用链路聚合使这三个汇聚层结点与核心交换机之间的传输带宽达到2Gb/s。华为3Com E328教育网交换机具有32Gb/s的背板交换容量,完全满足汇聚网络数据连接网络核心的需求。各汇聚层交换机提供的24个10/100Base-TX端口除连接接入层交换机以外,其余端口也可作为工作站的接入使用。

4. 接入层网络设计

接入层交换机主要用于校园网内所有的信息点与用户终端的接入。根据该中学接入层网络的实际应用与业务需求,从保护校方投资的角度考虑,在接入层提倡使用安全和智能化的两层线速交换机进行网络的接入。另外,接入交换机需要支持网管以满足对整个网络统一管理的需求。

基于以上因素考虑,在该中学校园网的接入层设计中,在利用校方原有的接入层交换机的基础上,选用了12台华为3Com公司生产的S2126-CN型以太网交换机,该交换机的背板容量达到12.8Gb/s,满足各信息结点对校园网络的高速访问。该交换机支持VLAN和IGMP Snooping组播协议,校方可以很方便地通过交换机的网络管理功能实现子网划分和校园网内的视频点播。本系统的接入层交换机放置在各楼层子配线柜中,通过双绞线级联到汇聚层交换机,各信息点通过超5类双绞线与华为3Com S2126-CN交换机相连,保证每个桌面信息点独享100Mb/s的带宽,完全满足该中学对接入层网络的要求。

5. 防火墙设计

由于该中学校园网需要接入互联网,如果网络的边界没有必要的安全防护,来自互联网的黑客会很容易进入到内部网络,窃取各种资料或对服务器进行攻击,更为严重的是有可能导致整个网络堵塞、瘫痪,甚至崩溃。因此在本系统中,选用了华为公司生产的Quidway SecPath 100F-A防火墙进行防护。校园网内的计算机通过防火墙的NAT地址转换功能访问互联网,完全保护了内网的安全。该防火墙采用包过滤技术,内置IDS功能,可防御DOS、IP欺骗、IP盗用和端口扫描等攻击,同时具有报警功能,非常适合该中学校园网的使用。本系统防火墙建议校方通过电信光纤宽带申请固定IP地址与Internet连接。将来可配置一台Web服务器连接防火墙的DMZ口,配置防火墙内相应的访问策略后,可以保证校园网站的安全。

6. UPS 设计

为了保证电源的不间断,防止意外停电造成服务器数据丢失,本建设项目选用一台 EAST EA804H 4KVA 工频在线 UPS。为满足停电后系统的正常运转,配备了 EAST 12V 65AH 电池 16 节,保证停电后中心机房网络设备 3 个小时的正常工作时间。EAST EA804H UPS 的 CPU 带内部软件智能电池管理功能,带网络管理软件,校方管理和维护 UPS 非常方便。

8.7.3 系统功能

本方案设计的校园网系统结合学校现有的应用软件即可提供如下功能。

(1) 网络具备性能优越的硬件、软件、信息等资源共享功能,可实现网络办公、管理、信息发布、数据库服务等功能。

(2) 提供 Internet 网络服务功能,如网站访问、电子邮件、文件传输、远程登录、新闻组讨论、电子公告牌、域名服务等。

(3) 提供办公自动化网络平台:

① 提供受存取权控制的文件、档案查询服务。

② 提供贵重设备仪器及其他设备信息的管理服务。

③ 提供专业资料数据库服务。

④ 提供各学科专业资料数据库服务。

⑤ 提供学校自己的管理信息系统(MIS)。

(4) 提供图书、文献的查询与检索服务功能,增强档案信息管理的自动化能力。

(5) 可结合网络、多媒体、智能监控等技术,提供完善的智能服务。

(6) 支持视频会议系统。

(7) 支持交互式多媒体及信息点播(VoD)等功能,采用的交换机支持优先级队列及 IP 组播(IGMP),服务质量(QoS)可有效防止视频会议及 IP 电话时的抖动延误。

(8) 支持标准 RADIUS 协议,同时提供 RADIUS+功能;支持 TACAS+协议;保证对用户的精确认证。支持 SSH V1/2。基于最长匹配的路由方式,保证所有报文均获得相同的转发性能,对"红码病毒"和"冲击波病毒"的攻击具有天生的防御能力。

(9) 系统采用 VLAN 技术隔离广播风暴,提高网络性能。同时通过 VLAN 限制外来用户对校园网的访问,甚至能锁定某台设备的 MAC 地址,因此能确保网络的安全性。

8.7.4 系统特点

本系统根据该中学的实际需求进行规划设计,完全满足学校目前的教学需求、管理需求和将来的扩展,网络系统具有以下特点。

(1) 高速的局域网连接。网络主干采用当前流行的千兆快速以太网,可保证 100M 交换到桌面的传输速率并方便未来的扩展。

(2) 系统安全可靠。系统中心交换机采用三层核心交换机,对网络用户具有分类控制功能。校园网与 Internet 相联后具有"防火墙"过滤功能,以防止网络黑客入侵网络系统。对网络资源的访问提供完善的权限控制,可对接入因特网的各网络用户进行权限控制。

（3）操作方便，易于管理。所选用的网络设备支持中文图形化管理，操作和管理非常方便。

（4）技术先进。网络拓扑结构和所选设备具有先进的技术和长远发展潜力，既能满足可见时间内的实际需要，又可以适应未来发展的需要。

（5）经济实用，性价比高。在满足学校当前的应用和扩展需求的基础上，合理选择、配置各种网络技术和设备，使学校少花钱多办事。

习　　题

（1）简述校园网络的特点。
（2）简述校园网络的组建原则。
（3）校园网身份认证方式和计费方式有哪些？
（4）组建校园网需要哪些硬件设备？

第 9 章　那些看不见的网络阴云

> 网络世界大多数情况下风和日丽、晴空万里,但偶尔也会阴云密布。网络阴云来源于网络病毒和黑客攻击。本章将介绍网络病毒和黑客攻击的特点,引导读者在网络世界里注意甄别和防范。同时,读者也要加深自身道德修养,树立正确的世界观、人生观和价值观,使自己掌握的网络技术发挥正能量!

9.1　计算机病毒

1994 年 2 月 18 日,我国正式颁布实施了《中华人民共和国计算机信息系统安全保护条例》。在该条例的第二十八条中明确指出:"计算机病毒,是指编制或者在计算机程序中插入的破坏计算机功能或者毁坏数据,影响计算机使用,并能自我复制的一组计算机指令或者程序代码。"

这个定义具有法律性、权威性。根据这个定义,计算机病毒是一种计算机程序,它不仅能破坏计算机系统,而且还能传染到其他系统。计算机病毒通常隐藏在其他正常程序中,能生成自身的副本并将其插入其他的程序中,对计算机系统进行恶意的破坏。

计算机病毒不是天然存在的,是某些人利用计算机软、硬件所固有的脆弱性,编制的具有破坏功能的程序。计算机病毒能通过某种途径潜伏在计算机存储介质(或程序)里,当达到某种条件时即被激活,它用修改其他程序的方法将自己的精确复制或者可能演化的形式放入其他程序中,从而感染它们,对计算机资源进行破坏。

网络病毒是指通过网络途径传播的计算机病毒,属于第二代计算机病毒,是恶意代码中的一大类,包括利用 ActiveX 技术和 Java 技术制造的网页病毒等。

9.1.1　病毒的特点

传统意义上的计算机病毒一般具有破坏性、隐蔽性、潜伏性、传染性等特点。随着计算机软件和网络技术的发展,在今天的网络时代,计算机病毒又有了很多新的特点。

(1) 主动通过网络和邮件系统传播。从当前流行的计算机病毒来看,绝大部分病毒都可以利用邮件系统和网络进行传播。例如,"求职信"病毒就是通过电子邮件传播的,这种病毒程序代码往往夹在邮件的附件中,当收邮件者单击附件时,病毒程序便得以执行并迅速传染。它们还能搜索计算机用户的邮件通信地址,继续向网络进行传播。

(2) 传播速度极快。由于病毒主要通过网络传播,因此一种新病毒出现后,可以迅速通过国际互联网传播到世界各地。例如,"爱虫"病毒在一两天内迅速传播到世界的主要计算机网络,并造成欧美国家的计算机网络瘫痪。

(3) 变种多。现在很多新病毒都不再使用汇编语言编写,而是使用高级程序设计语言编写。例如,"爱虫"是脚本语言病毒,"美丽杀"是宏病毒。它们容易编写,并且很容易被修改,生成很多病毒变种。"爱虫"病毒在十几天中就出现了三十多个变种。"美丽杀"病毒也生成了三四个变种,并且此后很多宏病毒都是使用了"美丽杀"的传染机理。这些变种的主要传染和破坏的机理与母本病毒一致,只是某些代码做了修改。

(4) 具有病毒、蠕虫和黑客程序的功能。随着网络技术的普及和发展,计算机病毒的编制技术也在不断地提高。过去病毒最大的特点是能够复制自身给其他的程序。现在计算机病毒具有了蠕虫的特点,可以利用网络进行传播;同时有些病毒还具有了黑客程序的功能,一旦侵入计算机系统后,病毒控制者可以从入侵的系统中窃取信息,远程控制这些系统;呈现出计算机病毒功能的多样化,因而更具有危害性。

9.1.2 病毒的分类

1. 根据破坏原理分类

根据病毒的破坏原理分类,通常计算机病毒可分为下列几类。

1) 文件型病毒

文件型病毒通过在执行过程中插入指令,把自己依附在可执行文件上。然后,利用这些指令来调用附在文件中某处的病毒代码。当文件执行时,病毒会调出自己的代码来执行,接着又返回到正常的执行指令序列。通常这个执行过程发生得很快,以致于用户并不知道病毒代码已被执行。

2) 引导扇区病毒

引导扇区病毒改变每一个用 DOS 格式来格式化的磁盘的第一个扇区里的程序。通常引导扇区病毒先执行自身的代码,然后再继续 PC 的启动进程。大多数情况下,在一台染有引导型病毒的计算机上对可读写的磁盘进行读写操作时,这块磁盘也会被感染该病毒。引导扇区病毒会潜伏在磁盘的引导扇区里,或者在硬盘的引导扇区或主引导记录中插入指令。此时,如果计算机从被感染的磁盘引导时,病毒就会感染到引导硬盘,并把自己的代码调入内存。触发引导区病毒的典型事件是系统日期和时间。

3) 混合型病毒

混合型病毒有文件型和引导扇区型两类病毒的某些共同特性。当执行一个被感染的文件时,它将感染硬盘的引导扇区或主引导记录,并且感染在机器上使用过的磁盘。这种病毒能感染可执行文件,从而能在网上迅速传播蔓延。

4) 变形病毒

变形病毒随着每次复制而发生变化,通过在可能被感染的文件中搜索简单的、专门的字节序列,是不能检测到这种病毒的。变形病毒是一种能变异的病毒,随着感染时间的不同而改变其不同的形式,不同的感染操作会使病毒在文件中以不同的方式出现,使传统的模式匹配法杀毒软件对这种病毒显得软弱无力。

5) 宏病毒

宏病毒不只是感染可执行文件,它可以感染一般软件文件。虽然宏病毒不会对计算机系统造成严重的危害,但它仍令人讨厌。因为宏病毒会影响系统的性能及用户的工作效率。宏病毒是利用宏语言编写的,不受操作平台的约束,可以在 DOS、Windows、UNIX,甚至在 OS/2 系统中散播。这就是说,宏病毒能被传播到任何可运行编写宏病毒的应用程序的机器中。

2. 根据传播形式分类

根据传播形式分类,计算机病毒又可分为单机病毒和网络病毒。通常,网络病毒又可分为木马病毒、后门病毒、蠕虫病毒等。各种病毒比例如图 9-1 所示。

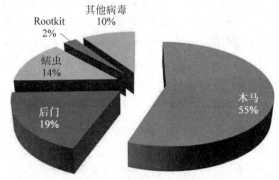

图 9-1　各种网络病毒的比例

9.1.3　木马病毒

木马病毒是指隐藏在正常程序中的一段具有特殊功能的恶意代码,是具备破坏和删除文件、发送密码、记录键盘和攻击 DOS 等特殊功能的后门程序。木马病毒其实是计算机黑客用于远程控制计算机的程序,将控制程序寄生于被控制的计算机系统中,里应外合,对被感染木马病毒的计算机实施操作。一般的木马病毒程序主要是寻找计算机后门,伺机窃取被控计算机中的密码和重要文件等。它可以对被控计算机实施监控、资料修改等非法操作。木马病毒具有很强的隐蔽性,可以根据黑客意图突然发起攻击。

1. 木马的发展历史

1) 第一代木马——伪装型木马

这种木马通过伪装成一个合法性程序诱骗用户上当。世界上第一个计算机木马是出现在 1986 年的 PC-Write 木马。它伪装成共享软件 PC-Write 的 2.72 版本(事实上,编写 PC-Write 的 Quicksoft 公司从未发行过 2.72 版本),一旦用户信以为真运行该木马程序,那么他的下场就是硬盘被格式化。

2) 第二代木马——AIDS 型木马

继 PC-Write 之后,1989 年出现了 AIDS 木马。由于当时很少有人使用电子邮件,所以 AIDS 的作者就利用现实生活中的邮件进行散播:给其他人寄去一封封含有木马程序软盘的邮件。之所以叫这个名称,是因为软盘中包含 AIDS 和 HIV 疾病的药品、价格、预防措施等相关信息。软盘中的木马程序在运行后,虽然不会破坏数据,但是它将硬盘加密锁死,然后提示受感染用户花钱消灾。可以说,第二代木马已具备了传播特征(尽管是通过传统的邮递方式)。

3）第三代木马——网络传播性木马

随着 Internet 的普及，这一代木马兼备伪装和传播两种特征，并结合 TCP/IP 网络技术四处泛滥。同时它还有新的特征。

第一，添加了"后门"功能。

后门就是一种可以为计算机系统秘密开启访问入口的程序。一旦被安装，这些程序就能够使攻击者绕过安全程序进入系统。该功能的目的就是收集系统中的重要信息，例如，财务报告、口令及信用卡号。此外，攻击者还可以利用后门控制系统，使之成为攻击其他计算机的帮凶。由于后门是隐藏在系统背后运行的，因此很难被检测到。它们不像病毒和蠕虫那样通过消耗内存而引起注意。

第二，添加了键盘记录功能。

从名称上就可以知道，该功能主要是记录用户所有的键盘内容然后形成键盘记录的日志文件发送给恶意用户。恶意用户可以从中找到用户名、口令以及信用卡号等用户信息。这一代木马比较有名的有国外的 BO2000 和国内的"冰河"木马。它们有如下共同特点：基于网络的客户端/服务器应用程序；具有搜集信息、执行系统命令、重新设置机器、重新定向等功能。当木马程序攻击得手后，计算机就完全成为黑客控制的傀儡主机，黑客成了超级用户，用户的所有计算机操作不但没有任何秘密而言，而且黑客可以远程控制傀儡主机对别的主机发动攻击，这时候被俘获的傀儡主机就成了黑客进行进一步攻击的挡箭牌和跳板。

虽然木马程序手段越来越隐蔽，但是苍蝇不叮无缝的蛋，只要加强个人安全防范意识，还是可以大大降低"中招"的概率。对此，本书建议：安装个人防病毒软件、个人防火墙软件；及时安装系统补丁；对不明来历的电子邮件和插件不予理睬；经常去安全网站转一转，以便及时了解一些新木马的底细，做到知己知彼，百战不殆。

2. 木马的工作过程

一个完整的木马系统由硬件部分、软件部分和具体连接部分组成。

硬件部分：建立木马连接所必需的硬件实体。控制端是对服务端进行远程控制的一方。服务端是被控制端远程控制的一方。Internet 是控制端对服务端进行远程控制并进行数据传输的网络载体。

软件部分：实现远程控制所必需的软件程序。控制端程序是控制端用以远程控制服务端的程序。木马程序是潜入服务端内部，获取其操作权限的程序。木马配置程序用于设置木马程序的端口号、触发条件、木马名称等，使其在服务端藏得更隐蔽的程序。

具体连接部分：通过 Internet 在服务端和控制端之间建立一条木马通道所必需的元素。

1）配置木马

一般来说，一个设计成熟的木马都有木马配置程序，从具体的配置内容看，主要是为了实现以下两方面功能。

（1）木马伪装。木马配置程序为了在服务端尽可能地隐藏木马，会采用多种伪装手段，如修改图标、捆绑文件、定制端口、自我销毁。

（2）信息反馈。木马配置程序将就信息反馈的方式或地址进行设置，如设置信息反馈的邮件地址、IRC 号、QQ 号等。

2）传播木马

（1）传播方式。木马的传播方式主要有两种：一种是通过 E-mail，控制端将木马程序以附件的形式夹在邮件中发送出去，收信人只要打开附件系统就会感染木马；另一种是软件下载，一些非正规的网站以提供软件下载为名义，将木马捆绑在软件安装程序上，下载后，只要一运行这些程序，木马就会自动安装。

（2）伪装方式。鉴于木马的危害性，很多人对木马知识还是有一定了解的，这对木马的传播起了一定的抑制作用，这是木马设计者所不愿见到的，因此他们开发了多种功能来伪装木马，以达到降低用户警觉，欺骗用户的目的。

① 修改图标。

当你在 E-mail 的附件中看到这个文本文件图标时，是否会认为这是个文本文件呢？但是要注意，这也有可能是个木马程序。现在已经有木马可以将木马服务端程序的图标改成 HTML、TXT、zip 等各种文件的图标。这有相当大的迷惑性，但是目前提供这种功能的木马还不多见，并且这种伪装也不是无懈可击的，所以不必整天提心吊胆，疑神疑鬼的。

② 捆绑文件。

这种伪装手段是将木马捆绑到一个安装程序上，当安装程序运行时，木马在用户毫无察觉的情况下，偷偷进入了系统。至于被捆绑的文件一般是可执行文件（即 EXE、COM 一类的文件）。

③ 出错显示。

有一定木马知识的人都知道，如果打开一个文件，没有任何反应，这很可能就是个木马程序；木马的设计者也意识到了这个缺陷，所以已经有木马提供了一个叫作出错显示的功能。当服务端用户打开木马程序时，会弹出一个错误提示框（这当然是假的），错误内容可自由定义，大多会定制成一些诸如"文件已破坏，无法打开！"之类的信息，当服务端用户信以为真时，木马却悄悄侵入了系统。

④ 定制端口。

很多老式的木马端口都是固定的，这给判断是否感染了木马带来了方便，只要查一下特定的端口就知道感染了什么木马。所以现在很多新式的木马都加入了定制端口的功能，控制端用户可以在 1024～65535 中任选一个端口作为木马端口（一般不选 1024 以下的端口），这样就给判断所感染木马类型带来了麻烦。

⑤ 自我销毁。

这项功能是为了弥补木马的一个缺陷。当服务端用户打开含有木马的文件后，木马会将自己复制到 Windows 的系统文件夹中（C:\windows 或 C:\windows\system 目录下），一般来说，原木马文件和系统文件夹中的木马文件的大小是一样的（捆绑文件的木马除外），那么中了木马的人只要在近来收到的信件和下载的软件中找到原木马文件，然后根据原木马的大小去系统文件夹找相同大小的文件，判断一下哪个是木马就行了。而木马的自我销毁功能是指安装完木马后，原木马文件将自动销毁，这样服务端的用户就很难找到木马的来源，在没有查杀木马的工具帮助下，就很难删除木马了。

⑥ 木马更名。

安装到系统文件夹中的木马的文件名一般是固定的，只要根据一些查杀木马的文章，按图索骥在系统文件夹查找特定的文件，就可以断定中了什么木马。所以现在有很多木马都允许控制端的用户自由定制安装后的木马文件名，这样就很难判断所感染的木马类型了。

3）运行木马

服务端用户运行木马或捆绑木马的程序后，木马就会自动进行安装。首先将自身复制到 Windows 的系统文件夹中(C:\windows 或 C:\windows\system 目录下)，然后在注册表\启动组\非启动组中设置好木马的触发条件，这样木马的安装就完成了。

安装后就可以启动木马了。木马的启动方式包括自启动激活和触发式激活两种。

(1) 自启动激活木马。自启动木马的条件大致出现在下面 6 个地方。

① 注册表。

打开 HKEY\LOCAL MACHINE\Software\Microsoft\Windows\CurrentVersion 下的五个以 Run 和 RunServices 开关的主键，在其中寻找可能是启动木马的键值。

② win.ini。

C:\windows 目录下有一个配置文件 win.ini，用文本方式打开，在[windows]字段中有启动命令 load= 和 run=，在一般情况下是空白的，如果有启动程序，可能是木马。

③ system.ini。

C:\windows 目录下有个配置文件 system.ini，用文本方式打开，在[386Enh]、[mci]、[drivers32]中有命令行，在其中寻找木马的启动命令。

④ autoexec.bat 和 config.sys。

在 C 盘根目录下的这两个文件也可以启动木马。但这种加载方式一般都需要控制端用户与服务端建立连接后，将已添加木马启动命令的同名文件上传到服务端覆盖这两个文件才行。

⑤ *.ini。

木马病毒刺穿即应用程序的启动配置文件，控制端利用这些文件能启动程序的特点，将制作好的带有木马启动命令的同名文件上传到服务端覆盖这同名文件，这样就可以达到启动木马的目的了。

⑥ 启动菜单。

在"开始"→"程序"→"启动"的目录下也可能有木马的触发条件。

(2) 触发式激活木马。

① 注册表。

打开 HKEY_CLASSES_ROOT\shell\shell\open\command 主键，查看其键值。

举个例子，木马"冰河"就是修改 HKEY_CLASSES_ROOT\txtfile\shell\open\command 下的键值，将"C:\windows notepad.exe %1"改为"C:\windows\system\syxxxplr.exe %1"，这时双击一个 txt 文件后，原本应用记事本打开文件的，现在却变成启动木马程序了。

② 捆绑文件。

实现这种触发条件首先要控制端和服务端已通过木马建立连接，然后控制端用户用工具软件将木马文件和某一应用程序捆绑在一起，然后上传到服务端覆盖原文件，这样即使木马被删除了，只要运行捆绑了木马的应用程序，木马又会被安装上去了。

③ 自动传播木马病毒方式。

自动播放本是用于光盘的，当插入一个电影光盘到光驱时，系统会自动播放里面的内容，这就是自动播放的本意，播放什么是由光盘中的 AutoRun.inf 文件指定的，修改

AutoRun.inf 中的 open 一行可以指定在自动播放过程中运行的程序。后来有人用于硬盘与 U 盘，在 U 盘或硬盘的分区，创建 AutoRun.inf 文件，并在 open 中指定木马程序，这样，当打开硬盘分区或 U 盘时，就会触发木马程序的运行。

木马被激活后，进入内存，并开启事先定义的木马端口，准备与控制端建立连接。这时服务端用户可以在 MS-DOS 方式下，输入 netstat -a -n 查看端口状态，一般个人计算机在脱机状态下是不会有端口开放的，如果有端口开放，就要注意是否感染木马了。下面是计算机感染木马后，用 NETSTAT 命令查看端口的两个实例。

在上网过程中要下载软件、发送信件、网上聊天等必然打开一些端口，下面是一些常用的端口。

① 1～1024 的端口。这些端口叫作保留端口，是专给一些对外通信的程序用的，如 FTP 使用 21，SMTP 使用 25，POP3 使用 110 等。只有很少的木马会用保留端口作为木马端口。

② 1025 以上的连续端口。在上网浏览网站时，浏览器会打开多个连续的端口下载文字、图片到本地硬盘上，这些端口都是 1025 以上的连续端口。

③ 4000 端口。这是 QQ 的通信端口。

④ 6667 端口。这是 IRC 的通信端口。

除上述的端口基本可以排除在外，如发现还有其他端口打开，尤其是数值比较大的端口，那就要怀疑是否感染了木马，当然，如果木马有定制端口的功能，那任何端口都有可能是木马端口。

4）信息泄露

一般来说，设计成熟的木马都有一个信息反馈机制。信息反馈机制是指木马成功安装后会收集一些服务端的软硬件信息，并通过 E-mail、IRC 或 QQ 的方式告知控制端用户。

从反馈信息中控制端可以知道服务端的一些软硬件信息，包括使用的操作系统、系统目录、硬盘分区情况、系统口令等，在这些信息中，最重要的是服务端 IP 地址，因为只有得到这个参数，控制端才能与服务端建立连接。

5）建立连接

一个木马连接的建立首先必须满足两个条件：一是服务端已安装了木马程序；二是控制端、服务端都要在线。在此基础上，控制端可以通过木马端口与服务端建立连接。

假设 A 机为控制端，B 机为服务端。对于 A 机来说，要与 B 机建立连接必须知道 B 机的木马端口和 IP 地址，由于木马端口是 A 机事先设定的，为已知项，所以最重要的是如何获得 B 机的 IP 地址。获得 B 机的 IP 地址的方法主要有两种：信息反馈和 IP 扫描。信息反馈是指服务端的木马程序主动将信息通过 Internet 报告给控制端。而 IP 扫描则是 A 机主动扫描某个 IP 地址段中某个木马端口开放的主机。一旦发现某台计算机（假设是 B 机）的特定木马端口开放，就说明该计算机已经安装了木马服务端，那么这个 IP 地址就会被添加到列表中，这时 A 机就可以通过木马的控制端程序向 B 机发出连接信号，B 机中的木马程序收到信号后立即做出响应，当 A 机收到响应的信号后，随即与 B 机的木马端口建立连接，到这时一个木马连接才算真正建立。

6）远程控制

木马连接建立后，控制端端口和木马端口之间将会出现一条通道。

控制端上的控制端程序可藉由这条通道与服务端上的木马程序取得联系,并通过木马程序对服务端进行远程控制。下面就介绍一下控制端具体能有哪些控制权限,这远比你想象得要大。

(1) 窃取密码。一切以明文的形式、密文的形式或缓存在 Cache 中的密码都能被木马侦测到,此外,很多木马还提供按键记录功能,它将会记录服务端每次按键的动作,所以一旦有木马入侵,密码将很容易被窃取。

(2) 文件操作。控制端可藉由远程控制对服务端上的文件进行删除、新建、修改、上传、下载、运行、更改属性等一系列操作,基本涵盖了 Windows 平台上所有的文件操作功能。

(3) 修改注册表。控制端可任意修改服务端注册表,包括删除、新建或修改主键、子键及键值。有了这项功能,控制端就可以禁止服务端软驱、光驱的使用,锁住服务端的注册表,将服务端上木马的触发条件设置得更隐蔽等。

(4) 系统操作。这项内容包括重启或关闭服务端操作系统,断开服务端网络连接,控制服务端的鼠标、键盘,监视服务端桌面操作,查看服务端进程等,控制端甚至可以随时给服务端发送信息。

3. 木马的防御

防治木马的危害,应该采取以下措施。

(1) 安装杀毒软件和个人防火墙,并及时升级。

(2) 把个人防火墙设置好安全等级,防止未知程序向外传送数据。

(3) 可以考虑使用安全性比较好的浏览器和电子邮件客户端工具。

(4) 经常查看自己计算机上的插件,防止恶意网站在自己计算机上安装不明软件和浏览器插件,以免被木马趁机侵入。

9.1.4 后门病毒

后门,本意是指一座建筑背面开设的门,通常比较隐蔽,为进出建筑的人提供方便和隐蔽。后门病毒是指绕过安全控制而获取对程序或系统访问权的方法。后门病毒的最主要目的就是方便以后再次秘密进入或者控制系统。后门病毒的特性是通过网络传播,给系统开后门,给用户计算机带来安全隐患。

1. 后门的类型

1) 本地权限的提升

对系统有访问权的攻击者变换其权限等级成为管理员,然后攻击者可以重新设置该系统或访问人和存储在系统中的文件。

2) 单个命令的远程执行

攻击者可以向目标计算机发送消息。每次执行一条单独的命令,后门执行攻击者的命令并将输出返回给攻击者。

3) 远程命令行解释器访问

正如远程 Shell,这类后门允许攻击者通过网络快速、直接地输入受害计算机的命令提示。其比单个命令的远程执行要强大得多。

4) 远程控制 GUI

攻击者可以看到目标计算机的 GUI,控制鼠标的移动,输入对键盘的操作,这些都通过网络实现。

2. 后门的启动

(1) 感染普通执行文件或系统文件,添加程序到"开始"→"程序"→"启动"选项。
(2) 修改系统配置文件。
(3) 通过修改注册表启动键值,修改文件关联的打开方式,添加计划任务。
(4) 利用自定义文件夹风格进行定义。

3. 后门的防御

(1) 培养良好的安全意识和习惯。
(2) 使用网络防火墙封锁与端口的连接。仅允许最少数量的端口通信通过防火墙。
(3) 经常利用端口扫描器扫描主机或端口查看工具查找本地端口监听。

9.1.5 蠕虫病毒

蠕虫病毒是一种可以自我复制的代码,并且通过网络传播,通常无须人为干预就能传播。蠕虫病毒入侵并完全控制一台计算机之后,就会把这台机器作为宿主,进而扫描并感染其他计算机。当这些新的被蠕虫入侵的计算机被控制之后,蠕虫会以这些计算机为宿主继续扫描并感染其他计算机,这种行为会一直延续下去。蠕虫使用这种递归的方法进行传播,按照指数增长的规律分布自己,进而及时控制越来越多的计算机。

1. 蠕虫的分类

根据蠕虫病毒在计算机及网络中传播方式的不同,可大致将其分为以下五种。

1) 电子邮件(E-mail)蠕虫病毒

通过电子邮件传播的蠕虫病毒,它以附件的形式或者是在信件中包含被蠕虫所感染的网站链接地址,当用户单击阅读附件时蠕虫病毒被激活,或在用户单击那个被蠕虫所感染网站的链接时被激活感染蠕虫病毒。

2) 即时通信软件蠕虫病毒

即时通信软件蠕虫病毒是指利用即时通信软件,如 QQ、MSN 等通过对话窗口向在线好友发送欺骗性的信息,该信息一般会包含一个超链接。因为是在接收窗口中,可以直接单击链接并启动 IE,IE 就会和这个服务器连接,下载链接病毒页面。这个病毒页面中含有恶意代码,会把蠕虫下载到本机并运行。这样就完成了一次传播。然后再以该机器为基点,向本机所能发现的好友发送同样的欺骗性消息,继续传播蠕虫病毒。

3) P2P 蠕虫病毒

P2P 蠕虫是利用 P2P 应用协议和程序的特点及有漏洞的应用程序存在于 P2P 网络中进行传播的蠕虫病毒。人们根据它发现目标和激活的方式,将 P2P 蠕虫分为伪装型、沉默型和主动型三种。

4) 漏洞传播的蠕虫病毒

漏洞传播的蠕虫病毒就是基于漏洞来进行传播的蠕虫病毒,一般分为两类:基于 Windows 共享网络和 UNIX 网络文件系统(NFS)的蠕虫;利用攻击操作系统或者网络服务的漏洞来进行传播的蠕虫。

5) 搜索引擎传播的蠕虫病毒

基于搜索引擎传播的蠕虫病毒,通常其自身携带一个与漏洞相关的关键字列表,通过利用此列表在搜索引擎上搜索,当在搜索结果中找到了存在漏洞的主机,来进行攻击。其特点是流量小,目标准确,隐蔽性强,传播速度快。在整个传播过程中,它和正常的搜索请求一样,所以能够容易地混入正常的流量,而很难被发现。

2. 蠕虫的结构与原理

蠕虫病毒的程序结构通常包括以下三个模块。

(1) 传播模块:负责蠕虫的传播,它可以分为扫描模块、攻击模块和复制模块三个子模块。其中,扫描模块负责探测存在漏洞的主机;攻击模块按漏洞攻击步骤自动攻击找到的对象;复制模块通过原主机和新主机交互将蠕虫程序复制到新主机并启动。

(2) 隐藏模块:侵入主机后,负责隐藏蠕虫程序。

(3) 目的功能模块:实现对计算机的控制、监视或破坏等。

根据蠕虫病毒的程序,其工作流程可以分为漏洞扫描、攻击、传染、现场处理四个阶段。首先,蠕虫程序随机(或在某种倾向性策略下)选取某一段 IP 地址;接着,对这一地址段的主机扫描,当扫描到有漏洞的计算机系统后,将蠕虫主体迁移到目标主机;然后,蠕虫程序进入被感染的系统,对目标主机进行现场处理。同时,蠕虫程序生成多个副本,重复上述流程。各个步骤的繁简程度也不同,有的十分复杂,有的则非常简单。

3. 蠕虫的防御

蠕虫病毒的一般防治方法是:使用具有实时监控功能的杀毒软件。防范邮件蠕虫的最好办法,就是提高自己的安全意识,不要轻易打开带有附件的电子邮件。另外,可以启用《瑞星杀毒软件》的"邮件发送监控"和"邮件接收监控"功能,也可以提高自己对病毒邮件的防护能力。

从 2004 年起,MSN、QQ 等聊天软件开始成为蠕虫病毒传播的途径之一。"性感烤鸡"病毒就是通过 MSN 软件传播的,在很短时间内席卷全球,一度造成中国大陆地区部分网络运行异常。

对于普通用户来讲,防范聊天蠕虫的主要措施之一,就是提高安全防范意识,对于通过聊天软件发送的任何文件,都要经过好友确认后再运行;不要随意单击聊天软件发送的网络链接。

病毒并不是非常可怕的,网络蠕虫病毒对个人用户的攻击主要还是通过社会工程学,而不是利用系统漏洞,所以防范此类病毒需要注意以下几点。

(1) 选购合适的杀毒软件。网络蠕虫病毒的发展已经使传统的杀毒软件的"文件级实时监控系统"落伍,杀毒软件必须向内存实时监控和邮件实时监控发展。另外,面对防不胜防的网页病毒,也使得用户对杀毒软件的要求越来越高。

(2) 经常升级病毒库。杀毒软件对病毒的查杀是以病毒的特征码为依据的,而病毒每天都层出不穷,尤其是在网络时代,蠕虫病毒的传播速度快、变种多,所以必须随时更新病毒库,以便能够查杀最新的病毒。

(3) 提高防杀毒意识。不要轻易去打开陌生的站点,有可能里面就含有恶意代码。

当运行 IE 时,单击"工具"→"Internet 选项"→"安全"→"Internet 区域的安全级别",把安全级别由"中"改为"高"。因为这一类网页主要是含有恶意代码的 ActiveX 或 Applet、JavaScript 的网页文件,所以在 IE 设置中将 ActiveX 插件和控件、Java 脚本等全部禁止,就可以大大减少被网页恶意代码感染的概率。具体方案是:在 IE 窗口中单击"工具"→

"Internet 选项",在弹出的对话框中单击"安全"标签,再单击"自定义级别"按钮,就会弹出"安全设置"对话框,把其中所有 ActiveX 插件和控件以及与 Java 相关的全部选项选择"禁用"。但是,这样做在以后的网页浏览过程中有可能会使一些正常应用 ActiveX 的网站无法浏览。

(4) 不随意查看陌生邮件,尤其是带有附件的邮件。由于有的病毒邮件能够利用 IE 和 Outlook 的漏洞自动执行,所以计算机用户需要升级 IE 和 Outlook 程序,以及常用的其他应用程序。

9.1.6 病毒的发展趋势

随着 Internet 的发展和计算机网络的日益普及,计算机病毒出现了一系列新的发展趋势。

1. 无国界

新病毒层出不穷,电子邮件已成为病毒传播的主要途径。病毒家族的种类越来越多,且传播速度大大加快,传播空间大大延伸,呈现无国界的趋势。

2. 多样化

随着计算机技术的发展和软件的多样性,病毒的种类也呈现多样化发展的势态,病毒不仅有引导型病毒、普通可执行文件型病毒、宏病毒、混合型病毒,还出现了专门感染特定文件的高级病毒。特别是 Java、Visual Basic 和 ActiveX 的网页技术逐渐被广泛使用后,一些人就利用这些技术来撰写病毒。

3. 破坏性更强

新病毒的破坏力更强,手段比过去更加狠毒和阴险,它可以修改文件(包括注册表)、通信端口、修改用户密码、挤占内存,还可以利用恶意程序实现远程控制等。

4. 智能化

过去人们的观点是"只要不打开电子邮件的附件,就不会感染病毒"。但是新一代计算机病毒却令人震惊,例如,"维罗纳(Verona)"病毒是一个真正意义上的"超级病毒",它不仅主题众多,而且集邮件病毒的几大特点为一身,令人无法设防。最严重的是它将病毒写入邮件原文。这正是"维罗纳"病毒的新突破,一旦用户收到了该病毒邮件,无论是无意间用 Outlook 打开了该邮件,还是仅仅进行了预览,病毒都会自动发作,并将一个新的病毒邮件发送给邮件通信录中的地址,从而迅速传播。

5. 更加隐蔽化

和过去的病毒不一样,新一代病毒更加隐蔽,主题会随传播而改变,而且许多病毒还会将自己伪装成常用的程序,或者将病毒代码写入文件内部,而文件长度不发生任何改变,使用户不会产生怀疑。

9.1.7 典型病毒举例

1. CIH 病毒

CIH 病毒是一种能够破坏计算机系统硬件的恶性病毒。这个病毒出自中国台湾省,是原集嘉通信公司(技嘉子公司)手机研发中心主任工程师陈盈豪在台湾大同工学院念书期间制作。最早随国际两大盗版集团贩卖的盗版光盘在欧美等地广泛传播,随后进一步通过网络传播到全世界各个角落。

CIH 属恶性病毒,当其发作条件成熟时,将破坏硬盘数据,同时有可能破坏 BIOS 程序,其发作特征是：以 2048 个扇区为单位,从硬盘主引导区开始依次往硬盘中写入垃圾数据,直到硬盘数据被全部破坏为止。某些主板上的 Flash ROM 中的 BIOS 信息将被清除。

2. 梅丽莎病毒

梅丽莎病毒于 1999 年 3 月爆发,它伪装成一封来自朋友或同事的"重要信息"电子邮件。用户打开邮件后,病毒会让受感染的计算机向外发送 50 封携毒邮件。尽管这种病毒不会删除计算机中的系统文件,但它引发的大量电子邮件会阻塞电子邮件服务器,使之瘫痪。

3. 爱虫病毒

爱虫病毒,又称"我爱你"病毒,是一种蠕虫病毒,它与 1999 年的梅丽莎病毒非常相似。这个病毒可以改写本地及网络硬盘上面的某些文件。计算机染毒以后,邮件系统将会变慢,并可能导致整个网络系统崩溃。

4. 冲击波病毒

冲击波病毒是利用在 2003 年 7 月 21 日公布的 RPC 漏洞进行传播的,该病毒于当年 8 月爆发。病毒运行时会不停地利用 IP 扫描技术寻找网络上系统为 Windows 2000 或 XP 的计算机,找到后就利用 DCOM/RPC 缓冲区漏洞攻击该系统,一旦攻击成功,病毒体将会被传送到对方计算机中,使系统操作异常、不停重启甚至导致系统崩溃。另外,该病毒还会对系统升级网站进行拒绝服务攻击,导致该网站堵塞,使用户无法通过该网站升级系统。

5. 熊猫烧香病毒

熊猫烧香其实是一种蠕虫病毒的变种,而且是经过多次变种而来的,由于中毒计算机的可执行文件会出现"熊猫烧香"图案,所以被称为"熊猫烧香"病毒。但原病毒只会对 EXE 图标进行替换,并不会对系统本身进行破坏。而大多数是中等病毒变种,用户计算机中毒后可能会出现蓝屏、频繁重启以及系统硬盘中数据文件被破坏等现象。同时,该病毒的某些变种可以通过局域网进行传播,进而感染局域网内所有计算机系统,最终导致企业局域网瘫痪,无法正常使用,它能感染系统中 .exe、.com、.pif、.src、.html、.asp 等文件,它还能终止大量的反病毒软件进程并且会删除扩展名为 gho 的备份文件。被感染的用户系统中所有 .exe 可执行文件全部被改成熊猫举着三根香的模样。

6. 勒索病毒

勒索病毒,是一种新型计算机病毒,主要以邮件、程序木马、网页挂马的形式进行传播。该病毒性质恶劣、危害极大,一旦感染将给用户带来无法估量的损失。这种病毒利用各种加密算法对文件进行加密,被感染者一般无法解密,必须拿到解密的私钥才有可能破解。

9.2 黑客攻击

黑客攻击

黑客最早源自英文 Hacker,是指热心于计算机技术,水平高超的计算机专家,尤其是程序设计人员。

但到了今天,黑客一词又被用于泛指那些专门利用计算机搞破坏或恶作剧的人。对这些人的正确英文叫法是 Cracker,有人翻译成"骇客"。

9.2.1 黑客行为

黑客的行为主要有以下几种。

1. 学习技术

互联网上的新技术一旦出现,黑客就必须立刻学习,并用最短的时间掌握这项技术,这里所说的掌握并不是一般的了解,而是阅读有关的"协议"(RFC),深入了解此技术的机理,否则一旦停止学习,那么依他以前掌握的内容,并不能维持他的"黑客身份"超过一年。

2. 伪装自己

黑客的一举一动都会被服务器记录下来,所以黑客必须伪装自己使得对方无法辨别其真实身份,这需要有熟练的技巧,用来伪装自己的 IP 地址、使用跳板逃避跟踪、清理记录扰乱对方线索、巧妙躲开防火墙等。

3. 发现漏洞

漏洞对黑客来说是最重要的信息,黑客要经常学习别人发现的漏洞,并努力自己寻找未知漏洞,并从海量的漏洞中寻找有价值的、可被利用的漏洞进行实验,当然他们最终的目的是通过漏洞进行破坏或者修补上这个漏洞。

黑客对寻找漏洞的执着是常人难以想象的,他们的口号是"打破权威"。从一次又一次的黑客实践中,黑客也用自己的实际行动向世人印证这一点——世界上没有"不存在漏洞"的程序。在黑客眼中,所谓的"天衣无缝"不过是"没有找到"而已。

4. 利用漏洞

对于黑客来说,漏洞要被修补;对于骇客来说,漏洞要用来搞破坏。而他们的基本前提是"利用漏洞"。黑客利用漏洞可以做下面的事情。

1) 获得系统信息

有些漏洞可以泄露系统信息,暴露敏感资料,从而进一步入侵系统。

2) 入侵系统

通过漏洞进入系统内部,或取得服务器上的内部资料,或完全掌管服务器。

3) 寻找下一个目标

一个胜利意味着下一个目标的出现,黑客应该充分利用自己已经掌管的服务器作为工具,寻找并入侵下一个系统。

4) 做一些好事

黑客在完成上面的工作后,就会修复漏洞或者通知系统管理员,做出一些维护网络安全的事情。

5) 做一些坏事

骇客在完成上面的工作后,会判断服务器是否还有利用价值。如果有利用价值,他们会在服务器上植入木马或者后门,便于下一次来访;而对于没有利用价值的服务器,就让系统崩溃。

9.2.2 拒绝服务攻击

DoS 是指攻击者想办法让目标机器停止提供服务或资源访问,是黑客常用的攻击手段之一。这些资源包括磁盘空间、内存、进程甚至网络带宽,从而阻止正常用户的访问。其实对网络带宽进行的消耗性攻击只是拒绝服务攻击的一小部分,只要能够对目标造成麻烦,使某些服务被暂停甚至主机死机,都属于拒绝服务攻击。拒绝服务攻击问题也一直得不到合理的解决,究其原因是由于网络协议本身的安全缺陷造成的,从而拒绝服务攻击也成为攻击者的终极手法。攻击者进行拒绝服务攻击,实际上让服务器实现两种效果:一是迫使服务器的缓冲区满,不接收新的请求;二是使用 IP 欺骗,迫使服务器把合法用户的连接复位,影响合法用户的连接。

1. 拒绝服务攻击的方式

1) SYN Flood

SYN Flood 是当前最流行的 DoS 的方式之一,这是一种利用 TCP 缺陷,发送大量伪造的 TCP 连接请求,使被攻击方资源耗尽(CPU 满负荷或内存不足)的攻击方式。

2) IP 欺骗 DoS 攻击

这种攻击利用 RST 位来实现。假设现在有一个合法用户(211.87.4.65)已经同服务器建立了正常的连接,攻击者构造攻击的 TCP 数据,伪装自己的 IP 为 211.87.4.65,并向服务器发送一个带有 RST 位的 TCP 数据段。服务器接收到这样的数据后,认为从211.87.4.65 发送的连接有错误,就会清空缓冲区中建立好的连接。这时,如果合法用户211.87.4.65 再发送合法数据,服务器就已经没有这样的连接了,该用户就必须重新开始建立连接。攻击时,攻击者会伪造大量的 IP 地址,向目标发送 RST 数据,使服务器不对合法用户服务,从而实现了对受害服务器的拒绝服务攻击。

3) UDP 洪水攻击

攻击者利用简单的 TCP/IP 服务,如 Chargen 和 Echo 来传送毫无用处的占满带宽的数据。通过伪造与某一主机的 Chargen 服务之间的一次的 UDP 连接,回复地址指向开着Echo 服务的一台主机,这样就在两台主机之间生成很多的无用数据流,这些无用数据流就会导致带宽的服务攻击。

4) Ping 洪流攻击

由于在早期阶段,路由器对包的最大尺寸都有限制,许多操作系统对 TCP/IP 栈的实现在 ICMP 包上都是规定 64KB,并且在对包的标题头进行读取之后,要根据该标题头里包含的信息来为有效载荷生成缓冲区。当产生畸形的、声称自己的尺寸超过 ICMP 上限的包也就是加载的尺寸超过 64KB 上限时,就会出现内存分配错误,导致 TCP/IP 堆栈崩溃,致使接收方死机。

5) 泪滴攻击

泪滴(Teardrop)攻击是利用在 TCP/IP 堆栈中实现信任 IP 碎片中的包的标题头所包含的信息来实现自己的攻击。IP 分段含有指明该分段所包含的是原包的哪一段的信息,某些 TCP/IP(包括 service pack 4 以前的 NT)在收到含有重叠偏移的伪造分段时将崩溃。

6) Land 攻击

Land 攻击的原理是:用一个特别打造的 SYN 包,它的原地址和目标地址都被设置成某一个服务器地址。此举将导致接收服务器向它自己的地址发送 SYN-ACK 消息,结果这个地址又发回 ACK 消息并创建一个空连接。被攻击的服务器每接收一个这样的连接都将保留,直到超时,对 Land 攻击反应不同,许多 UNIX 实现将崩溃,NT 变得极其缓慢(大约持续 5 分钟)。

7) Smurf 攻击

一个简单的 Smurf 攻击原理就是：通过使用将回复地址设置成受害网络的广播地址的 ICMP 应答请求（ping）数据包来淹没受害主机的方式进行。最终导致该网络的所有主机都对此 ICMP 应答请求做出答复，导致网络阻塞。它比 ping of death 洪水的流量高出 1 或 2 个数量级。更加复杂的 Smurf 将源地址改为第三方的受害者，最终导致第三方崩溃。

8) Fraggle 攻击

Fraggle 攻击实际上就是对 Smurf 攻击做了简单的修改，使用的是 UDP 应答消息而非 ICMP。

2. 分布式拒绝服务

分布式拒绝服务（Distributed Denial of Service，DDoS）攻击指借助于客户机/服务器技术，将多个计算机联合起来作为攻击平台，对一个或多个目标发动 DoS 攻击，从而成倍地提高拒绝服务攻击的威力。

9.2.3 缓冲区溢出攻击

缓冲区溢出攻击是利用缓冲区溢出漏洞所进行的攻击行动。缓冲区溢出是一种非常普遍、非常危险的漏洞，在各种操作系统、应用软件中广泛存在。利用缓冲区溢出攻击，可以导致程序运行失败、系统宕机、重新启动等后果。更为严重的是，可以利用它执行非授权指令，甚至可以取得系统特权，进而进行各种非法操作。

缓冲区溢出攻击防御手段有：及时更新系统、应用软件补丁；关闭不必要的服务；编写正确的代码；缓冲区不可执行。

9.2.4 漏洞扫描

漏洞是在硬件、软件、协议的具体实现或系统安全策略上存在的缺陷，从而可以使攻击者能够在未授权的情况下访问或破坏系统。

入侵者一般利用扫描技术获取系统中的安全漏洞侵入系统，而系统管理员也需要通过扫描技术及时了解系统存在的安全问题，并采取相应的措施来提高系统的安全性。漏洞扫描技术是建立在端口扫描技术的基础之上的。从对黑客攻击行为的分析和收集的漏洞来看，绝大多数都是针对某一个网络服务，也就是针对某一个特定的端口的。所以漏洞扫描技术也是以与端口扫描技术同样的思路来开展扫描的。

漏洞扫描主要通过以下两种方法来检查目标主机是否存在漏洞：在端口扫描后得知目标主机开启的端口以及端口上的网络服务，将这些相关信息与网络漏洞扫描系统提供的漏洞库进行匹配，查看是否有满足匹配条件的漏洞存在；通过模拟黑客的攻击手法，对目标主机系统进行攻击性的安全漏洞扫描，如测试弱势口令等。若模拟攻击成功，则表明目标主机系统存在安全漏洞。

基于网络系统漏洞库的漏洞扫描大体包括 CGI、POP3、FTP、SSH、HTTP 等。这些漏洞扫描是基于漏洞库的，将扫描结果与漏洞库相关数据匹配比较得到漏洞信息；漏洞扫描还包括没有相应漏洞库的各种扫描，比如 Unicode 遍历目录漏洞探测、FTP 弱势密码探测、OPEN Relay 邮件转发漏洞探测等，这些扫描通过使用插件功能模块技术进行模拟攻击，测试出目标主机的漏洞信息。下面就这两种扫描的实现方法进行讨论。

（1）漏洞库的匹配方法。基于网络系统漏洞库的漏洞扫描的关键部分就是它所使用的漏洞库。通过采用基于规则的匹配技术，即根据安全专家对网络系统安全漏洞、黑客攻击案例的分析和系统管理员对网络系统安全配置的实际经验，可以形成一套标准的网络系统漏洞库，然后在此基础上构成相应的匹配规则，由扫描程序自动进行漏洞扫描工作。

这样，漏洞库信息的完整性和有效性就决定了漏洞扫描系统的性能，漏洞库的修订和更新的性能也会影响漏洞扫描系统运行的时间。因此漏洞库的编制不仅要对每个存在安全隐患的网络服务建立对应的漏洞库文件，而且应当能满足前面所提出的性能要求。

（2）插件功能模块技术。插件是由脚本语言编写的子程序，扫描程序可以通过调用它来执行漏洞扫描，检测出系统中存在的一个或多个漏洞。添加新的插件就可以使漏洞扫描软件增加新的功能扫描出更多的漏洞。插件编写规范化后，甚至用户自己都可以用 Perl、C 或自行设计的脚本语言编写的插件来扩充漏洞扫描软件的功能。这种技术使漏洞扫描软件的升级维护变得相对简单，而专用脚本语言的使用也简化了编写新插件的编程工作，使漏洞扫描软件具有很强的扩展性。

9.2.5 端口扫描

网络中的每一台计算机如同一座城堡，在这些城堡中，有的对外完全开放，有的却是紧锁城门。在网络技术中，把这些城堡的城门称为计算机的"端口"。端口扫描是入侵者搜集信息的几种常用手法之一，也正是这一过程最容易使入侵者暴露自己的身份和意图。一般来说，扫描端口的目的包括：判断目标主机上开放了哪些服务；判断目标主机的操作系统。

如果入侵者掌握了目标主机开放了哪些服务，运行何种操作系统，他们就能够使用相应的手段实现入侵。

1. 端口扫描原理

"端口"在计算机网络领域中是个非常重要的概念。它是专门为计算机通信而设计的，不是硬件，不同于计算机中的"插槽"，可以说是个"软插槽"。如果有需要，一台计算机中可以有上万个端口。

端口是由计算机的通信协议 TCP/IP 定义的。其中规定，IP 地址和端口作为套接字，它代表 TCP 连接的一个连接端，一般称为 Socket。具体来说，就是用"IP＋端口"来定位一台主机中的进程。可以做这样的比喻，端口相当于两台计算机进程间的大门，可以随便定义，其目的只是为了让两台计算机能够找到对方的进程。计算机就像一座大楼，这个大楼有好多入口（端口），进到不同的入口中就可以找到不同的公司（进程）。如果要和远程主机 A 的程序通信，那么只要把数据发向"A：端口"就可以实现通信了。

端口扫描就是尝试与目标主机的某些端口建立连接，如果目标主机该端口有回复，则说明该端口开放，即为"活动端口"。

2. 端口扫描分类

1）全 TCP 连接

这种扫描方法使用三次握手，与目标计算机建立标准的 TCP 连接。需要说明的是，这种古老的扫描方法很容易被目标主机记录。

2）半打开式扫描（SYN 扫描）

在这种扫描技术中，扫描主机自动向目标计算机的指定端口发送 SYN 数据段，表示发送建立连接请求。

（1）如果目标计算机的回应 TCP 报文中 SYN=1,ACK=1,则说明该端口是活动的,接着扫描主机传送一个 RST 给目标主机拒绝建立 TCP 连接,从而导致三次握手过程的失败。

（2）如果目标计算机的回应是 RST,则表示该端口为"死端口",在这种情况下,扫描主机不用做任何回应。

由于扫描过程中全连接尚未建立,所以大大降低了被目标计算机记录的可能性,并且加快了扫描的速度。

3）FIN 扫描

在前面介绍过的 TCP 报文中,有一个字段为 F1N,FIN 扫描则依靠发送 FIN 来判断目标计算机的指定端口是否活动。

发送一个 FIN=1 的 TCP 报文到一个关闭的端口时,该报文会被丢掉,并返回一个 RST 报文。但是,如果当 FIN 报文到一个活动的端口时,该报文只是简单的丢掉,不会返回任何回应。

从 FIN 扫描可以看出,这种扫描没有涉及任何 TCP 连接部分,因此,这种扫描比前两种都安全,可以称之为秘密扫描。

4）第三方扫描

第三方扫描又称"代理扫描",这种扫描是利用第三方主机来代替入侵者进行扫描。这个第三方主机一般是入侵者通过入侵其他计算机而得到的,该"第三方"主机常被入侵者称为"肉鸡"。这些"肉鸡"一般为安全防御系数极低的个人计算机。

9.2.6 黑客攻击事件

事件一：美国 400 万政府雇员资料被窃。2015 年 6 月,美国政府机构计算机网络遭遇史上最大黑客袭击事件,美国联邦人事管理局成为袭击首要目标,400 万联邦政府现任雇员和前雇员资料被窃。此外,几乎所有政府机构都有数据遭窃迹象。

事件二：索尼影业遭袭导致董事长下台。据称与朝鲜有关的黑客为了让索尼影业（Sony Pictures）取消发行"以刺杀朝鲜最高领导人金正恩"为主题的电影《采访》(The Interview),对后者发动大规模网络攻击,导致该公司的备忘录、员工数据及企业机密曝光。在此次袭击事件发生数月后,其影响依然在持续发酵,计算机故障频发,电子邮件持续被冻结等。此外,该公司联席董事长艾米·帕斯卡（Amy Pascal）也已引咎辞职。

事件三：黑客用 10 万台计算机攻击 Spamhaus。2013 年 3 月,欧洲反垃圾邮件组织 Spamhaus 遭遇了史上最强大的网络攻击,黑客在袭击中使用的服务器数量和带宽都达到史上之最。据 Spamhaus 聘请来化解危机的专业抗 DDoS 服务商 CloudFlare 透露,欧洲大部分地区的网速因此而减慢。此次袭击中,黑客使用了近十万台服务器,攻击流量为 300Gb/s。这比伊朗于 2012 年 9 月发动的类似网络袭击规模大 3 倍,此次袭击曾导致美国部分银行网站数天拒绝接受访问。

事件四：Heartland 1.3 亿张信用卡信息被盗。在有史以来规模最大的信用卡遭窃案中,黑客从支付服务巨头 Heartland 盗取了 1.3 亿张信用卡的卡号和其他账户信息。Heartland 提供信用卡支付服务,自然容易成为攻击目标。此次袭击发生后,Heartland 向

Visa、万事达卡、美国运通以及其他信用卡公司支付了超过 1.1 亿美元的相关赔款。

事件五：Conficker 蠕虫病毒感染数千万台计算机。史上袭击范围最广的 Conficker 蠕虫病毒曾感染了全球二百多个国家的数千万台 Windows 个人计算机，英国政府使用受到的冲击最为严重。Conficker 蠕虫之所以如此难以预防和阻止，主要是因为其在感染计算机后，能够自动蔓延到共用网络的其他计算机中。计算机用户不必进行任何操作，这种蠕虫就能够进行自我传播。Conficker 蠕虫在受其感染的计算机上肆虐无忌，可瘫痪重要的系统服务和安全软件，并自动下载文件，阻止用户访问可下载安全更新文件的网站。

事件六：Target 1.1 亿用户账户遭袭。2013 年年末，美国折扣零售商 Target 宣布其 1.1 亿个用户账户遭到黑客攻击。更为不幸的是，此次黑客袭击的时机把握得非常准，正值假日购物高峰季。黑客从为 Target 提供暖气和空调服务的公司盗取了 Target 的登录信息，然后侵入其支付系统中，并从 7000 万个在线账户中盗走了 4000 万个信用卡号以及卡主个人信息。

事件七：Anthem 8000 万项客户记录被窃。2015 年年初，黑客从美国医疗保险商 Anthem 窃走数千万名客户信息，包括客户姓名、出生日期、医疗身份证、社会保障号码、住址、电子邮件以及就业信息（包括收入数据）。Anthem 遭袭的数据库包含 8000 万项客户记录。Anthem 中无人能够幸免，就连其 CEO 约瑟夫·斯韦德什（Joseph Swedish）的个人信息也被黑客获取。

事件八：TJX 400 万位客户银行卡信息失窃。2005 年，黑客成功地潜入美国服装和家庭时尚低价零售商 TJX 的支付系统。这家零售商旗下拥有折扣店 T. J. Maxx、Home Goods 以及 Marshalls 等。在随后几个月，他们偷走了 9400 万位客户的银行卡信息。迈阿密黑客阿尔伯特·冈萨雷斯（Albert Gonzalez）最终被 FBI 抓获，他是此次袭击的策划者，被判监禁 20 年。

事件九：索尼连续遭到多次袭击。对索尼而言，2011 年的春季绝对是难忘的，当时该公司不同部门都遭遇多次黑客入侵事件，导致 7700 万个信用卡账户被盗。其中受创最严重的当属索尼 PlayStation Network 部门。2011 年 4 月，该公司发现 PlayStation Network 服务以及和流媒体服务 Qriocity 遭到"外部攻击"。为了评估攻击严重性，索尼暂停了这两项服务数天时间。

事件十：摩根大通 8300 万客户信息被窃。2014 年 10 月，摩根大通（JPMorgan Chase）7600 万名客户以及 700 万个小型企业用户的联系信息被黑客窃走，包括客户姓名、地址、电话号码和电子邮件地址等。但摩根大通表示，黑客未能盗走任何账户信息，如账户号码、用户 ID、出生日期和社会安全号码。

9.2.7 预防黑客攻击

预防黑客攻击是一个复杂的系统工程，可以从以下三个方面着手，采用相应措施，预防黑客的攻击。

1. 技术上

黑客攻击的多样性决定了防范技术也必须采取多层次、全方位的防御体系，包括先进的、不断更新和完善的安全工具、各种软硬件设备、管理平台和监控系统。主要包括防火墙、安全扫描、评估分析、入侵检测、入侵取证、陷阱网络、备份恢复和病毒防治等。

2. 管理上

黑客攻击的技术手段越来越高明,但是不可否认,有些黑客攻击之所以可以成功,在于网络管理上的疏忽和漏洞。所以要建立有效的防范黑客攻击的安全体系,需要严密完善的安全技术规范、管理制度、高水平的安全技术人才和高度的工作责任心。其中包括建立定期检查制度、建立包机或网络安全专人负责制、建立安全事故及时上报制度、建立定期备份制度、建立口令定期修改制度等。

3. 规划上

网络技术迅猛发展,也使得黑客攻击技术不断发展,网络管理者要做好防范工作的同时也要做出正确合理的网络拓扑结构设计、规划和组织,做到防患于未然。

9.3 技术与法律

9.3.1 计算机犯罪

如同任何技术一样,计算机技术也是一柄双刃剑,它的广泛应用和迅猛发展,一方面使社会生产力获得极大解放,另一方面又给人类社会带来前所未有的挑战,其中尤以计算机犯罪为甚。

计算机犯罪,是指使用计算机技术来进行的各种犯罪行为,它既包括针对计算机的犯罪,即把电子数据处理设备作为作案对象的犯罪,如非法侵入和破坏计算机信息系统等,也包括利用计算机的犯罪,即以电子数据处理设备作为作案工具的犯罪,如利用计算机进行盗窃、贪污等。前者是因计算机而产生的新的犯罪类型,可称为纯粹意义的计算机犯罪,又称狭义的计算机犯罪;后者是用计算机来实施的传统的犯罪类型,可称为与计算机相关的犯罪,又称广义的计算机犯罪。

从1966年美国查处的第一起计算机犯罪案算起,世界范围内的计算机犯罪以惊人的速度在增长。有资料指出,目前计算机犯罪的年增长率高达30%,其中发达国家和一些高技术地区的增长率还要远远超过这个比例,如法国达200%,美国的硅谷地区达400%。与传统的犯罪相比,计算机犯罪所造成的损失要严重得多,例如,美国的统计资料表明:平均每起计算机犯罪造成的损失高达45万美元,而传统的银行欺诈与侵占案平均损失只有1.9万美元,银行抢劫案的平均损失不过4900美元,一般抢劫案的平均损失仅370美元。与财产损失相比,也许利用计算机进行恐怖活动等犯罪更为可怕。因此,对计算机犯罪及其防治予以高度重视,已成为西方各国不争的事实,"无庸置疑,计算机犯罪是今天一个值得注意的重大问题。将来,这个问题还会更大、更加值得注意"。

9.3.2 法律法规

我国首次计算机犯罪法律是1997年的《中华人民共和国刑法》中提到的。犯罪主体是指实施危害社会的行为、依法应当负刑事责任的自然人和单位。计算机犯罪的主体为一般主体。从计算机犯罪的具体表现来看,犯罪主体具有多样性,各种年龄、各种职业的人都可以进行计算机犯罪。一般来说,进行计算机犯罪的主体必须是具有一定计算机知识水平的行为人,而且这种水平还比较高,至少在一般人之上。

我国《刑法》第二百八十五条、第二百八十六条是对侵入计算机信息系统、破坏计算机信息系统功能、破坏计算机数据(程序)、制作(传播)计算机病毒罪的规定。

第二百八十五条：违反国家规定,侵入国家事务、国防建设、尖端科学技术领域的计算机信息系统的,处三年以下有期徒刑或者拘役。

第二百八十六条：违反国家规定,对计算机信息系统功能进行删除、修改、增加、干扰,造成计算机信息系统不能正常运行,后果严重的,处五年以下有期徒刑或者拘役；后果特别严重的,处五年以上有期徒刑。违反国家规定,对计算机信息系统中存储、处理或者传输的数据和应用程序进行删除、修改、增加的操作,后果严重的,依照前款的规定处罚。故意制作、传播计算机病毒等破坏性程序,影响计算机系统正常运行,后果严重的,依照第一款的规定处罚。

9.3.3 警钟长鸣

2013年年底至2014年10月,被告人付某某、黄某某等人租赁多台服务器,使用恶意代码修改互联网用户路由器的DNS设置,进而使用户登录"2345.com"等导航网站时跳转至其设置的"5w.com"导航网站,被告人付某某、黄某某等人再将获取的互联网用户流量出售给杭州某公司("5w.com"导航网站所有者),违法所得合计人民币754 762.34元。2014年11月17日,被告人付某某接民警电话通知后自动至公安机关,被告人黄某某主动投案,二被告人到案后均如实供述了上述犯罪事实。

上海市浦东新区人民法院于2015年5月20日做出(2015)浦刑初字第1460号刑事判决：被告人付某某犯破坏计算机信息系统罪,判处有期徒刑三年,缓刑三年。被告人黄某某犯破坏计算机信息系统罪,判处有期徒刑三年,缓刑三年。扣押在案的作案工具以及退缴在案的违法所得予以没收,上缴国库。

习　　题

(1) 病毒有什么特点？
(2) 如何防范病毒攻击？
(3) 木马有什么特点？
(4) 如何防范木马攻击？
(5) 黑客攻击方式有哪些？
(6) 如何预防黑客攻击？

第 10 章 拨云见日 构建安全网络

> 如何拨云见日构建安全网络？这是一个摆在所有网络参与者面前的一个重要的问题。本章从网络故障与维护、防火墙技术、密码学基础、公钥基础设施和安全应用协议多个方面来寻找答案。网络安全技术是一种和人们生活休戚相关的技术，同时也是一种考量使用者的道德水平和法律意识的新技术。

10.1 网络安全概述

10.1.1 网络安全的重要性

计算机网络的广泛应用对社会经济、科学研究、文化的发展产生了重大的影响，同时也不可避免地会带来一些新的社会、道德、政治与法律问题。Internet 技术的发展促进了电子商务技术的成熟与广泛的应用。目前，大量的商业信息与大笔资金正在通过计算机网络在世界各地流通，这已经对世界经济的发展产生了重要和积极的影响。政府上网工程的实施，使得各级政府与各个部门之间越来越多地利用网络进行信息交互，实现办公自动化。所有这一切都说明：网络的应用正在改变着人们的工作方式、生活方式与思维方式，对提高人们的生活质量产生了重要的影响。

在看到计算机网络的广泛应用对社会发展正面作用的同时，也必须注意到它的负面影响。网络可以使经济、文化、社会、科学、教育等领域信息的获取、传输、处理与利用更加迅速和有效。那么，也必然会使个别坏人可能比较"方便"地利用网络非法获取重要的经济、政治、军事、科技情报，或进行信息欺诈、破坏与网络攻击等犯罪活动。同时，也会出现利用网络发表不负责或损害他人利益的消息，涉及个人隐私法律与道德问题。计算机犯罪正在引起社会的普遍关注，而计算机网络是犯罪分子攻击的重点。计算机犯罪是一种高技术型犯罪，由于其犯罪的隐蔽性，因此会对网络安全构成很大的威胁。

Internet 可以为科学研究人员、学生、公司职员提供很多宝贵的信息，使得人们可以不受地理位置与时间的限制，相互交换信息，合作研究，学习新的知识，了解各国科学、文化的发展情况。同时，人们对 Internet 上一些不健康的、违背道德规范的信息表示了极大的担忧。一些不道德的 Internet 用户利用网络发表不负责或损害他人利益的消息，窃取商业情报与科研机密。我们必须意识到，对于大到整个的 Internet，小到各个公司的企业内部网与各个大学的校园网，都存在着来自网络内部与外部的威胁。要使网络有序、安全地运行，必须加强网络使用方法、网络安全技术与道德教育,完善网络管理,研究与不断开发新的网络安全技术与产品,同时也要重视"网络社会"中的"道德"与"法律"教育。

同时,我们还应该看到一个问题,那就是存储在计算机中的信息,以及在网络中传输的信息——电子信息。当有人非法窃取信息时,他并不一定需要从计算机中将大量的信息从文件中移出,而只需要执行一个简单的复制命令就可以非法获取信息。这就增大了我们对信息被窃取事实的发现、识别、认定的难度,也使网络环境中信息安全问题变得更加复杂。要保证这样一个庞大的信息系统的安全性与可靠性,必然要涉及人、计算机、网络、管理、法律与法规等一系列问题。网络安全涉及一个系统的概念。它包括技术、管理与法制环境等多个方面。只有不断地健全有关网络与信息安全的相关法律法规,提高网络管理人员的素质、法律意识与技术水平,提高网络用户自觉遵守网络使用规则的自觉性,提高网络与信息系统安全防护技术水平,才有可能不断改善网络与信息系统的安全状况。

10.1.2 网络安全的基本问题

组建计算机网络的目的是为处理各类信息的计算机系统提供一个良好的运行平台。网络可以为计算机信息的获取、传输、处理、利用与共享提供一个高效、快捷、安全的通信环境与传输通道。网络安全技术从根本上来说,就是通过解决网络安全存在的问题来达到保护在网络环境中存储、处理与传输的信息安全的目的。

研究网络安全技术,首先要研究构成对网络安全威胁的主要因素。我们可以将对网络安全构成威胁的因素、类型,大致归纳为以下 6 个方面的问题。

1. 网络防攻击问题

网络安全技术研究的第一个问题是网络防攻击技术。要保证运行在网络环境中的信息系统的安全,首要问题是保证网络自身能够正常工作。也就是说,首先要解决如何防止网络被攻击;或者网络虽然被攻击了,但是由于预先采取了攻击防范措施,仍然能够保持正常工作状态。如果一个网络一旦被攻击,就会出现网络瘫痪或延误问题,那么这个网络中信息的安全也就无从说起。

在 Internet 中,对网络的攻击可以分为两种基本的类型,即服务攻击与非服务攻击。服务攻击是指对网络提供某种服务的服务器发起攻击,造成该网络的"拒绝服务",网络工作不正常。例如,攻击者可能针对一个网站的 Web 服务,他会设法使该网站的 Web 服务器瘫痪,或修改它的主页,使得该网站的 Web 服务失效或不能正常工作。在非服务攻击的情况下,攻击者可能使用各种方法对网络通信设备(如路由器、交换机)发起攻击,使得网络通信设备工作严重阻塞或瘫痪,那么小则一个局域网,大到一个或几个子网不能正常工作或完全不能工作。

长期从事网络安全工作的技术人员都懂得"知道自己被攻击就赢了一半"。网络安全防护的关键是如何检测到网络被攻击,检测到网络被攻击之后采取哪些处理办法,将网络被攻击后产生的损失控制到最小程度。因此,研究网络可能遭到哪些人的攻击,攻击类型与手段可能有哪些,如何及时检测并报告网络被攻击,以及建立相应的网络安全策略与防护体系,是网络防攻击技术要解决的主要问题。

2. 网络安全漏洞与对策问题

网络安全技术研究的第二个问题是网络安全漏洞与对策的研究。网络信息、系统的运行一定会涉及计算机硬件与操作系统、网络硬件与网络软件、数据库管理系统、应用软件，以及网络通信协议等。各种计算机的硬件与操作系统、应用软件都会存在一定的安全问题，它们不可能百分之百没有缺陷或漏洞。UNIX 是 Internet 中应用最广泛的网络操作系统，但是在不同版本的 UNIX 操作系统中，或多或少都会找到能被攻击者利用的漏洞。TCP/IP 是 Internet 使用的最基本的通信协议，同样，TCP/IP 中也可以找到能被攻击者利用的漏洞。用户开发的各种应用软件可能会出现更多能被攻击者利用的漏洞。这些问题的存在是不足为奇的，因为很多软件与硬件中的问题，在研制与产品测试中大部分会被发现和解决，但是总会遗留下一些问题。这些问题只能在使用过程中不断被发现。

不过需要注意的是：网络攻击者也在研究这些安全漏洞，并且把这些安全漏洞作为攻击网络的首选目标。这就要求网络安全研究人员与网络管理人员也必须主动地了解计算机硬件与操作系统、网络硬件与网络软件、数据库管理系统、应用软件，以及网络通信协议可能存在的安全问题，利用各种软件与测试工具主动地检测网络可能存在的各种安全漏洞，并及时提出解决方案与措施。

3．网络中的信息安全保密问题

网络安全技术研究的第三个问题是如何保证网络系统中的信息安全问题，即网络信息的安全保密问题。网络中的信息安全保密主要包括两个方面：信息存储安全与信息传输安全。

信息存储安全是指如何保证静态存储在联网计算机中的信息不会被未授权的网络用户非法使用的问题。网络中的非法用户可以通过猜测用户口令或窃取口令的办法，或者是设法绕过网络安全认证系统，冒充合法用户，非法查看、下载、修改、删除未授权访问的信息，使用未授权的网络服务。信息存储安全一般是由计算机操作系统、数据库管理系统、应用软件与网络操作系统、防火墙来共同完成。通常采用的是用户访问权限设置、用户口令加密、用户身份认证、数据加密与结点地址过滤等方法。

信息传输安全是指如何保证信息在网络传输的过程中不被泄漏与不被攻击的问题。图 10-1 给出了网络中信息从信息源结点传输到信息目的结点的过程中可能受到的攻击类型。图 10-1(a) 给出了信息被截获的攻击过程。在这种情况下，信息从信息源结点传输出来，中途被攻击者非法截获，信息目的结点没有接收到应该接收的信息，因而造成了信息的中途丢失。图 10-1(b) 给出了信息被窃听的攻击过程。在这种情况下，信息从信息源结点传输到信息目的结点，但中途被攻击者非法窃听。尽管信息目的结点接收到了信息，信息并没有丢失，但如果被窃听到的是重要的政治、军事、经济信息，那么也有可能造成严重的问题。图 10-1(c) 给出了信息被篡改的攻击过程。在这种情况下，信息从信息源结点传输到信息目的结点的中途被攻击者非法截获，攻击者在截获的信息中进行修改或插入欺骗性的信息，然后将篡改后的错误信息发送给信息目的结点。尽管信息目的结点也会接收到信息，好像信息没有丢失，但是接收的信息却是错误的。图 10-1(d) 给出了信息被伪造的攻击过程。在这种情况下，信息源结点并没有信息要传送到信息目的结点。攻击者冒充信息源结点用户，将伪造的信息发送给了信息目的结点，信息目的结点接收到的是伪造的信息。如果信息目的结点没有办法发现伪造的信息，那么就可能出现严重的问题。

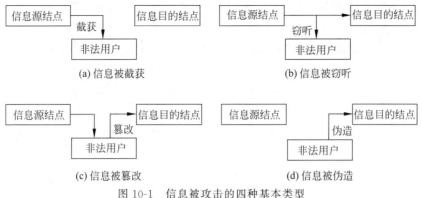

图 10-1　信息被攻击的四种基本类型

保证网络系统中的信息安全的主要技术是数据加密与解密算法。数据加密与解密算法是密码学研究的主要问题。在密码学中,将源信息称为明文。为了保护明文,可以将明文通过某种算法进行变换,使之成为无法识别的密文。对于需要保护的重要信息,可以在存储或传输过程中用密文表示。将明文变换成密文的过程称为加密;将密文经过逆变换恢复成明文的过程称为解密。数据加密与解密的过程如图10-2所示。

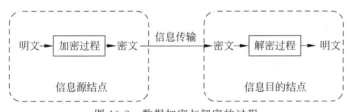

图 10-2　数据加密与解密的过程

密码学就是研究数据加密与解密算法的学科。它是介于通信技术、计算机技术与应用数学之间的交叉学科。传统的密码学已经有很悠久的历史了。自从1976年公开密钥密码体系诞生,使得密码学得到了快速发展,并在网络中获得了广泛应用。目前,人们通过加密与解密算法、身份确认、数字签名等方法,来实现信息存储与传输的安全。

4. 网络内部安全防范问题

网络安全技术研究的第四个问题是如何从网络系统内部来保证信息安全的问题。除了以上列出的几种可能对网络安全构成威胁的因素外,还可以列举出其他一些情况,这些威胁可能主要来自网络内部。

一个问题是如何防止信息源结点用户对所发送的信息事后不承认,或者是信息目的结点接收到信息之后不认账,即出现抵赖问题。"防抵赖"是网络对信息传输安全保障的重要内容之一。如何防抵赖也是在电子商务应用中必须解决的一个重要问题。电子商务会涉及商业洽谈、签订商业合同,以及大量资金在网上划拨等重大问题。因此,网络安全技术研究还需要通过数字签名、身份确认、第三方确认等方法,确保网络信息传输的合法性问题,防止出现"抵赖"等现象产生。

另一个问题是如何防止内部具有合法身份的用户有意或无意地做出对网络与信息安全有害的行为。对网络与信息安全有害的行为包括:有意或无意地泄漏网络用户或网络管理员口令;违反网络安全规定,绕过防火墙,私自和外部网络连接,造成系统安全漏洞;违反网络使用规定,越权查看、修改、删除系统文件、应用程序及数据;违反网络使用规定,越权修改网络系统配置,造成网络工作不正常;违反网络使用规定,私自将带有病毒的个人磁盘或游戏盘拿到公司的网络中使用。这类问题经常会出现,并且危害性极大。

解决来自网络内部的不安全因素必须从技术与管理两个方面入手。一是通过网络管理软件随时监控网络运行状态与用户工作状态;对重要资源(如主机、数据库、磁盘等)使用状态进行记录与审计。同时,制定和不断完善网络使用和管理制度,加强用户培训和管理。

5. 网络防病毒问题

网络安全技术研究的第五个问题是网络防病毒问题。网络病毒的危害是人们不可忽视的现实。据统计,目前70%的病毒发生在网络上。联网微型计算机病毒的传播速度是单机的20倍,而网络服务器消除病毒处理所花的时间是单机的40倍。电子邮件炸弹可以轻易地使用户的计算机瘫痪。有些网络病毒甚至会破坏系统硬件。我们经常会发现,有些网络设计人员可能已经在文件目录结构、用户组织、数据安全性、备份与恢复方法上,以及系统容错技术上采取了严格的措施,但是没有重视网络防病毒问题。也许有一天,某个用户从家里带来一张已经染上病毒的U盘,他没有遵守网络使用制度,在办公室的工作站上运行了染上病毒的U盘,那么网络很可能就会在这之后的某一时刻瘫痪。因此网络防病毒是保护网络与信息安全的重要问题之一,它需要从工作站与服务器两个方面的防病毒技术与用户管理技术来着手解决。

6. 网络数据备份与恢复、灾难恢复问题

网络安全技术研究的第六个问题是网络数据备份与恢复、灾难恢复策略与实现方法。在实际的网络运行环境中,数据备份与恢复功能是非常重要的。因为网络安全问题可以从预防、检查、反应等方面着手,去减少网络信息系统的不安全因素,但是要完全保证系统不出现安全事件,这是任何人都不可能做到的。

如果出现网络故障造成数据丢失,数据能不能被恢复?如果出现网络因某种原因被损坏,重新购买设备的资金可以提供,但是原有系统的数据能不能恢复?这些问题在网络信息系统安全设计中都必须回答。我们知道,网络信息系统的硬件与系统软件都是可以用钱买到的,而数据是多年积累的成果,并且可能价值连城,是一家公司、企业的"生命",它是用钱买不来的。如果数据一旦丢失,并且不能恢复,那么就可能会给公司和客户造成不可挽回的损失。在国外已经出现过在某个公司网络系统遭到损坏时,因网络管理员没有保存足够的备份数据,而无法恢复该公司的信息系统,从而造成了无可挽回的损失,导致了公司破产。因此,一个实用的网络信息系统的设计中必须有网络数据备份、恢复手段和灾难恢复策略与实现方法的内容,这也是网络安全研究的一个重要内容。

10.1.3 网络安全服务的主要内容

完整地考虑网络安全应该包括三个方面的内容,即安全攻击(Security Attack)、安全机制(Security Mechanism)与安全服务(Security Service)。

安全攻击是指所有有损于网络信息安全的操作。安全机制是指用于检测、预防攻击,以及在受到攻击之后进行恢复的机制。安全服务则是指提高数据处理安全系统中信息传输安全性的服务。

网络安全服务应该提供以下这些基本的服务功能。

1．保密性

保密性(Confidentiality)服务是为了防止被攻击而对网络传输的信息进行保护。对于所传送的信息的安全要求不同，选择不同的保密级别。最广泛的服务是保护两个用户之间在一段时间内传送的所有用户数据。同时也可以对某个信息中的特定域进行保护。

保密性的另一个方面是防止信息在传输中数据流被截获与分析。这就要求采取必要的措施，使攻击者无法检测到在网络中传输信息的源地址、目的地址、长度及其他特征。

2．认证

认证(Authentication)服务是用来确定网络中信息传送的源结点用户与目的结点用户的身份是真实的，不出现假冒、伪装等现象，保证信息的真实性。在网络中两个用户开始通信时，要确认对方是合法用户，还应保证不会有第三方在通信过程中干扰与攻击信息交换的过程，以保证网络中信息传输的安全性。

3．数据完整性

数据完整性(Data Integrity)服务可以保证信息流、单个信息或信息中指定的字段，保证接收方所接收的信息与发送方所发送的信息是一致的。在传送过程中没有出现复制、插入、删除等对信息进行破坏的行为。

数据完整性服务又可以分为有恢复与无恢复服务两类。因为数据完整性服务与信息受到主动攻击相关，因此数据完整性服务与预防攻击相比更注重信息一致性的检测。如果安全系统检测到数据完整性遭到破坏，可以只报告攻击事件发生，也可以通过软件或人工干预的方式进行恢复。

4．防抵赖

防抵赖(Nonrepudiation)服务是用来保证收发双方不能对已发送或已接收的信息予以否认。一旦出现发送方对发送信息的过程予以否认，或接收方对已接收的信息进行否认时，防抵赖服务可以提供记录，说明否认方是错误的。防抵赖服务对多目的地址的通信机制与电子商务活动是非常有用的。

5．访问控制

访问控制(Access Control)服务是控制与限定网络用户对主机、应用与网络服务的访问。攻击者首先要欺骗或绕过网络访问控制机制。常用的访问控制服务是通过对用户的身份确认与访问权限设置来确定用户身份的合法性，以及对主机、应用或服务访问类型的合法性。更高安全级别的访问控制服务，可以通过用户口令的加密存储与传输，以及使用一次性口令、智能卡、个人特殊性标识(例如指纹、视网膜、声音)等方法提高身份认证的可靠性。

10.2 网络故障与维护

网络环境越复杂，发生故障的可能性就越大，引发故障的原因也就越难确定。网络故障往往具有特定的故障现象。这些现象可能比较笼统，也可能比较特殊。利用特定的故障排除工具及技巧，在具体的网络环境下观察故障现象，细致分析，最终必然可以查找出一个或多个引发故障的原因。一旦确定引发故障的根源,就可以通过一系列的步骤有效地处理故障。

10.2.1 网络故障排除思路

在排除网络故障时,使用非系统化的方法可能会浪费大量宝贵的时间及资源,事倍功半,使用系统化的方法往往更为有效。系统化的方法流程如下:定义特定的故障现象,根据特定现象推断出可能发生故障的所有潜在的问题,直到故障现象不再出现。

图 10-3 给出了一般性故障排除模型的处理流程。这一流程并不是解决网络故障时必须严格遵守的步骤,只是为建立特定网络环境中故障排除的流程提供了基础。

(1) 分析网络故障时,要对网络故障有个清晰的描述,并根据故障的一系列现象以及潜在的症结对其进行准确的定义。

要想对网络故障做出准确的分析,首先应该了解故障表现出来的各种现象,然后确定可能会产生这些现象的故障根源或现象。例如,主机没有对客户机的服务请求做出响应(一种故障现象),可能产生这一现象的原因主要包括主机配置错误、网络接口卡损坏或路由器配置不正确等。

(2) 收集有助于确定故障症结的各种信息。

向受故障影响的用户、网络管理员、经理及其他关键人员询问详细的情况。从网络管理系统、协议分析仪的跟踪记录、路由器诊断命令的输出信息以及软件发行注释信息等信息源中收集有用的信息。

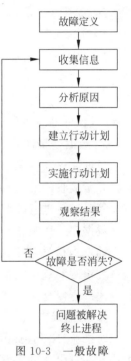

图 10-3 一般故障排除模型

(3) 依据所收集到的各种信息考虑可能引发故障的症结。利用收集到的信息可以排除一些可能引发故障的原因。

例如,根据收集到的信息也许可以排除硬件出现问题的可能性,于是就可以把关注的焦点放在软件问题上。应该充分地利用每一条有用的信息,尽可能地缩小目标范围,从而找到高效的故障排除方法。

(4) 根据剩余的潜在症结制订故障的排查计划。从最有可能的症结入手,每次只做一处改动。

之所以每次只做一处改动,是因为这样有助于确定针对固定故障的排除方法。如果同时做了两处或多处改动,也许能排除故障,但是难以确定到底是哪些改动消除了故障现象,而且对日后解决同样的故障也没有太大的帮助。

(5) 实施制订好的故障排除计划,认真执行每一步骤,同时进行测试,查看相应的现象是否消失。

(6) 当做出一处改动时,要注意收集相应操作的反馈信息。通常,应该采用在步骤(2)中使用的方法(利用诊断工具并与相关人员密切配合)进行信息的收集工作。

(7) 分析相应操作的结果,并确定故障是否已被排除。如果故障已被排除,那么整个流程到此结束。

(8) 如果故障依然存在,就得针对剩余的潜在症结中最可能的一个制订相应的故障排除计划。回到步骤(4)，依旧每次只做一处改动，重复此过程，直到故障被排除为止。

如果能提前为网络故障做好准备工作，那么网络故障的排除也就变得比较容易了。对于各种网络环境来说，最为重要的是保证网络维护人员总能够获得有关网络当前情况的准确信息。只有利用完整、准确的信息才能够对网络的变动做出明智的决策，才能够尽快、尽可能简单地排除故障。因此，在网络故障的排除过程中，最为关键的是确保当前掌握的信息及资料是最新的。

对于每个已经解决的问题，一定要记录其故障现象以及相应的解决方案。这样，就可以建立一个"问题-回答"数据库，今后发生类似的情况时，公司里的其他人员也能参考这些案例，从而极大地降低对网络进行故障排除的时间，最小化对业务的负面影响。

10.2.2 网络故障排除工具

网络故障排除工具

排除网络故障的常用工具有多种，总的来说可以分为三类：设备或系统诊断命令、网络管理工具以及专用故障排除工具。

1. 设备或系统诊断命令

许多网络设备及系统本身就提供大量的集成命令来帮助监视并对网络进行故障排除。下面介绍了一些常用命令的基本用法。

1) show 命令

show 命令是一个功能非常强大的监测及故障排除工具。使用 show 命令可以实现以下多种功能。

(1) 监测路由器在最初安装时的工作情况。

(2) 监测正常的网络运行状况。

(3) 分离存在问题的接口、结点、介质或者应用程序。

(4) 确定网络是否出现拥塞现象。

(5) 确定服务器、客户机以及其他邻接设备的工作状态。

以下为 show 命令最常用的一些形式。

show version：显示系统硬件、软件版本，配置文件的名称和来源以及引导图像的配置。

show running-config：显示当前正在运行的路由器所采用的配置情况。

show startup-eonfig：显示保存在非易失随机存储器(NVRAM)中的路由器配置信息。

show interfaces：显示配置在路由器或者访问服务器上的所有接口的统计信息。这一命令的输出信息根据网络接口所在的网络的配置类型不同而有所不同。

show controllers：显示网络接口卡控制器的统计信息。

show flash：显示闪存的布局结构和信息内容。

show buffers：显示路由器上的缓冲池的统计信息。

show memory summary：显示存储池统计信息，以及关于系统存储器分配符的活动信息，并给出从数据块到数据块的存储器使用程序清单。

show process cpu：显示路由器上活动进程的有关信息。

show stacks：显示进程或者中断例程的堆栈使用情况，以及最后一次系统重新启动的原因。

show debugging：显示关于排除故障类型的信息(路由器允许此种故障类型)。还可以使用许多其他的 show 命令。

关于使用 show 命令的细节,可以参阅相关设备的命令参考手册。

2) debug 命令

利用 debug 特权命令可以查看到大量有用的信息,其中包括网络接口上可以看到的(或无法看到的)通信过程、网络结点产生的错误信息、特定协议的诊断数据包以及其他有用的故障排除数据。

debug 命令可以用于故障的定位,但是不能用于监测网络的正常运行状况。这是因为 debug 命令需要占用处理器的大量时间,可能打断路由器的正常操作。因此,应该在寻找特定类型的数据包或通信故障,并且已经将引发故障的原因缩小到尽可能小的范围内时,才使用 debug 命令。

不同形式的 debug 命令所输出的格式也大不相同:有些命令对每一数据包都产生一行输出信息,而有些命令对每一数据包产生多行输出信息;有些命令产生大量的输出信息,而有些命令只是偶尔才有输出信息;一些命令产生文本行,而另一些命令产生格式信息。

如果需要将 debug 命令的输出信息保存起来,那么可以将其输出信息保存到文件之中。在许多情况下,使用第三方厂商提供的诊断工具更为有效,也比使用 debug 命令带来的负面影响要小。

3) ping 命令

作用:验证与远程计算机的连接。该命令只有在安装了 TCP/IP 后才可以使用。

格式:ping [-t] [-a] [-n count] [-l length] [-f] [-i ttl] [-v tos] [-r count] [-s count] [-j computer-list] | [-k computer-list] [-w timeout] destination-list

参数:

-t:Ping 指定的计算机直到中断。

-a:将地址解析为计算机名。

-n count:发送 count 指定的 ECHO 数据包数,默认值为 4。

-l length:发送包含由 length 指定的数据量的 ECHO 数据包,默认为 32B,最大值是 65 527。

-f:在数据包中发送"不要分段"标志,数据包就不会被路由上的网关分段。

-i ttl:将"生存时间"字段设置为 ttl 指定的值。

-v tos:将"服务类型"字段设置为 tos 指定的值。

-r count:在"记录路由"字段中记录传出和返回数据包的路由,count 可以指定最少 1 台,最多 9 台计算机。

-s count:指定 count 指定的跃点数的时间戳。

-j computer-list:利用 computer-list 指定的计算机列表路由数据包,连续计算机可以被中间网关分隔(路由稀疏源)IP 允许的最大数量为 9。

-k computer-list:利用 computer-list 指定的计算机列表路由数据包,连续计算机不能被中间网关分隔(路由严格源)IP 允许的最大数量为 9。

-w timeout:指定超时间隔,单位为 ms。

destination-list:指定要 Ping 的远程计算机。

使用 ping 命令检查网络连通性的一般流程如下。

(1) Ping 本机回环地址。
(2) Ping 本机 IP 地址。
(3) Ping 网内邻居。
(4) Ping 本网网关。
(5) Ping 本地 DNS。
(6) Ping 远程 IP 地址。

4) ipconfig 命令

作用：该诊断命令显示所有当前的 TCP/IP 网络配置值。该命令在运行 DHCP 系统上的特殊用途，允许用户决定 DHCP 配置的 TCP/IP 配置值。

格式：ipconfig [/？| /all | /release [adapter] | /renew [adapter] | /flushdns | /registerdns /showclassid adapter | /setclassid adapter [classidtoset]]

参数：

all：显示本机 TCP/IP 配置的详细信息。
release：DHCP 客户端手工释放 IP 地址。
renew：DHCP 客户端手工向服务器刷新请求。
flushdns：清除本地 DNS 缓存内容。
displaydns：显示本地 DNS 内容。
registerdns：DNS 客户端手工向服务器进行注册。
showclassid：显示网络适配器的 DHCP 类别信息。
setclassid：设置网络适配器的 DHCP 类别。
renew "Local Area Connection"：更新"本地连接"适配器的由 DHCP 分配 IP 地址的配置。
showclassid Local *：显示名称以 Local 开头的所有适配器的 DHCP 类别 ID。
setclassid "Local Area Connection" TEST：将"本地连接"适配器的 DHCP 类别 ID 设置为 TEST。

5) arp 命令

作用：显示和修改 IP 地址与物理地址之间的转换表。

格式：arp -s inet_addr eth_addr [if_addr]ARP -d inet_addr [if_addr]
　　　arp -a [inet_addr][-N if_addr]

参数：

-a：显示当前的 ARP 信息，可以指定网络地址。
-g：跟 -a 一样。
-d：删除由 inet_addr 指定的主机，可以使用 * 来删除所有主机。
-s：添加主机，并将网络地址跟物理地址相对应，这一项是永久生效的。
eth_addr：物理地址。
inet_addr：以加点的十进制标记指定 IP 地址。
if_addr：指定需要修改其地址转换表接口的 IP 地址（如果有的话）。

6) netstat 命令

作用：显示协议统计和当前的 TCP/IP 网络连接。该命令只有在安装了 TCP/IP 后才可以使用。

格式：netstat [-a][-e][-n][-s][-p protocol][-r][interval]

参数：

-a：显示所有连接和侦听端口。服务器连接通常不显示。

-e：显示以太网统计。该参数可以与-s选项结合使用。

-n：以数字格式显示地址和端口号（而不是尝试查找名称）。

-s：显示每个协议的统计。默认情况下，显示TCP、UDP、ICMP和IP的统计。

-p protocol：显示protocol指定的协议的连接；protocol可以是TCP或UDP。如果与-s选项一同使用显示每个协议的统计，protocol可以是TCP、UDP、ICMP或IP。

-r：显示路由表的内容。

interval：重新显示所选的统计，在每次显示之间暂停interval秒。按Ctrl＋B组合键停止重新显示统计。如果省略该参数，netstat将打印一次当前的配置信息。

7) tracert命令

tracert（跟踪路由）是路由跟踪实用程序，用于确定IP数据报访问目标所采取的路径。tracert命令用IP生存时间（TTL）字段和ICMP错误消息来确定从一个主机到网络上其他主机的路由。

格式：tracert [-d][-h maximum_hops][-j computer-list][-w timeout]target_name

参数：

-d：指定不将地址解析为计算机名。

-h maximum_hops：指定搜索目标的最大跃点数。

-j computer-list：指定沿computer-list的稀疏源路由。

-w timeout：每次应答等待timeout指定的微秒数。

target_name：目标计算机的名称。

最简单的用法就是"tracert hostname"，其中，"hostname"是计算机名或想跟踪路径的计算机的IP地址，tracert将返回它到达目的地的各种IP地址。

关于如何利用这些网络命令进行网络故障的诊断，请参考《实用计算机网络技术——基础、组网和维护实验指导》一书，此处不再赘述。

2. 网络管理工具

一些厂商推出的网络管理工具如Ciseo Works、HPOpenView等都含有监测以及故障排除功能，这有助于对网络互联环境的管理和故障的及时排除。下面以Ciseo Works 2000为例介绍网络管理工具对排除网络故障的主要功能。

（1）Cisco View提供动态监视和故障排除功能，包括Cisco设备、统计信息和综合配置信息的图形显示。

（2）网络性能监视器（Internetwork Performance Monitor，IPM）使网络工程师能够利用实时和历史报告主动地对网络响应进行故障诊断与排除。

（3）TrafficDirector RMON应用程序是一个远程监测工具，它能够收集数据、监测网络活动并查找潜在的问题。

（4）VlanDirector交换机管理应用程序是一个针对VLAN（虚拟局域网）的管理工具，它能够提供对VLAN的精确描绘。

3. 专用故障排除工具

在许多情况下，专用故障排除工具可能比设备或系统中集成的命令更有效。例如，在网络通信负载繁重的环境中，运行需要占用大量处理器时间的 debug 命令将会对整个网络造成巨大影响。然而，如果在"可疑"的网络上接入一台网络分析仪，就可以尽可能少地干扰网络的正常工作，并且很有可能在不打断网络正常工作的情况下获取到有用的信息。下面为一些典型的用于排除网络故障的专用工具。

1）欧姆表、数字万用表及电缆测试器

欧姆表、数字万用表及电缆测试器可以用于检测电缆设备的物理连通性。欧姆表、数字万用表属于电缆检测工具中比较低档的一类。这类设备能够测量诸如交直流电压、电流、电阻、电容以及电缆连续性之类的参数。利用这些参数可以检测电缆的物理连通性。

电缆测试器（扫描器）也可以用于检测电缆的物理连通性。电缆测试器适用于屏蔽双绞线（STP）、非屏蔽双绞线（UTP）、10Base-T、同轴电缆及双芯同轴电缆等。通常，电缆测试器能够提供下述功能。

（1）测试并报告电缆状况，其中包括近端串音（Near End Crosstalk，NEXT）、信号衰减及噪声。

（2）实现 TDR、通信检测及布线图功能。

（3）显示局域网通信中媒体访问控制（Media Access Control，MAC）层的信息，提供诸如网络利用率、数据包出错率之类的统计信息，完成有限的协议测试功能（例如，TCP/IP 网络中的 Ping 测试）。

对于光缆而言，也有类似的测试设备。由于光缆的造价及其安装的成本相对较高，因此在光缆的安装前后都应该对其进行检测。对光纤连续性的测试需要使用可见光源或反射计。光源应该能够提供三种主要波长（即 850nm、1300nm 和 1550nm）的光线，配合能够测量同样波长的功率计一起使用，便可以测出光纤传输中的信号衰减与回程损耗。

2）时域反射计与光时域反射计

时域反射计（Time Domain Reflectors，TDR）与光时域反射计（Optical Time Domain Reflectors，OTDR）可以用于测定电缆断裂、阻抗不匹配以及电缆设备其他物理故障的具体位置。

电缆检测工具中比较高档的就是时域反射计。这种设备能够快速地定位金属电缆中的断路、短路、压接、扭接、阻抗不匹配及其他问题。

TDR 的工作原理基于信号在电缆末端的振动。电缆的断路、短路及其他问题会导致信号以不同的幅度反射回来。FDR 通过测试信号反射回来所需要的时间，就可以计算出电缆中出现故障的位置。TDR 还可以用于测量电缆的长度。有些 TDR 还可以基于给定的电缆长度计算出信号的传播速度。

对于光纤的测试则需要使用光时域反射计。OTDR 可以精确地测量光纤的长度、定位光纤的断裂处、测量光纤的信号衰减、测量接头或连接器造成的损耗。OTDR 还可以用于记录特定安装方式的参数信息（例如，信号的衰减以及接头造成的损耗等）。以后当怀疑网络出现故障时，可以利用 OTDR 测量这些参数并与原先记录的信息进行比较。

3）断接盒、智能测试盘和位/数据块错误测试器

断接盒、智能测试盘和位/数据块错误测试器（BERT/BLERT）可以用于外围接口的故

障排除。

断接盒、智能测试盘和位/数据块错误测试器是用于测量 PC、打印机、调制解调器、信道服务设备、数字服务设备(CSU/DSU)以及其他外围接口数字信号的数字接口测试工具。这类设备可以监测数据线路的状态,俘获并分析数据,诊断数据通信系统中常见的故障。通过监测从数据终端设备(DTE)到数据通信设备(DCE)的数据通信,可以发现潜在的问题,确定位组合模式,确保电缆铺设结构的正确。这类设备无法测试诸如以太网、令牌环网及 FDDI 之类的媒体信号。

4) 网络监测器

网络监测器通过持续跟踪穿越网络的数据包,能每隔一段时间提供网络活动的准确图像。

网络监测器能够持续不断地跟踪数据包在网络上的传输,能够提供任何时刻网络活动的精确描述或者一段时间内网络活动的历史记录。网络监测器不会对数据帧中的内容进行解码。网络监测器可以对正常运作下的网络活动进行定期采样,以此作为网络性能的基准。

网络监测器可以收集诸如数据包长度、数据包数量、错误数据包的数量、连接的总体利用率、主机与 MAC 地址的数量、主机与其他设备之间的通信细节之类的信息。这些信息可以用于概括局域网的通信状况,帮助用户确定网络通信超载的具体位置、规划网络的扩展形式、及时地发现入侵者、建立网络性能基准、更加有效地分散通信量。

5) 网络分析仪

网络分析仪(例如,NAI 公司的 Sniffer)可以对 OSI 所有 7 层上出现的问题进行解码,自动实时地发现问题,对网络活动进行清晰的描述,并根据问题的严重性对故障进行分类。

网络分析仪有时也称为协议分析仪,它能够对不同协议层的通信数据进行解码。以便于用阅读的缩略语或概述形式表示出来,详细表示哪个层被调用(物理层、数据链路层等),以及每个字节或者字节内容起什么作用。

大多数的网络分析仪能够实现如下功能。

(1) 按照特定的标准对通信数据进行过滤,例如,可以截获发送给特定设备及特定设备发出的所有信息。

(2) 为截获的数据加上时间标签。

(3) 以便于阅读的方式展示协议层数据信息。

(4) 生成数据帧,并将其发送到网络中。

(5) 与某些系统配合使用,系统为网络分析仪提供一套规则,并结合网络的配置信息及具体操作,实现对网络故障的诊断与排除,或者为网络故障提供潜在的排除方案。

10.2.3 网络故障分层诊断

1. 物理层及其诊断

物理层是 OSI 分层结构体系中最基础的一层,它建立在通信媒体的基础上,实现系统和通信媒体的物理接口,为数据链路实体之间进行透明传输,为建立、保持和拆除计算机和网络之间的物理连接提供服务。

物理层的故障主要表现为设备的物理连接方式是否恰当;连接电缆是否正确。确定路由器端口物理连接是否完好的最佳方法是使用 show interface 命令,检查每个端口的状态,解释屏幕输出信息,查看端口状态、协议建立状态。

2. 数据链路层及其诊断

数据链路层的主要任务是使网络层无须了解物理层的特征而获得可靠的传输。数据链路层为通过链路层的数据进行打包和解包、差错检测和一定的校正能力,并协调共享介质。在数据链路层交换数据之前,协议关注的是形成帧和同步设备。查找和排除数据链路层的故障,需要查看路由器的配置,检查连接端口的共享同一数据链路层的封装情况。每对接口要和与其通信的其他设备有相同的封装。通过查看路由器的配置检查其封装,或者使用 show 命令查看相应接口的封装情况。

3. 网络层及其诊断

网络层提供建立、保持和释放网络层连接的手段,包括路由选择、流量控制、传输确认、中断、差错及故障恢复等。排除网络层故障的基本方法是:沿着从源到目标的路径,查看路由器路由表,同时检查路由器接口的 IP 地址。如果路由没有在路由表中出现,应该通过检查来确定是否已经输入适当的静态路由、默认路由或者动态路由。然后手工配置一些丢失的路由,或者排除一些动态路由选择过程的故障,包括 RIP 或者 IGRP 出现的故障。例如,对于 IGRP 路由选择信息只在同一自治系统号(AS)的系统之间交换数据,查看路由器配置的自治系统号的匹配情况。

4. 应用层及其诊断

应用层提供最终用户服务,如文件传输、电子信息、电子邮件和虚拟终端接入等。排除网络层故障的基本方法是:首先可在服务器上检查配置,测试服务器是否正常运行,如果服务器没有问题,再检查应用客户端是否正确配置。

10.2.4 端口安全及防护

端口安全及防护

1. 端口及其分类

计算机在 Internet 上相互通信需要使用 TCP/IP,根据 TCP/IP 规定,计算机有 256×256(65 536)个端口,这些端口可分为 TCP 端口和 UDP 端口两种。如果按照端口号划分,它们又可以分为以下两大类。

1) 系统保留端口(0~1023)

这些端口不允许用户使用,它们都有确切的定义,对应着 Internet 上常见的一些服务,每一个打开的此类端口,都代表一个系统服务,例如,80 端口就代表 Web 服务,21 对应着 FTP,25 对应着 SMTP,110 对应着 POP3 等。

2) 动态端口(1024~65535)

当需要与别人通信时,Windows 会从 1024 端口开始,在本机上分配一个动态端口,如果 1024 端口未关闭,再需要端口时就会分配 1025 端口供用户使用,以此类推。但是有个别的系统服务会绑定在 1024~49151 的端口上,例如 3389 端口(远程终端服务)。49152~65535 这一段端口通常没有捆绑系统服务,允许 Windows 动态分配给用户使用。

2. 查看本机开放端口

Windows 提供了 netstat 命令,能够显示当前的 TCP/IP 网络连接情况,注意:只有安装了 TCP/IP,才能使用 netstat 命令。或者使用 TCPView、Port Reporter、绿鹰 PC 万能精灵、网络端口查看器等端口监视类软件查看端口开放状态。

3. 关闭本机不用端口

默认情况下,Windows 有很多端口是开放的,一旦用户上网,黑客就可以通过这些端口连上用户的计算机,因此应该封闭这些端口。这些开放的端口主要有:TCP139、445、593、1025 端口和 UDP123、137、138、445、1900 端口,一些流行病毒的后门端口(如 TCP 2513、2745、3127、6129 端口),以及远程服务访问端口 3389。

关闭的方法如下。

(1) 137、138、139、445 端口:它们都是为共享而开放的,若需禁止别人共享自己的机器,可以把这些端口全部关闭,方法是:在设备管理器中,单击"查看"菜单下的"显示隐藏的设备",双击"非即插即用驱动程序",找到并双击 NetBIOS over Tcpip,在打开的"NetBIOS over Tcpip 属性"窗口中,单击选中"常规"标签下的"不要使用这个设备(停用)",单击"确定"按钮后重新启动后即可。

(2) UDP123 端口:打开"管理工具"→"服务",停止 Windows Time 服务即可。关闭 UDP 123 端口,可以防范某些蠕虫病毒。

(3) UDP1900 端口:打开"管理工具"→"服务",停止 SSDP Discovery Service 服务即可。关闭这个端口,可以防范 DDoS 攻击。

(4) 其他端口:可以用网络防火墙来关闭,或者在"控制面板"中双击"管理工具"→"本地安全策略",选中"IP 安全策略,在本地计算机",创建 IP 安全策略来关闭。

4. 重定向默认端口

如果本机的默认端口不能关闭,可以将它"重定向"。把该端口重定向到另一个地址,这样即可隐藏公认的默认端口,降低受破坏机率,保护系统安全。

例如,计算机上开放了远程终端服务(Terminal Server),端口默认是 3389,可以将它重定向到另一个端口(例如 1234)。

10.2.5 实例 1:病毒引发的网络故障

1. 故障现象

某公司的某个子网的用户计算机无法正常上网,且在该计算机上 Ping DNS 时断时续。远程登录三层交换机,检查连接用户的办公楼端口后,并未发现有异常情况。

2. 故障诊断

管理员首先检查网络是否出现风暴或网络回环。打开 Sniffer 软件监控用户所在网络,看是不是出现流量异常的现象,监控两个小时后发现流量很正常。很奇怪,据用户反映在中午下班时网络恢复正常,但是下午上班后,网络又不正常了,初步判断问题出在用户端。

管理员到用户办公室逐个排查。根据用户反映,如果把网卡禁用后再启用,网络就正常了,但过 10 分钟又无法 Ping 通,周而复始。我们知道,网卡禁用再启用的过程,就是一个 ARP 的学习过程。在此期间,它会发出一个 ARP 的请求,询问谁是这个网段的网关,然后得到这个网关的 MAC 地址,当它需要去访问不同网段机器的时候,就会把数据包丢给那个网关。那么,是不是用户的某台机器中了病毒,导致它可以模仿真实网关的地址,使得在局域网内的客户端在上网时都把数据包发给了这个模仿真实网关的机器,从而产生故障?管理员马上找了一台机器用 arp-a 命令去查看这台机器默认网关的 MAC 地址,发现当网络正常时显示的默认网关的 MAC 地址是正确的,当故障出现时默认网关的 MAC 地址突然变了。

3. 故障解决

管理员记下出现故障时显示的那个网关的 MAC 地址,然后在楼道交换机上根据这个 MAC 地址查到是哪台机器。拔掉该机器的网线后,网络恢复正常。至于为何中午下班时上网正常,原因是因为用户下班时将中病毒的机器关了,所以大家都又能够正常上网。中毒机器杀毒后也恢复正常。

4. 排错总结

通过对这个网络的故障分析,总结出以下几点:首先,当网络出现故障的时候,一定要多到用户端了解情况,最好能通过用户对故障的描述抓住网络故障的实质;然后当出现奇怪的网络现象时,可以分析是否是用户端的机器中了病毒导致这种现象发生,并不一定是网络设备的问题。

10.2.6 实例2:用户端交换机环路引起故障

1. 故障现象

管理员发现汇聚层交换机远程无法登录,初步怀疑设备故障。于是管理员迅速赶到机房检查设备运行情况、设备供电及其与核心交换机连接均正常。在交换机控制口 Ping 网关不通,CPU 利用率 38%,检查运行日志未发现有告警。检查端口,发现交换机 e0/3 端口流量不正常,输入流量远大于输出。将 e0/3 端口关闭后,交换机 Ping 网关正常,业务恢复正常。检查所有端口,只有 e0/3 端口流量不正常,最后确定是 e0/3 端口所带的用户问题。用户端不停地发包,流量过大造成汇聚交换机上端口拥塞,从而影响其他用户正常上网。

2. 故障诊断

到用户端检查,将用户所用的公网 IP 配置在笔记本电脑上直接上网,上网正常,因此确定用户端光电转换器和线路无故障。检查发现接入交换机配置正常,但是只要接入交换机联入网络,机房内的汇聚交换机就无法正常工作,初步判断用户交换机故障。

3. 排错解决

由于没有接入交换机的资料,无法确定每个端口的业务明细,只有采取将交换机上的连接线一个个拔出,同时检查机房的汇聚交换机运行情况的方法来判断故障点的位置。当将接入交换机 e2/8 端口线路拔出后,机房内人员报告汇聚交换机运行恢复正常。于是,立刻检查该线路,发现这条线路的另一端连接在第 e2/9 端口。原来是这条线路两端都连接在交换机上造成环路,导致链路拥塞,用户无法上网。详细检查发现造成环路的端口都未配置,并且没有业务使用,交换机没有发出环路告警。

故障处理完毕后,总结分析如下。

(1) 用户交换机走线杂乱,线路未做标签,业务走向不明,是造成环路故障的主要原因。

(2) 由于造成环路的端口未使用,没有配置业务,导致交换机无法在工作中产生环路告警,也未能报告出哪个 VLAN 故障。

(3) 环路可造成广播风暴,数据流量猛增,造成汇聚设备端口拥塞,远程无法登录。而计算机中 ARP 病毒后不停发包,也能造成设备死机,远程无法登录,两种情况有相似之处。

10.3　防火墙技术

10.3.1　防火墙的定义

防火墙的本义是指古代构筑和使用木质结构房屋的时候,为防止火灾的发生和蔓延,人们将坚固的石块堆砌在房屋周围作为屏障,这种防护构筑物就被称为"防火墙"。其实与防火墙一起起作用的就是"门"。如果没有门,各房间的人如何沟通呢?这些房间的人又如何进出呢?当火灾发生时,这些人又如何逃离现场呢?这个门就相当于计算机网络防火墙中的"安全策略"。

防火墙是设置在两个或多个网络之间的安全阻隔,用于保证本地网络资源的安全,通常是包含软件部分和硬件部分的一个系统或多个系统的组合。内部网络被认为是安全和可信赖的,而外部网络(通常是Internet)被认为是不安全和不可信赖的。防火墙的作用是通过允许、拒绝或重新定向经过防火墙的数据流,防止不希望的、未经授权的通信进出被保护的内部网络,并对进、出内部网络的服务和访问进行审计和控制,本身具有较强的抗攻击能力,并且只有授权的管理员方可对防火墙进行管理,通过边界控制来强化内部网络的安全。防火墙在网络中的位置通常如图10-4所示。

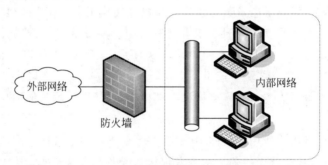

图 10-4　防火墙在网络中的位置

如果没有防火墙,则整个内部网络的安全性完全依赖于每台主机,因此,所有的主机都必须达到一致的高度安全水平。也就是说,网络的安全水平是由最低的那个安全水平的主机决定的,这就是所谓的"木桶原理",木桶能装多少水由最低的地方决定。网络越大,对主机进行管理使它们达到统一的安全级别水平就越不容易。

防火墙隔离了内部网络和外部网络,它被设计为只运行专用的访问控制软件的设备,而没有其他的服务,因此也就意味着相对少一些缺陷和安全漏洞。此外,防火墙也改进了登录和监测功能,从而可以进行专用的管理。如果采用了防火墙,内部网络中的主机将不再直接暴露给来自Internet的攻击。因此,对整个内部网络的主机的安全管理就变成了防火墙的安全管理,这样就使安全管理变得更为方便,易于控制,也会使内部网络更加安全。

防火墙一般安放在被保护网络的边界,必须做到以下几点,才能使防火墙起到安全防护的作用。

(1) 所有进出被保护网络的通信都必须通过防火墙。

(2) 所有通过防火墙的通信必须经过安全策略的过滤或者防火墙的授权。

(3) 防火墙本身是不可侵入的。

总之,防火墙是在被保护网络和非信任网络之间进行访问控制的一个或一组访问控制部件。它是一种逻辑隔离部件,而不是物理隔离部件,它所遵循的原则是:在保证网络畅通的情况下,尽可能地保证内部网络的安全。防火墙是在已经制定好的安全策略下进行访问控制,所以一般情况下它是一种静态安全部件。但随着防火墙技术的发展,防火墙或通过与IDS(入侵检测系统)进行联动,或自身集成 IDS 功能,将能够根据实际的情况进行动态的策略调整。

10.3.2 防火墙的分类

了解什么是防火墙之后,可以对当前市场上的防火墙进行一下分类。目前防火墙产品非常多,划分的标准也比较纷杂,主要是以防火墙软硬件形式和防火墙采用的技术为参照物进行划分。

1. 按防火墙的软硬件形式分类

如果按防火墙的软硬件形式进行分类,防火墙可以分为硬件防火墙、软件防火墙和嵌入式防火墙。

(1) 基于硬件的防火墙是一个已经预装有软件的硬件设备。基于硬件的防火墙又可分为家庭办公型和企业型两种。防火墙在外观上与平常人们所见到的集线器和交换机类似,只是只有少数几个接口,分别用于连接内、外部网络,那是由防火墙的基本作用决定的。

(2) 基于软件的防火墙是能够安装在操作系统和硬件平台上的防火墙软件包。如果用户的服务器装有企业级操作系统,购买基于软件的防火墙则是合理的选择。如果用户是一家小企业,并且想把防火墙与应用服务器(如网站服务器)结合起来,配备一个基于软件的防火墙不失为明智之举。

国内外还有许多网络安全软件厂商开发出面向家庭用户的基于纯软件的防火墙,俗称"个人防火墙"。之所以说它是"个人防火墙",是因为它是安装在主机中,只对一台主机进行防护,而不是保护整个网络。

(3) 嵌入式防火墙就是内嵌于路由器或交换机的防火墙。嵌入式防火墙是某些路由器的标准配置。用户也可以购买防火墙模块,安装到已有的路由器或交换机中。嵌入式防火墙也被称为检查点防火墙。由于 Internet 使用的协议多种多样,所以不是所有的网络服务都能得到嵌入式防火墙的有效处理。嵌入式防火墙工作于 IP 层,无法保护网络免受病毒、蠕虫和特洛伊木马程序等来自应用层的威胁。就本质而言,嵌入式防火墙常常是无监控状态的,它在传递信息包时并不考虑以前的连接状态。

2. 按防火墙采用的技术分类

防火墙技术可根据防范的方式和侧重点的不同分为包过滤型防火墙、应用层网关、代理服务型防火墙三种类型。

(1) 包过滤(Packet Filtering)型防火墙。工作在 OSI 网络参考模型的网络层和传输层,它根据数据包头源地址、目的地址、端口号和协议类型等标志确定是否允许数据包通过。只有满足过滤条件的数据包才被转发到相应的目的地,其余数据包则被从数据流中丢弃。

包过滤方式是一种通用、廉价和有效的安全手段。之所以通用,是因为它不是针对各个具体的网络服务采取特殊的处理方式,适用于所有网络服务;之所以廉价,是因为大多数路由器都提供数据包过滤功能，所以这类防火墙多数是由路由器集成的；之所以有效，是因为它能在很大程度上满足绝大多数企业的安全要求。

包过滤方式的优点是不用改动客户机和主机上的应用程序，因为它工作在网络层和传输层，与应用层无关。但其弱点也是明显的：过滤判别的依据只是网络层和传输层的有限信息，因而各种安全要求不可能充分满足；在许多过滤器中，过滤规则的数目是有限制的，且随着规则数目的增加，性能会受到很大的影响；由于缺少上下文关联信息，不能有效地过滤如 UDP、RPC 一类的协议。另外，大多数过滤器中缺少审计和报警机制，它只能依据包头信息，而不能对用户身份进行验证，很容易受到"地址欺骗型"攻击。包过滤型防火墙对安全管理人员素质要求高，建立安全规则时，必须对协议本身及其在不同应用程序中的作用有较深入的理解。

(2) 应用层网关防火墙。应用层网关(Application Level Gateways)防火墙是在 OSI/RM 应用层上建立协议过滤和转发功能。它针对特定的网络应用服务协议使用指定的数据过滤逻辑，并在过滤的同时，对数据包进行必要的分析、登记和统计，并形成报告提供给网络安全管理员做进一步分析。

数据包过滤和应用层网关防火墙有一个共同的特点，就是它们仅依靠特定的逻辑判定是否允许数据包通过。一旦满足逻辑，则防火墙内外的计算机系统建立直接联系，防火墙外部的用户便有可能直接了解防火墙内部的网络结构和运行状态，这有利于实施非法访问和攻击。

(3) 代理服务型防火墙。代理服务型(Proxy Service)防火墙是针对数据包过滤和应用层网关技术存在的缺点而引入的防火墙技术，其特点是将所有跨越防火墙的网络通信链路分为两段。防火墙内外计算机系统间不能直接连接，都要通过代理服务型防火墙中转连接。外部计算机的网络链路只能到达代理服务型防火墙，从而起到了隔离防火墙内外计算机系统的作用。有些网络安全专业人员将代理服务型防火墙归于应用层网关一类。

代理服务型防火墙最突出的优点就是安全。由于它工作于最高层，所以可以对网络中任何一层数据通信进行筛选保护，而不是像包过滤那样，只是对网络层的数据进行过滤。

另外，代理服务型防火墙采取的是一种代理机制，它可以为每一种应用服务建立一个专门的代理，所以内外部网络之间的通信不是直接的，而都需先经过代理服务器审核，通过后再由代理服务器代为连接，根本没有给内、外部网络计算机任何直接会话的机会，从而避免了入侵者使用数据驱动类型的攻击方式入侵内部网。包过滤类型的防火墙则很难彻底避免这一漏洞。

有优点就有缺点，任何事物都一样。代理服务型防火墙的最大缺点就是速度相对比较慢，当用户对内外部网络网关的吞吐量要求比较高时，代理服务型防火墙就会成为内外部网络之间的瓶颈。由于防火墙需要为不同的网络服务建立专门的代理服务，在自己的代理程序为内、外部网络用户建立连接时需要时间，所以给系统性能带来了一些负面影响，但通常不会太明显。

10.3.3 防火墙体系结构

防火墙的经典体系结构主要有三种形式：双重宿主主机体系结构、被屏蔽主机体系结构和被屏蔽子网体系结构。在介绍防火墙的体系结构之前，先介绍防火墙体系结构中几个常见的术语。

堡垒主机：堡垒主机是指可能直接面对外部用户攻击的主机系统，在防火墙体系结构中，特指那些处于内部网络的边缘，并且暴露于外部网络用户面前的主机系统。一般来说，堡垒主机上提供的服务越少越好，因为每增加一种服务就增加了被攻击的可能性。

双重宿主主机：双重宿主主机是指通过不同网络接口连入多个网络的主机系统，又称为多穴主机系统。一般来说，双重宿主主机是实现多个网络之间互联的关键设备，如网桥是在数据链路层实现互联的双重宿主主机，路由器是在网络层实现互联的双重宿主主机，应用层网关是在应用层实现互联。

周边网络：周边网络是指在内部网络、外部网络之间增加的一个网络。一般来说，对外提供服务的各种服务器都可以放在这个网络里。周边网络也被称为非武装区域（Demilitarized Zone，DMZ）。周边网络的存在，使得外边用户访问服务器时不需要进入内部网络，而内部网络用户对服务器维护工作导致的信息传递也不会泄漏至外部网络。同时，周边网络与外部网络或内部网络之间存在着数据包过滤，这样为外部用户的攻击设置了多重障碍，确保了内部网络的安全。

1. 双重宿主主机体系结构

防火墙的双重宿主主机体系结构是指以一台双重宿主主机作为防火墙系统的主体，执行分离外部网络与内部网络的任务。一个典型的双重宿主主机体系结构如图 10-5 所示。

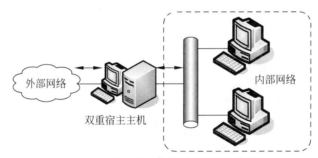

图 10-5　双重宿主主机防火墙体系结构

在基于双重宿主主机体系结构的防火墙中，带有内部网络和外部网络接口的主机系统构成了防火墙的主体。该台双重宿主主机具备了成为内部网络和外部网络之间路由器的条件，但是在内部网络与外部网络之间进行数据包转发的进程是被禁止运行的。为了达到防火墙的基本效果，在双重宿主主机体系结构中，任何路由功能是禁止的，甚至数据包过滤技术也是不允许在双重宿主主机上实现的。双重宿主主机唯一可以采用的防火墙技术就是应用层代理，内部网络用户可以通过客户端代理软件以代理方式访问外部网络资源，或者直接登录至双重宿主主机成为一个用户，再利用该主机访问外部资源。

双重宿主主机体系结构防火墙的优点在于网络结构比较简单，由于内外网络之间没有直接的数据交互而较为安全；内部用户账号的存在可以保证对外部资源进行有效控制；由于应用层代理机制的采用，可以方便地形成应用层的数据与信息过滤。其缺点在于，用户访问外部资源较为复杂，如果用户需要登录到主机上才能访问外部资源，则主机的资源消耗较大；用户机制存在安全隐患，并且内部用户无法借助于该体系结构访问新的服务或者特殊服务；一旦外部用户入侵了双重宿主主机，则导致内部网络处于不安全状态。

2. 被屏蔽主机体系结构

被屏蔽主机体系结构是指通过一个单独的路由器和内部网络上的堡垒主机共同构成防火墙，主要通过数据包过滤实现内部、外部网络的隔离和对内网的保护。一个典型的被屏蔽主机体系结构如图 10-6 所示。

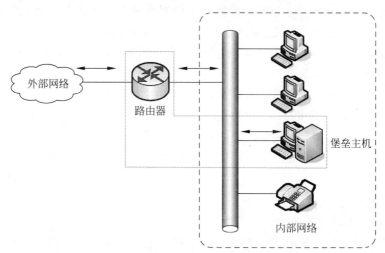

图 10-6　被屏蔽主机防火墙体系结构

在被屏蔽主机体系结构中有两道屏障，一道是屏蔽路由器，另一道是堡垒主机。

屏蔽路由器位于网络的最边缘，负责与外网实施连接，并且参与外网的路由计算。屏蔽路由器不提供任何服务，仅提供路由和数据包过滤功能，因此屏蔽路由器本身较为安全，被攻击的可能性较小。由于屏蔽路由器的存在，使得堡垒主机不再是直接与外网互连的双重宿主主机，增加了系统的安全性。

堡垒主机存放在内部网络中，是内部网络中唯一可以连接到外部网络的主机，也是外部用户访问内部网络资源必须经过的主机设备。在经典的被屏蔽主机体系结构中，堡垒主机也通过数据包过滤功能实现对内部网络的防护，并且该堡垒主机仅允许通过特定的服务连接。主机也可以不提供数据包过滤功能，而是提供代理功能，内部用户只能通过应用层代理访问外部网络，而堡垒主机就成为外部用户唯一可以访问的内部主机。

被屏蔽主机体系结构的优点如下。

(1) 被屏蔽主机体系结构比双重宿主主机体系结构具有更高的安全特性。由于屏蔽路由器在堡垒主机之外提供数据包过滤功能，使得堡垒主机要比双重宿主主机相对安全，存在漏洞的可能性较小，被攻击的可能性也较小。同时，堡垒主机的数据包过滤功能限制外部用户只能访问内部特定主机上的特定服务，或者只能访问堡垒主机上的特定服务，在提供服务的同时仍然保证了内部网络的安全。

(2) 内部网络用户访问外部网络较为方便、灵活，在被屏蔽路由器和堡垒主机不允许内部用户直接访问外部网络，则用户通过堡垒主机提供的代理服务访问外部资源。在实际应用中，可以将两种方式综合运用，访问不同的服务采用不同的方式。例如，内部用户访问Web，可以采用堡垒主机的应用层代理，而一些新的服务可以直接访问。

(3) 由于堡垒主机和屏蔽路由器同时存在，使得堡垒主机可以从部分安全事务中解脱出来,从而可以以更高的效率提供数据包过滤或代理服务。

被屏蔽主机体系结构的缺点如下。

(1) 在被屏蔽主机体系结构中,外部用户在被允许的情况下可以访问内部网络,这样存在一定安全隐患。

(2) 与双重宿主主机体系一样,一旦用户入侵堡垒主机,就会导致内部网络处于不安全状态。

(3) 路由器和堡垒主机的过滤规则配置较为复杂,较容易形成错误和漏洞。

3. 被屏蔽子网体系结构

在防火墙的双重宿主主机体系结构和被屏蔽子网体系结构中,主机都是最主要的安全隐患,一旦主机被入侵,则整个网络都会处于入侵者的威胁之中。为解决这种安全隐患,出现了屏蔽子网体系结构。

被屏蔽子网体系结构将防火墙的概念扩充至一个由两台路由器包围起来的特殊网络——周边网络,并且将容易受到攻击的堡垒主机都置于这个周边网络中。一个典型的被屏蔽子网体系结构如图 10-7 所示。

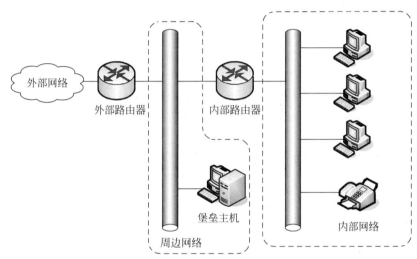

图 10-7 被屏蔽子网防火墙体系结构

被屏蔽子网体系结构的防火墙比较复杂,主要由 4 个部件组成,分别为周边网络、外部路由器、内部路由器以及堡垒主机。

1) 周边网络

周边网络是位于非安全、不可信的外部网络与安全、可信的内部网络之间的一个附加网络。周边网络与外部网络、周边网络与内部网络之间都是通过屏蔽路由器实现逻辑隔离的,因此,外部用户必须穿越两道屏蔽路由器才能访问内部网络。一般情况下,外部用户不能访问内部网络,仅能够访问周边网络中的资源。由于内部用户间通信的数据包不会通过屏蔽路由器传递至周边网络,外部用户即使入侵了周边网络中的堡垒主机,也无法监听到内部网络的信息。

2) 外部路由器

外部路由器的主要作用在于保护周边网络和内部网络,是屏蔽子网体系结构的第一道屏障。在其上设置了对周边网络和内部网络进行访问的过滤规则,该规则主要针对外网用户,例如,限制外网用户仅能访问周边网络而不能访问内部网络,或者仅能访问内部网络的部分主机。外部路由器基本上对周边网络发出的数据包不进行过滤,因为周边网络发送的数据包都来自于堡垒主机或由内部路由器过滤后的内部主机数据包。外部路由器上应该复制内部服务器上的规则,以避免内部路由器失效的负面影响。

3) 内部路由器

内部路由器用于隔离周边网络和内部网络,是屏蔽子网体系结构的第二道屏障。在其上设置了针对内部用户的访问过滤规则,对内部用户访问周边网络和外部网络进行限制,例如,部分内部网络用户只能访问周边网络而不能访问外边网络等。内部路由器复制了外部路由器的内网过滤规则,以防止外部路由器的过滤功能失效的严重后果。内部路由器还要限制周边网络的堡垒主机和内部网络之间的访问,以减轻在堡垒主机被入侵后可能影响的内部主机数量和服务的数量。

4) 堡垒主机

在被屏蔽子网体系结构中,堡垒主机位于周边网络,可以向外部用户提供 Web、FTP 等服务,接收来自外部网络用户的服务资源访问请求。同时,堡垒主机也可以向内部网络用户提供 DNS、电子邮件、Web 代理和 FTP 代理等多种服务,提供内部网络用户访问外部资源的接口。

与双重宿主主机体系结构和被屏蔽子网体系结构相比较,被屏蔽子网体系结构具有明显的优越性,这些优越性体现在如下几个方面。

(1) 由外部路由器和内部路由器构成了双层防护体系,入侵者难以突破。

(2) 外部用户访问服务资源时无须进入内部网络,在保证服务的情况下提高了内部网络安全性。

(3) 外部路由器和内部路由器上的过滤规则复制避免了路由器失效产生的安全隐患。

(4) 堡垒主机由外部路由器的过滤规则和本机安全机制共同防护,用户只能访问堡垒主机提供的服务。

(5) 即使入侵者通过堡垒主机提供服务中的缺陷控制了堡垒主机,由于内部防火墙将内部网络和周边网络隔离,入侵者也无法通过监听周边网络获取内部网络信息。

被屏蔽子网体系结构的缺点包括成本较高、配置复杂,容易出现配置错误导致的安全隐患。

10.3.4 分布式防火墙

1. 分布式防火墙概念

广义分布式防火墙是一种全新的防火墙体系结构,包括网络防火墙、主机防火墙和中心管理三部分。

1) 网络防火墙

网络防火墙是用于内部网与外部网之间(即传统的边界防火墙)和内部网与子网之间的防护产品,后者区别于前者的一个特征是需要支持内部网可能有的 IP 和非 IP 协议。

2) 主机防火墙

主机防火墙有纯软件和硬件两种产品,是用于对网络的服务器和桌面机进行防护。它是作用在同一内部子网之间的工作站与服务器之间,以确保内部网络服务器的安全。它达到了应用层的安全防护,比起网络层更加彻底。

3) 中心管理

这是一个防火墙服务器管理软件,负责总体安全策略的策划、管理、分发及日志的汇总。这是新的防火墙的管理功能,也是以前传统边界防火墙所不具有的。

狭义分布式防火墙是指驻留在网络主机(如服务器或桌面机)并对主机系统提供安全防护的软件产品,驻留主机是这类防火墙的重要特征。这类防火墙将该驻留主机以外的其他网络都认作是不可信任的,并对驻留主机运行的应用和对外提供的服务设定针对性很强的安全策略。

2. 分布式防火墙的特点

综合起来,分布式防火墙技术具有以下几个主要特点。

1) 保护全面性

分布式防火墙把 Internet 和内部网络均视为"不友好的"。它们对个人计算机进行保护的方式如同边界防火墙对整个网络进行保护一样。对于 Web 服务器来说,分布式防火墙进行配置后能够阻止一些非必要的协议,如 HTTP 和 HTTPS 之外的协议通过,从而阻止了非法入侵的发生,同时还具有入侵检测及防护功能。

2) 主机驻留性

分布式防火墙是一种主机驻留式的安全系统。主机防火墙对分布式防火墙体系结构的突出贡献是,使安全策略不仅停留在网络与网络之间,而是把安全策略推广延伸到每个网络末端。

3) 嵌入操作系统内核

主要是针对目前的纯软件式分布式防火墙。操作系统自身存在许多安全漏洞,运行在其上的应用软件无一不受到威胁。分布式主机防火墙也运行在主机上,所以其运行机制是主机防火墙的关键技术之一。为自身的安全和彻底堵住操作系统的漏洞,主机防火墙的安全监测核心引擎要以嵌入操作系统内核的形态运行,直接接管网卡,在把所有数据包进行检查后再提交操作系统。为实现这样的运行机制,除防火墙厂商自身的开发技术外,与操作系统厂商的技术合作也是必要的条件,因为这需要一些操作系统不公开内部技术接口。

4) 类似个人防火墙

针对桌面应用的狭义分布式防火墙与个人防火墙有相似之处,如都对应个人系统,但两者的差别又是本质的。首先,它们的管理方式不同,个人防火墙的安全策略由系统使用者自己设置,目标是防止外部攻击;而针对桌面应用的狭义防火墙的安全策略是由管理员统一设置,除了对该桌面系统起到保护作用外,还对该桌面系统的对外访问加以控制,并且这种安全机制是使用者不能改动的。其次,个人防火墙面向个人用户,而针对桌面应用的狭义防火墙面向的是企业级用户,是企业级安全解决方案的组成部分。

5) 适用于服务器托管

不同的托管用户都有不同数量的服务器在数据中心托管,服务器上也有不同的应用。对于安装了中心管理系统的管理终端,数据中心安全服务部门的技术人员可以对所有在数据中心委托安全服务的服务器的安全状况进行监控,并提供有关的安全日志记录。

3. 分布式防火墙的优点

综合起来,这种新的防火墙技术具有以下几个主要优点。

1) 分布式体系结构保护内网安全

分布式的系统构架能够满足不同形态和规模的网络,能够适应网络结构和规模的变化,系统的灵活性得到充分的体现。分布式的安全思路是在保证每个结点安全的前提下,达到整个网络的安全,某个结点的脆弱环节不会导致整个网络的安全遭到破坏。因此,创新的分布式的体系架构对于内网和移动办公的防黑和防木马、防病毒都起到很好的防护作用。

2) 集中管理

独特的集中管理方式,对所有结点的管理可以通过统一的安全策略管理服务器来完成。中央策略管理服务器是一个集成的管理环境,负责给各个结点分发安全策略,记录客户端的工作状态,记录客户端强制复制的日志,记录服务器日志,并可以生成、指派、扫描和检查所有的客户端安全策略。通过集中管理控制中心,统一制定和分发安全策略,真正做到多主机统一管理,最终用户"零"负担。同时,通过不同的集中管理控制策略的制定,还可以对最终用户的上网行为进行控制。

3) 中央控制策略动态更新

管理员在管理服务器更新安全策略之后,会在很短的时间内动态分发到各个客户端结点,只要客户端的机器空闲,客户端就会自动从统一策略服务器更新策略,用户也可以手动启动安全策略更新程序。客户端将会自动加载这些新的安全策略。安全策略在网络传输的过程中是以加密的形式完成的,不会被黑客窃听安全策略的具体内容。同时客户端所自行采用的安全策略只能比统一分发的中央控制策略的安全级别更高,不可以低于统一分发的中央控制策略的安全级别。

4) 系统扩展性增强

分布式防火墙随系统扩充提供了安全防护无限扩充的能力。因为分布式防火墙分布在整个企业的网络或服务器中,所以它具有无限制的扩展能力。随着网络的增长,它们的处理负荷也在网络中进一步分布,因此它们的高性能可以持续保持住,而不会像边界式防火墙一样随着网络规模的增大而不堪重负。

4. 分布式防火墙的主要功能

综合起来,分布式防火墙技术具有以下几个主要功能。

(1) 控制网络连接(包过滤、基于状态的过滤)。

(2) 应用访问控制。

(3) 网络状态监控。

(4) 入侵检测。

(5) 防御黑客攻击。

(6) 脚本过滤(对常见的各种脚本,如 JavaScript、VBScript 等 ActiveX 脚本进行分析检查)。

(7) 日志管理。

(8) 客户端定制的安全策略。

(9) 对安全策略、日志和数据库的备份。

(10) 统一的安全策略管理服务器。

5. 分布式防火墙技术的发展

随着分布式防火墙技术的不断发展,未来分布式防火墙技术将主要向两个方向发展:

分布式主动型防火墙技术和分布式智能型防火墙技术。

1）分布式主动型防火墙

随着分布式防火墙技术的不断发展，未来分布式防火墙技术将向分布式主动型防火墙技术发展。不是被动地防止攻击，而是将内部的攻击拒绝在攻击者处，有效防止来自内部的拒绝服务攻击，使服务器能正常提供服务，从而克服分布式防火墙在防止拒绝服务攻击上的不足。

2）分布式智能型防火墙

分布式智能型防火墙是未来分布式防火墙发展的另一个方向，它具有以下几个特点。

（1）透明流量分担技术。保证了防火墙能够加大带宽，同时又起到双机设备的作用，显著提高防火墙的可用性。其巨大的吞吐能力，保证了客户网络巨大数据流的来往，并且不会影响网络速度和性能。

（2）内核集成 IPS 模块。分布式智能型防火墙将 IPS 作为一个模块集成到里面，直接在主干上监测并且阻断供给，更高效、更安全。并且，如果单独放置 IPS，那么这些 DoS 攻击以及防扫描的工作就被提到了应用空间去完成，显然没有集成之后的 IPS 直接在防火墙的内核处理的效率和稳定性高。

（3）预置防 IP 欺骗策略。智能型分布式防火墙的"防黑客"功能，能够对 IP 欺骗、碎片攻击、源路由攻击、DoS 攻击等各种黑客攻击进行有效的抵抗和防御。

纵观防火墙技术的发展历史，分布式防火墙技术无疑是一座里程碑。它不但弥补了传统边界式防火墙的不足，而且把防火墙的安全防护系统延伸到网络中的各台主机，一方面有效地保证了用户的投资不会很高，另一方面给网络带来全面的安全防护。分布式防火墙分布在整个企业的网络或服务器中，具有无限制的扩展能力，随着网络的增长，它们的处理负荷也在网络中进一步分布，进而持续保持高性能。然而当前黑客入侵系统技术的不断进步以及网络病毒朝智能化和多样化发展，对分布式防火墙技术提出了更高的要求。分布式防火墙技术只有不断向主动型和智能型等方向发展，才能满足人们对防火墙技术日益增长的需求。

10.3.5 防火墙应用规则

在比较复杂的网络体系中，常常有两个不同的防火墙——外围防火墙和内部防火墙，网络系统结构如图 10-8 所示。虽然这些防火墙的任务相似，但是它们有不同的侧重点，因为外围防火墙主要提供对不受信任的外部用户的限制，而内部防火墙主要防止外部用户访问内部网络并且限制内部用户可以执行的操作。

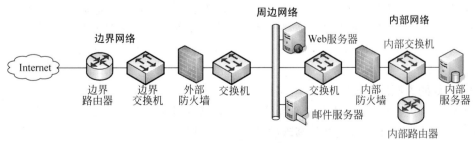

图 10-8　复杂网络体系结构

1. 内部防火墙应用规则

内部防火墙监视外围区域和信任的内部区域之间的通信。由于这些网络之间通信类型和数据流的复杂性，内部防火墙的技术要求比外围防火墙的技术要求更加复杂。通常，内部防火墙在默认情况下，或者通过设置将需要遵循以下规则。

(1) 默认情况下，阻止所有数据包。

(2) 在外围接口上，阻止看起来好像来自内部 IP 地址的传入数据包，以阻止欺骗。

(3) 在内部接口上，阻止看起来好像来自外部 IP 地址的传出数据包，以限制内部攻击。

(4) 允许从内部 DNS 服务器到 DNS 解析程序 Bastion 主机的基于 UDP 的查询和响应。

(5) 允许从 DNS 解析程序 Bastion 主机到内部 DNS 服务器的基于 UDP 的查询和响应。

(6) 允许从内部 DNS 服务器到 DNS 解析程序 Bastion 主机的基于 TCP 的查询，包括对这些查询的响应。

(7) 允许从 DNS 解析程序 Bastion 主机到内部 DNS 服务器的基于 TCP 的查询，包括对这些查询的响应。

(8) 允许 DNS 广告商 Bastion 主机和内部 DNS 服务器主机之间的区域传输。

(9) 允许从内部 SMTP 邮件服务器到出站 SMTP Bastion 主机的传出邮件。

(10) 允许从入站 SMTP Bastion 主机到内部 SMTP 邮件服务器的传入邮件。

(11) 允许来自 VPN 服务器后端的通信到达内部主机并且允许响应返回到 VPN 服务器。

(12) 允许验证通信到达内部网络上的 RADIUS 服务器并且允许响应返回到 VPN 服务器。

(13) 来自内部客户端的所有出站 Web 访问将通过代理服务器，并且响应将返回客户端。

(14) 在外围域和内部域的网段之间支持 Windows Server 2000/2003 域验证通信。

(15) 至少支持 5 个网段，在所有加入的网段之间执行数据包的状态检查（线路层防火墙——第 3 层和第 4 层）。

(16) 支持高可用性功能，如故障转移。

(17) 在所有连接的网段之间路由通信，而不使用网络地址转换。

说明：在本部分中提及了"Bastion 主机（堡垒主机）"，其实也就是通常所说的 DMZ 中的主机。Bastion 主机是位于外围网络中的服务器，向内部和外部用户提供服务。Bastion 主机包括 Web 服务器、E-mail 邮件服务器、FTP 服务器和 VPN 服务器等需要为公众提供服务的服务器。

2. 外部防火墙应用规则

边界位置中使用的防火墙是外部防火墙，它是通向外部世界的通道。在很多大型组织中，此处实现的防火墙类别通常是高端硬件防火墙或者服务器防火墙。

通常情况下，外围防火墙需要以默认的形式或者通过配置来遵循下列规则。

(1) 拒绝所有通信,除非显式允许的通信。

(2) 阻止声明具有内部或者外围网络源地址的外来数据包。

(3) 阻止声明具有外部源 IP 地址的外出数据包(通信应该只源自堡垒主机)。

(4) 允许从 DNS 解析程序到 Internet 上的 DNS 服务器的基于 UDP 的 DNS 查询和应答。

(5) 允许从 Internet DNS 服务器到 DNS 解析程序的基于 UDP 的 DNS 查询和应答。

(6) 允许基于 UDP 的外部客户端查询 DNS 解析程序并提供应答。

(7) 允许从 Internet DNS 服务器到 DNS 解析程序的基于 TCP 的 DNS 查询和应答。

(8) 允许从出站 SMTP 堡垒主机到 Internet 的外出邮件。

(9) 允许外来邮件从 Internet 到达入站 SMTP 堡垒主机。

(10) 允许从代理发起的通信从代理服务器到达 Internet。

(11) 允许代理应答从 Internet 定向到外围的代理服务器。

10.4 密码学基础

10.4.1 对称加密

对称加密也称为常规加密、私钥或单钥加密,在 20 世纪 70 年代末期公钥加密开发之前,是唯一被使用的加密类型。现在它仍然属于使用最广泛的两种加密类型之一。

1. 对称加密模型

一个对称加密方案由 5 部分组成,如图 10-9 所示。

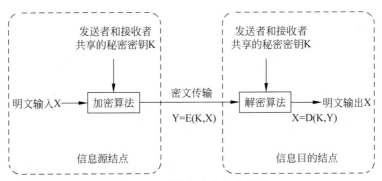

图 10-9 对称加密的简化模型

在密码学中,需要明确以下几个基本概念。

(1) 明文(plain text):这是原始消息或数据,作为算法的输入。

(2) 加密算法(encryption algorithm):加密算法对明文进行各种替换和转换。

(3) 秘密密钥(secret key):秘密密钥也是算法的输入。算法进行的具体替换和转换取决于这个密钥。

(4) 密文(cipher text):这是产生的已被打乱的消息输出。它取决于明文和秘密密钥。对于一个给定的消息,两个不同的密钥会产生两个不同的密文。

(5) 解密算法(decryption algorithm):本质上是加密算法的反向执行。它使用密文和同一密钥产生原始明文。

对称加密的安全使用有以下两个要求。

(1) 需要一个强加密算法。至少希望这个算法能够做到：当攻击者知道算法并获得一个或多个密文时，并不能够破译密文或者算出密钥。这个要求通常有一个更强的表述形式：甚至当攻击者拥有很多密文以及每个密文对应的明文时，他依然不能够破译密文或者解出密钥。

(2) 发送者和接收者必须通过一个安全的方式获得密钥并且保证密钥安全。如果别人发现了密钥并且知道了算法，所有使用这个密钥的通信都是可读的。

有必要指出，对称加密的安全取决于密钥的保密性而非算法的保密性，即通常认为在已知密文和加密/解密算法的基础上不能够破译消息。即我们不需要使算法保密，只需要保证密钥保密。

对称加密的这个性质使它能够在大范围内使用。算法不需要保密也就意味着生产商能开发出实现数据加密算法的低成本芯片，而他们已经这么做了。这些芯片都被广泛地使用，并集成到很多产品里。使用对称密码时主要的安全问题一直都是密钥的保密性。

2. 密码体制

密码体制一般从以下三个不同的方面进行分类。

1) 明文转换成密文的操作类型

所有加密算法都基于两个通用法则：替换——明文的每一个元素（比特、字母、一组比特或字母）都映射到另外一个元素；排列组合——明文的元素都被再排列。最基本的要求是没有信息丢失（即所有的操作都可逆）。大多数体制或称为乘积体制（product system）包括多级替换和排列组合。

2) 使用的密钥数

如果发送者和接收者都使用同一密钥，该体制就是对称、单钥、私钥或者说传统加密。如发送者和接收者使用不同的密钥，体制就是不对称、双钥或者说公钥加密。

3) 明文的处理方式

分组密码一次处理一个输入元素分组，产生与该输入分组对应的一个输出分组。流密码在运行过程中连续地处理输入元素，每次列入一个输出元素。

3. 密码分析

试图找出明文或者密钥的工作被称为密码分析或破译。破译者使用的策略取决于加密方案的固有性质以及破译者掌握的信息。

基于攻击者掌握的信息量，表 10-1 概括了各种攻击类型。最困难的是所掌握的信息只有密文的情况，即唯密文情况。在某些情况下，甚至加密算法都是未知的，但一般可以假设攻击者确实知道加密算法。在这些条件下，一种可能的攻击是尝试所有可能密钥的穷举方法。如果密钥空间非常大，这种方法就不可行。因此，攻击者必须依靠对密文本身的分析，通常是对它进行各种统计测试。要使用这个方法，攻击者必须对隐藏明文的类型有一个大致的了解，例如是英语或法语文本、一个可执行文件、一个 Java 源代码清单、一个会计文件等。

表 10-1 对加密消息的攻击类型

攻 击 类 型	密码破译人员已知的信息
唯密文	◆ 加密算法 ◆ 要解密的密文
已知明文	◆ 加密算法 ◆ 要解密的密文 ◆ 一个或多个用密钥产生的明文-密文对
选择明文	◆ 加密算法 ◆ 要解密的密文 ◆ 破译者选定的明文消息以及使用密钥产生的对应密文
选择密文	◆ 加密算法 ◆ 要解密的密文 ◆ 破译者选定的密文以及使用密钥产生的对应解密明文
选择文本	◆ 加密算法 ◆ 要解密的密文 ◆ 破译者选定的明文以及使用密钥产生的对应密文 ◆ 破译者选定的密文以及使用密钥产生的对应解密明文

唯密文攻击是最容易抵抗的,因为攻击者掌握的信息量最少。但是在很多情况下,攻击者有更多信息。攻击者在知道加密算法的同时还可能得到一个或多个明文,或者可能知道在消息中会出现的特定明文模式。例如,用 PostScript 格式编码的文件通常用同样的开头模式,又比如电子资金转账消息可能有一个标准的标题或标语,等等。所有这些是已知明文的例子。通过这些知识,破译者基于已知明文转换方式也许能够推出密钥。

当加密方案产生的密文满足下面条件之一或全部条件时,则称该加密方案是计算安全的。

(1) 破解密文的代价超出被加密信息的价值。

(2) 破解密文需要的时间超出信息的有用寿命。

10.4.2 公钥加密

1. 公钥加密理论

公开密钥算法是在 1976 年由当时在美国斯坦福大学的迪菲(Diffie)和赫尔曼(Hellman)两人首先发明的。

1976 年提出的公开密钥密码体制思想不同于传统的对称密钥密码体制,它要求密钥成对出现,一个为加密密钥(e),另一个为解密密钥(d),且不可能从其中一个推导出另一个。自 1976 年以来,已经提出了多种公开密钥密码算法,其中许多是不安全的,一些认为是安全的算法又有许多是不实用的,它们要么是密钥太大,要么密文扩展十分严重。多数密码算法的安全基础是基于一些数学难题,这些难题专家们认为在短期内不可能得到解决。因为一些问题(如因子分解问题)至今已有数千年的历史了。

公钥加密算法也称非对称密钥算法,用两对密钥:一个公共密钥和一个专用密钥。用户要保障专用密钥的安全;公共密钥则可以发布出去。公共密钥与专用密钥是有紧密关系的,用公共密钥加密的信息只能用专用密钥解密,反之亦然。由于公钥算法不需要联机密钥服务器,密钥分配协议简单,所以极大简化了密钥管理。除加密功能外,公钥系统还可以提供数字签名。

公钥加密的主要步骤如下。

(1) 网络中的每个终端系统生成一对密钥,用来加密和解密消息。

(2) 每个终端系统通过将其加密密钥存于公开的寄存器或文件中,公布其加密密钥,这个密钥称为公钥;而其解密密钥则是秘密的。

(3) 若 A 要发消息给 B,则 A 用 B 的公钥对消息加密。

(4) B 收到消息后,用其私钥对消息解密。由于只有 B 知道其私钥,所以其他的接收者均不能解出消息。

2. RSA 算法

公钥加密算法中使用最广的是 RSA 算法。它是 1977 年由 MIT 教授 Ronald L. Rivest、Adi Shamir 和 Leonard M. Adleman 共同开发的,是分别取自三名数学家的名字的第一个字母来构成的。

RSA 使用两个密钥,一个公共密钥,一个专用密钥。如用其中一个加密,则可用另一个解密,密钥长度从 40 位到 2048 位可变,加密时也把明文分成块,块的大小可变,但不能超过密钥的长度,RSA 算法把每一块明文转换为与密钥长度相同的密文块。密钥越长,加密效果越好,但加密解密的开销也大,所以要在安全与性能之间折中考虑,一般 64 位是较合适的。RSA 的一个比较知名的应用是 SSL,在美国和加拿大 SSL 用 128 位 RSA 算法,由于出口限制,在其他地区(包括中国)通用的则是 40 位版本。

RSA 算法研制的最初理念与目标是努力使互联网安全可靠,旨在解决 DES 算法秘密密钥的利用公开信道传输分发的难题。而实际结果不但很好地解决了这个难题,还可利用 RSA 来完成对电文的数字签名以抵抗对电文的否认与抵赖,同时还可以利用数字签名较容易地发现攻击者对电文的非法篡改,以保护数据信息的完整性。

RSA 的算法涉及三个参数:n、e1、e2。

其中,n 是两个大质数 p、q 的积,n 的二进制表示是所占用的位数,就是所谓的密钥长度。

e1 和 e2 是一对相关的值,e1 可以任意取,但要求 e1 与 $(p-1)\times(q-1)$ 互质;再选择 e2,要求 $(e2\times e1) \mod ((p-1)\times(q-1))=1$。

而其中 (n,e1) 与 (n,e2) 就是密钥对。

RSA 加解密的算法完全相同,设 A 为明文,B 为密文,则:$A=B^{e1} \mod n$; $B=A^{e2} \mod n$。

e1 和 e2 可以互换使用,即:$A=B^{e2} \mod n$; $B=A^{e1} \mod n$。

10.5　公钥基础设施

随着 Internet 的普及,人们通过 Internet 进行沟通越来越多,相应地通过网络进行商务活动即电子商务也得到了广泛的发展。电子商务为我国企业开拓国际国内市场、利用好国内外各种资源提供了一个千载难逢的良机。电子商务对企业来说真正体现了平等 竞争、高效率、低成本、高质量的优势,能让企业在激烈的市场竞争中把握商机、脱颖而出。然而,随着电子商务的飞速发展,也相应地引发出一些 Internet 安全问题。

10.5.1 电子交易所面临的安全问题

概括起来,进行电子交易的互联网用户所面临的安全问题如下。

1. 保密性

如何保证电子商务中涉及的大量保密信息在公开网络的传输过程中不被窃取。

2. 完整性

如何保证电子商务中所传输的交易信息不被中途篡改及通过重复发送进行虚假交易。

3. 身份认证与授权

在电子商务的交易过程中,如何对双方进行认证,以保证交易双方身份的正确性。

4. 抗抵赖

在电子商务的交易完成后,如何保证交易的任何一方无法否认已发生的交易。

这些安全问题将在很大程度上限制电子商务的进一步发展,因此如何保证 Internet 上信息传输的安全,已成为发展电子商务的重要环节。

为解决这些 Internet 的安全问题,世界各国对其进行了多年的研究,初步形成了一套完整的 Internet 安全解决方案,即目前被广泛采用的 PKI 技术(Public Key Infrastructure,公钥基础设施)。PKI 技术采用证书管理公钥,通过第三方的可信任机构——认证中心(Certificate Authority,CA),把用户的公钥和用户的其他标识信息(如名称、E-mail、身份证号等)捆绑在一起,在 Internet 上验证用户的身份。目前,通用的办法是采用基于 PKI 结构结合数字证书,通过把要传输的数字信息进行加密,保证信息传输的保密性、完整性、签名保证身份的真实性和抗抵赖。

10.5.2 PKI 系统的组成

一个典型的 PKI 系统如图 10-10 所示,其中包括 PKI 策略及软硬件系统、证书机构、注册机构、证书发布系统和 PKI 应用等。

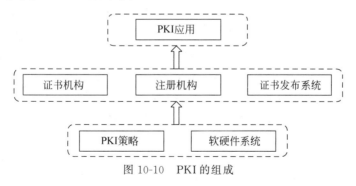

图 10-10 PKI 的组成

1. PKI 策略及软硬件系统

PKI 安全策略建立和定义了一个组织信息安全方面的指导方针,同时也定义了密码系统使用的处理方法和原则。它包括一个组织怎样处理密钥和有价值的信息。根据风险的级别定义安全控制的级别,一般情况下,PKI 中有两种类型的策略:一是证书策略,用于管理证书的使用,如可以确认某一 CA 是在 Internet 上的公有 CA,还是某一企业内部的私有

CA；另外一种就是 CPS(Certificate Practice Statement)。一些由商业证书发放机构(CCA)或者可信的第三方操作的 PKI 系统更需要 CPS,它实际上是一些操作过程的详细文档,描述了如何在实践中增强和支持安全策略,包括 CA 是如何建立和运作的,证书是如何发行、接收和废除的,密钥是如何产生、注册的,以及密钥是如何存储的,用户是如何得到它的等。

2. 证书机构

证书机构是 PKI 的信任基础,它管理公钥的整个生命周期,其作用包括发放证书、规定证书的有效期和通过发布证书废除列表(CRL)确保必要时可以废除证书。

3. 注册机构

注册机构提供用户和 CA 之间的一个接口,它获取并认证用户的身份,向 CA 提出证书请求。它主要完成收集用户信息和确认用户身份的功能。这里的用户是指将要向认证中心申请数字证书的客户,可以是个人,也可以是集团或团体、某政府机构等。注册管理一般由一个独立的注册机构来承担。它接受用户的注册申请,审查用户的申请资格,并决定是否同意 CA 给其签发数字证书。注册机构并不给用户签发证书,而只是对用户进行资格审查。因此,RA 可以设置在直接面对客户的业务部门,如银行的营业部、机构认证部门等。当然,对于一个规模较小的 PKI 应用系统来说,可把注册管理的职能由认证中心来完成,而不设立独立运行的 RA。但这并不是取消了 PKI 的注册功能,而只是将其作为 CA 的一项功能而已。PKI 国际标准推荐由一个独立的 RA 来完成注册管理的任务,可以增强应用系统的安全。

4. 证书发布系统

证书发布系统负责证书的发放,如可以通过用户自己或是通过目录服务。目录服务器可以是一个组织中现存的,也可以是 PKI 方案中提供的。

10.5.3 PKI 的原理

PKI 的核心原理就是公钥密码技术。

通常,使用对称密码的加密算法比较简便高效,密钥简短,破译极其困难。由于系统的保密性主要取决于密钥的安全性,所以,在公开的计算机网络上安全地传送和保管密钥是一个严峻的问题。正是由于对称密码学中双方都使用相同的密钥,因此无法实现数据签名和不可否认性等功能。而与此不同的非对称密码学,具有两个密钥,一个是公钥一个是私钥,它们具有这种性质:用公钥加密的文件只能用私钥解密,而私钥加密的文件只能用公钥解密。公钥顾名思义是公开的,所有的人都可以得到它;私钥顾名思义是私有的,不应被其他人得到,具有唯一性。这样就可以满足电子商务中需要的一些安全要求。比如说要证明某个文件是特定人的,该人就可以用他的私钥对文件加密,别人如果能用他的公钥解密此文件,说明此文件就是这个人的,这就可以说是一种认证的实现。还有如果只想让某个人看到一个文件,就可以用此人的公钥加密文件然后传给他,这时只有他自己可以用私钥解密,这可以说是保密性的实现。基于这种原理还可以实现完整性校验。这就是 PKI 所依赖的核心思想,这部分对于深刻把握 PKI 是很重要的,而恰恰这部分是最有意思的。

比如在现实生活中,想给某个人在网上传送一个机密文件,该文件只想让那个人看到。我们设想了很多方法,首先想到了用对称密码将文件加密,而在把加密后的文件传送给他后,又必须让他知道解密用的密钥,这样就又出现了一个新的问题,即如何保密地传输该密钥,此时我们发现传输对称密钥不可靠。

后来改用非对称密码的技术加密,此时发现问题逐渐解决了。然而又有了一个新的问题产生,那就是如何才能确定这个公钥就是某个人的? 有可能我们得到的是一个虚假的公钥,比如说我们想传给 A 一个文件,于是开始查找 A 的公钥,但是这时 B 从中捣乱,他用自己的公钥替换了 A 的公钥,让我们错误地认为 B 的公钥就是 A 的公钥,导致我们最终使用 B 的公钥加密文件,结果 A 无法打开文件,而 B 可以打开文件,这样 B 实现了对保密信息的窃取行为。因此就算是采用非对称密码技术,仍旧无法保证保密性的实现。那如何才能确切地得到我们想要的人的公钥呢? 这时很自然地想到需要一个仲裁机构,或者说是一个权威的机构,它能为我们准确无误地提供我们需要的人的公钥,这就是 CA。

这实际上也是应用公钥技术的关键,即如何确认某个人真正拥有公钥(及对应的私钥)。在 PKI 中,为了确保用户的身份及他所持有密钥的正确匹配,公开密钥系统需要一个值得信赖而且独立的第三方机构充当认证中心(Certification Authority,CA),来确认公钥拥有人的真正身份。就像公安局发放的身份证一样,认证中心发放一个叫作"数字证书"的身份证明。

这个数字证书包含用户身份的部分信息及用户所持有的公钥。像公安局对身份证盖章一样,认证中心利用本身的私钥为数字证书加上数字签名。任何想发放自己公钥的用户,可以去认证中心申请自己的证书。认证中心在鉴定该人的真实身份后,颁发包含用户公钥的数字证书。其他用户只要能验证证书是真实的,并且信任颁发证书的认证中心,就可以确认用户的公钥。认证中心是公钥基础设施的核心,有了大家信任的认证中心,用户才能放心方便地使用公钥技术带来的安全服务。

10.5.4 认证中心

1. CA 的核心功能

CA 作为 PKI 的核心部分,实现了 PKI 中一些很重要的功能。概括地说,CA 的功能有:证书发放、证书更新、证书撤销和证书验证。CA 的核心功能就是发放和管理数字证书,具体描述如下。

(1) 接收验证最终用户数字证书的申请。

(2) 确定是否接受最终用户数字证书的申请——证书的审批。

(3) 向申请者颁发或拒绝颁发数字证书——证书的发放。

(4) 接收、处理最终用户的数字证书更新请求——证书的更新。

(5) 接收最终用户数字证书的查询、撤销。

(6) 产生和发布证书废止列表(CRL)。

(7) 数字证书的归档。

(8) 密钥归档。

(9) 历史数据归档。

认证中心为了实现其功能,主要由以下三部分组成。

注册服务器:通过 Web Server 建立的站点,可为客户提供 7×24 小时不间断的服务。客户在网上提出证书申请和填写相应的证书申请表。

证书申请受理和审核机构:负责证书的申请和审核,它的主要功能是接受客户证书申请并进行审核。

认证中心服务器：是数字证书生成、发放的运行实体，同时提供发放证书的管理、证书废止列表(CRL)的生成和处理等服务。

2．CA 的要求

在具体实施时，CA 必须做到以下几点。

(1) 验证并标识证书申请者的身份。

(2) 确保 CA 用于签名证书的非对称密钥的质量。

(3) 确保整个签证过程的安全性，确保签名私钥的安全性。

(4) 证书资料信息（包括公钥证书序列号，CA 标识等）的管理。

(5) 确定并检查证书的有效期限。

(6) 确保证书主体标识的唯一性，防止重名。

(7) 发布并维护作废证书列表。

(8) 对整个证书签发过程做日志记录。

(9) 向申请人发出通知。

这其中最重要的是 CA 自己的一对密钥的管理，它必须确保其高度的机密性，防止他方伪造证书。CA 的公钥在网上公开，因此整个网络系统必须保证完整性。CA 的数字签名保证了证书（实质是持有者的公钥）的合法性和权威性。

3．公钥产生的方式

用户的公钥有以下两种产生方式。

(1) 用户自己生成密钥对，然后将公钥以安全的方式传送给 CA，该过程必须保证用户公钥的验证性和完整性。

(2) CA 替用户生成密钥对，然后将其以安全的方式传送给用户，该过程必须确保密钥对的机密性、完整性和可验证性。在该方式下，由于用户的私钥为 CA 所产生，所以对 CA 的可信性有更高的要求。CA 必须在事后销毁用户的私钥。

一般而言，公钥有两大类用途，就像本文前面所述，一个是用于验证数字签名，一个是用于加密信息。相应地，在 CA 系统中也需要配置用于数字签名/验证签名的密钥对和用于数据加密/解密的密钥对，分别称为签名密钥对和加密密钥对。由于两种密钥对的功能不同，管理起来也不大相同，所以在 CA 中为一个用户配置两对密钥，两张证书。

CA 中比较重要的几个概念如下。

1．证书库

证书库是 CA 颁发证书和撤销证书的集中存放地，它像网上的"白页"一样，是网上的一种公共信息库，供广大公众进行开放式查询。这是非常关键的一点，因为我们构建 CA 的最根本目的就是获得他人的公钥。目前通常的做法是将证书和证书撤销信息发布到一个数据库中，成为目录服务器，它采用 LDAP 目录访问协议，其标准格式采用 X.500 系列。随着该数据库的增大，可以采用分布式存放，即采用数据库镜像技术，将其中一部分与本组织有关的证书和证书撤销列表存放到本地，以提高证书的查询效率。这一点是任何一个大规模的 PKI 系统成功实施的基本需求，也是创建一个有效的认证机构的关键技术之一。

2．证书的撤销

由于现实生活中的一些原因，比如私钥的泄漏、当事人的失踪死亡等情况的发生，应当对其证书进行撤销。这种撤销应该是及时的,因为如果撤销延迟的话,会使得不再有效的证书仍被使用,将造成一定的损失。在 CA 中,证书的撤销使用的手段是证书撤销列表或称为 CRL。即将作废的证书放入 CRL 中,并及时地公布于众,根据实际情况不同可以采取周期性发布机制和在线查询机制两种方式。

3. 密钥的备份和恢复

如果用户由于某种原因丢失了解密数据的密钥,那么被加密的密文将无法解开,这将造成数据丢失。为了避免这种情况的发生,PKI 提供了密钥备份用于解密密钥的恢复机制。这一工作也是应该由可信的机构 CA 来完成的,而且,密钥的备份与恢复只能针对解密密钥,而签名密钥不能做备份,因为签名密钥匙用于不可否认性的证明的,如果存有备份的话,将会不利于保证不可否认性。

4. 证书的有效期

证书是有限的,这样规定既有理论上的原因,又有实际操作的因素。在理论上诸如关于当前非对称算法和密钥长度的可破译性分析,同时在实际应用中,证明密钥必须有一定的更换频度,才能得到密钥使用的安全性。因此,一个已颁发的证书需要有过期的措施,以便更换新的证书。为了解决密钥更新的复杂性和人工干预的麻烦,应由 PKI 本身自动完成密钥或证书的更新,完全不需要用户的干预。它的指导思想是:无论用户的证书用于何种目的,在认证时,都会在线自动检查有效期,当失效日期到来之前的某时间间隔内,自动启动更新程序,生成一个新的证书来替代旧证书。

10.6 安全应用协议

10.6.1 SSL 协议

安全套接层(Secure Socket Layer,SSL)协议最初是由 Netscape 公司研究制定的安全通信协议,是在 Internet 基础上提供的一种保证机密性的安全协议。随后 Netscape 公司将 SSL 协议交给 IETF 进行标准化,在经过了少许改进后,形成了 IETF TLS 规范。

SSL 能使客户机与服务器之间的通信不被攻击者窃听,并且始终保持对服务器进行认证,还可选择对客户进行认证。SSL 建立在 TCP 之上,它的优势在于与应用层协议独立无关,应用层协议能透明地建立于 SSL 协议之上。SSL 协议在应用层协议通信之前就已经完成加密算法、通信加密的协商以及服务器的认证工作。在此之后,应用层协议所传送的数据都会被加密,从而保证了在因特网上通信的机密性。整理 SSL 是目前在电子商务中应用最广泛的安全协议之一。SSL 之所以能够被广泛应用,主要有以下两个方面的原因。

(1) SSL 的应用范围很广,凡是构建在 TCP/IP 上的客户机/服务器模式需要进行安全通信时,都可以使用 SSL 协议。而其他的一些安全协议,如 HTTPS 仅适用于安全的超文本传输协议,SET 协议则仅适宜 B-to-C 电子商务模式的银行卡交易。

(2) SSL 被大部分 Web 浏览器和 Web 服务器所内置,比较容易应用。目前人们使用的是 SSL 协议的 3.0 版,该版本是在 1996 年发布的。

1. SSL 协议的功能

SSL 协议工作在 TCP/IP 体系结构的应用层和传输层之间。在实际运行时,支持 SSL

协议的服务器可以向一个支持 SSL 协议的客户机认证它自己,客户机也可以向服务器认证它自己,同时还允许这两个机器间建立加密连接。这些构成了 SSL 在 Internet 和其他 TCP/IP 网络上支持安全通信的基本功能。

1) SSL 服务器认证允许客户机确认服务器身份

支持 SSL 协议的客户机软件能使用公钥密码技术来检查服务器的数字证书,判断该证书是否是由在客户所信任的认证机构列表内的认证机构所发放的。例如,用户通过网络发送银行卡卡号时,可以通过 SSL 协议检查接收方服务器的身份。

2) 确认用户身份使用同样的技术

支持 SSL 协议的服务器软件能检查客户所持有的数字证书的合法性。例如,银行通过网络向消费者发送秘密财务信息时,可以通过 SSL 协议检查接收方的身份。

3) 保证数据传输的机密性和完整性

一个加密的 SSL 连接要求所有在客户机与服务器之间发送的信息由发送方软件加密和由接收方软件解密,这就提供了高度机密性。另外,所有通过 SSL 连接发送的数据都被一种检测篡改的机制所保护,这种机制自动地判断传输中的数据是否已经被更改,从而保证数据的完整性。

2. SSL 协议的工作流程

服务器认证阶段:

(1) 客户端向服务器发送一个开始信息"Hello"以便开始一个新的会话连接。

(2) 服务器根据客户的信息确定是否需要生成新的主密钥,如需要则服务器在响应客户的"Hello"信息时将包含生成主密钥所需的信息。

(3) 客户根据收到的服务器响应信息,产生一个主密钥,并用服务器的公开密钥加密后传给服务器。

(4) 服务器恢复该主密钥,并返回给客户一个用主密钥认证的信息,以此让客户认证服务器。

用户认证阶段:

在此之前,服务器已经通过了客户认证,这一阶段主要完成对客户的认证。经认证的服务器发送一个提问给客户,客户则返回(数字)签名后的提问和其公开密钥,从而向服务器提供认证。

从 SSL 协议所提供的服务及其工作流程可以看出,SSL 协议运行的基础是商家对消费者信息保密的承诺,这有利于商家而不利于消费者。在电子商务初级阶段,由于运作电子商务的企业大多是信誉较高的大公司,因此这问题还没有充分暴露出来。但随着电子商务的发展,各中小型公司也参与进来,这样在电子支付过程中的单一认证问题就越来越突出。虽然在 SSL3.0 中通过数字签名和数字证书可实现浏览器和 Web 服务器双方的身份验证,但是 SSL 协议仍存在一些问题,例如,只能提供交易中客户与服务器间的双方认证,在涉及多方的电子交易中,SSL 协议并不能协调各方间的安全传输和信任关系。在这种情况下,Visa 和 MasterCard 两大信用卡组织制定了 SET 协议,为网上信用卡支付提供了全球性的标准。

10.6.2 SET 协议

1. SET 协议概述

1995 年,包括 MasterCard、IBM 和 Netscape 在内的联盟开始着手进行安全电子支付协议(SEPP)的开发,Visa 和微软组成的联盟开始开发安全交易技术(STT)。由于两大信用卡组织 MasterCard 和 Visa 分别支持独立的网络支付解决方案,因此影响了网络支付的发展。1996 年,这些公司宣布它们将联合开发一种统一的标准,叫安全电子交易(SET)。1997 年 5 月,SET 协议由 Visa 和 MasterCard 两大信用卡公司联合推出,在 Internet 支付产业中许多重要的组织,如 IBM、HP、Microsoft、Netscape、GTE 和 Verisign 等,都声明支持 SET。SET 协议已获得 IETF 标准认可,成为事实上的工业标准。SET 主要由 SET 业务描述、SET 程序员指南和 SET 协议描述三个文件组成。

SET 主要是为了解决用户、商家和银行之间通过信用卡支付的交易而设计的,以保证支付信息的机密、支付过程的完整、商户及持卡人的合法身份以及可操作性。SET 非常详细、准确地反映了交易各方之间存在的各种关系。它定义了加密信息的格式和付款支付交易过程中各方传输信息的规则。SET 提供了持卡人、商家和银行之间的认证,确保了网上交易数据的机密性、数据的完整性及交易的不可抵赖性。

2. SET 协议的参与者

在 SET 协议系统中,包括如下交易的参与者。

(1) 持卡人(Cardholder):在电子商务环境中,持卡人通过计算机和网络访问电子商家,购买商品。为了在电子商务环境中安全地进行支付操作,持卡人需要安装一套基于 SET 标准的软件(通常嵌入在浏览器中),并使用由发卡行发行的支付卡,而且需要从认证中心获取自己的数字签名证书。

(2) 商家(Merchant):在电子商务环境中,商家通过自己的网站向客户提供商品和服务。同时,商家必须与相关的收单行达成协议,保证可以接受信用卡的支付。而且商家也需要从认证中心获取相应的数字证书(包括签名证书和交换密钥证书)。

(3) 发卡行(Issuer):发卡行为每一个持卡人建立一个账户,并发放支付卡。一个发卡行必须保证对经过授权的交易进行付款。

(4) 收单行(Acquirer):收单行为每一个网上商家建立一个账户,且处理付款授权和付款结算等。收单行不属于安全电子商务的直接组成部分,但它是授权交易与付款结算操作的主要参与者。

(5) 支付网关(Payment Gateway):是指收单行或指定的第三方运行的一套设备。它负责处理支付卡的授权和支付。同时,它要能够同收单行的交易处理主机通信,还需要从认证中心获取相应的数字证书(包括签名证书和交换密钥证书)。

(6) 品牌(Brand):通常金融机构需要建立不同的支付卡品牌,每种支付卡品牌都有不同的规则,支付卡品牌将确定发卡行、收单行与持卡人和商家之间的关系。

(7) 认证中心(Certificate Authority):负责颁发和撤销持卡人、商家和支付网关的数字证书。同时,它还要向商家和支付网关颁发交换密钥证书,以便在支付过程中交换会话密钥。

在实际的系统中,发卡行和收单行可以由同一家银行担当,支付网关也可由该银行来运行,这些需要根据具体的情况来决定。

3. SET 协议的安全机制

SET 协议同时是 PKI 框架下的一个典型实现。安全核心技术主要有公开密钥加密、数字签名、数字信封、消息摘要和数字证书等,主要应用于 B2C 模式中保障支付信息的安全性。任何一个信任 CA 的通信方,都可以通过验证对方数字证书上的 CA 数字签名来建立起与对方的信任关系,并且获得对方的公钥。为了保证 CA 所签发证书的通用性,通常证书格式遵守 ITUX.509 标准。

根据 SET 标准,对证书通过信任级联关系用分层结构进行管理。SET 定义了一套完备的证书信任链,每个证书连接一个实体的数字签名证书。沿着树状的信任链,可以到一个众所周知的信任机构,用户可以确认证书的有效性。对于所有使用 SET 的实体来说,只有唯一的根 CA。图 10-11 描述了这种信任层次。在 SET 中,用户对根结点的证书是无条件信任的,如果从证书所对应的结点出发沿着信任树逐级验证证书的数字签名,若能够到达一个已知的信任方所对应的结点或根结点,就能确认该证书是有效的。换而言之,信任关系是从根结点到树叶传播的。根密钥(Root Key)由 CA 自己签名发布,而根密钥证书由软件开发商插入他们的软件中。软件通过向 CA 发出一个初始化请求(包括证书的 Hash 值),可以确定一个根密钥的有效性。根密钥也需定期更换。为了保证根证书的真实性,根证书和下一次替换密钥的公钥的散列值一起颁发。在根证书被新的证书替代时,可通过验证证书中公钥的散列值与最近的旧证书一起颁发的散列值是否相同来对新证书的真实性进行验证。

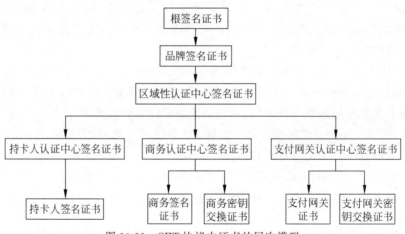

图 10-11 SET 协议中证书的层次模型

持卡人证书、商户证书和支付网关证书分别由持卡人认证中心(CCA)、商户认证中心(MCA)和支付网关认证中心(PCA)进行颁发,而 CCA 证书、MCA 证书和 PCA 证书则由品牌认证中心(BCA)或区域性认证中心(GCA)进行颁发。BCA 的证书由根认证中心(RCA)进行颁发。

1) 持卡人证书

相当于支付卡的电子表示,它可以由付款银行数字签名后发放。由于证书的签名私钥仅为付款银行所知,所以证书中的内容不可能被任何第三方更改。持卡人证书只有在付款银行的同意下才能发给持卡人。该证书同购买请求和加密后的付款指令一起发给商家,商家在验证此证书有效后,就可以认为持卡人为合法的使用者。持卡人的证书是一个数字签名证书,用于验证持卡人的数字签名,而不能用于会话密钥的交换。任何持卡人只有在申请到数字证书之后,才能够进行电子交易。

2) 商家证书

表示商家与收单行有联系,收单行同意商家接受付款卡支付。商家证书由收单行数字签名后颁发。商家要加入 SET 的交易至少要拥有一对证书：一个为签名证书,用来让其他用户验证商家对交易信息的数字签名;另一个为交换密钥证书,用来在交易过程中交换用于加密交易信息的会话密钥。事实上,一个商家通常拥有多对证书,以支持不同品牌的付款卡。

3) 支付网关证书

用于商家和持卡人在进行支付处理时对支付网关进行确认以及交换会话密钥,因此一个支付网关也应该拥有两个证书：签名证书和交换密钥证书。持卡人在支付时从支付网关的交换密钥证书中得到保护他的支付卡账号及密码的公开密钥。通常支付网关证书由付款卡品牌 CA 发给收单行。

4) 收单行证书

收单行必须拥有一个证书以便运行一个证书颁发机构,它接收和处理商家通过公共网络或私有网络传来的证书请求和授权信息。收单行证书由付款卡品牌 CA 发给收单行。

5) 发卡行证书

发卡行必须拥有一个证书以便运行一个证书颁发机构,它接收和处理持卡人通过公共网络或私有网络传来的证书请求和授权信息。发卡行证书由付款卡品牌 CA 发给发卡行。

SET 协议使用密码技术来保障交易的安全,主要包括散列函数、对称加密算法和非对称加密算法等。SET 中默认使用的散列函数是 SHA,对称密码算法则通常采用 DES,公钥密码算法一般采用 RSA。

10.6.3 HTTPS 协议

HTTPS 协议是由 Netscape 开发并内置于其浏览器中,用于对数据进行压缩和解压操作,并返回网络上传送回的结果。HTTPS 实际上应用了 Netscape 的安全套接字层(SSL)作为 HTTP 应用层的子层(HTTPS 使用端口 443,而不是像 HTTP 那样使用端口 80 来和 TCP/IP 进行通信)。SSL 使用 40 位关键字作为 RC4 流加密算法,这对于商业信息的加密是合适的。HTTPS 和 SSL 支持使用 X.509 数字认证,如果需要的话,用户可以确认发送者是谁。

也就是说,它的主要作用可以分为两种：一种是建立一个信息安全通道,来保证数据传输的安全;另一种就是确认网站的真实性。

1. HTTPS 和 HTTP 的区别

(1) HTTPS 协议需要到 CA 申请证书,一般免费证书很少,需要交费。

(2) HTTP 是超文本传输协议,信息是明文传输;HTTPS 则是具有安全性的 SSL 加密传输协议。

(3) HTTP 和 HTTPS 使用的是完全不同的连接方式,用的端口也不一样,前者是 80,

后者是443。

(4) HTTP 的连接很简单,是无状态的;HTTPS 协议是由 SSL+HTTP 构建的可进行加密传输、身份认证的网络协议,比 HTTP 安全。

2. HTTPS 解决的问题

1) 信任主机的问题.

采用 HTTPS 的 Server(服务器)必须从 CA 申请一个用于证明服务器用途类型的证书。该证书只有用于对应的 Server 的时候,客户端才信任此主机。所以目前所有的银行系统网站,关键部分应用都是 HTTPS 的。客户通过信任该证书,从而信任了该主机。其实这样做效率很低,但是银行更侧重安全。

2) 通信过程中的数据的泄密和被篡改

一般意义上的 HTTPS,就是 Server 有一个证书,主要目的是保证 Server 就是它声称的 Server。同时,服务端和客户端之间的所有通信都是加密的。具体地讲,是客户端产生一个对称的密钥,通过 Server 的证书来交换密钥,这是一般意义上的握手过程。接下来所有的信息往来就都是加密的。第三方即使截获,也没有任何意义,因为它没有密钥,当然篡改也就没有什么意义。

另外,在少许对客户端有要求的情况下,会要求客户端也必须有一个证书。这里客户端证书其实就类似表示个人信息的时候,除了用户名、密码,还有一个 CA 认证过的身份。因为个人证书一般来说是别人无法模拟的,所以这样能够更准确地确认自己的身份。目前少数个人银行的专业版是这种做法,具体证书可能是拿 U 盘(即 U 盾)作为一个备份的载体。

10.6.4 IPSec 协议

互联网安全协议(Internet Protocol Security,IPSec)是一个协议包,通过对 IP 协议的分组进行加密和认证来保护 IP 协议的网络传输协议族(一些相互关联的协议的集合)。

IPSec 主要由以下协议组成:①认证头(AH),为 IP 数据报提供无连接数据完整性、消息认证以及防重放攻击保护;②封装安全载荷(ESP),提供机密性、数据源认证、无连接完整性、防重放和有限的传输流(traffic-flow)机密性;③安全关联(SA),提供算法和数据包,提供 AH、ESP 操作所需的参数。

1. IPSec 协议簇安全框架

IPSec 协议是一组基于网络层的,应用密码学的安全通信协议族。IPSec 不是具体指哪个协议,而是一个开放的协议族。它通过在数据包中插入一个预定义头部的方式,来保证 OSI 上层协议的安全,主要用于保护 TCP、UDP、ICMP 和隧道的 IP 数据包。IPSec 安全体系框架及其协议族分别如图 10-12 和图 10-13 所示。

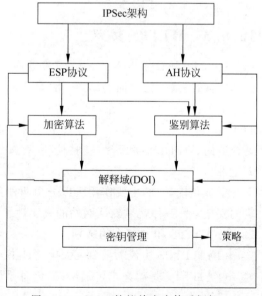

图 10-12 IPSec 协议簇安全体系框架

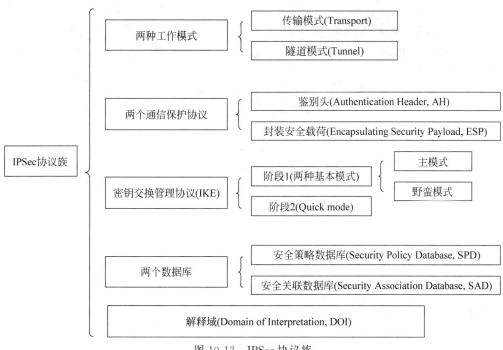

图 10-13 IPSec 协议族

2. IPSec 的工作模式

1）传输模式

主要应用场景：经常用于主机和主机之间端到端通信的数据保护。

封装方式：不改变原有的 IP 包头，在源数据包头后面插入 IPSec 包头，将原来的数据封装成被保护的数据，如图 10-14 所示。

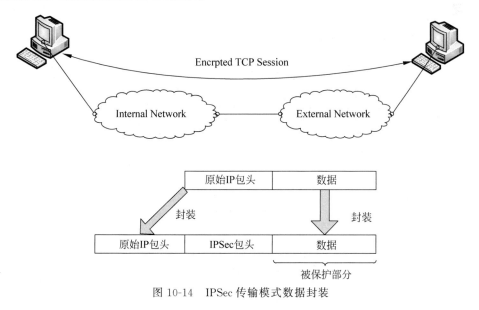

图 10-14 IPSec 传输模式数据封装

2) 隧道模式

主要应用场景：经常用于私网与私网之间通过公网进行通信，建立安全通道。

封装方式：增加新的 IP(外网 IP)头，其后是 IPsec 包头，之后再将原来的整个数据包进行封装，如图 10-15 所示。

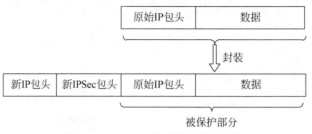

图 10-15　IPSec 隧道模式数据封装

3. IPsec 通信协议

1) AH 协议

AH 提供的安全服务如下。

(1) 无连接数据完整性：通过哈希(如 MD5，SHA1)产生的校验来保证。

(2) 数据源认证：通过在计算机验证时加入一个共享密钥来实现。

(3) 抗重放服务：AH 报头中的序列号可以防止重放。

AH 不提供任何保密性服务：它不加密所保护的数据包。

AH 提供对数据包的保护时，它保护的是整个 IP 数据包(易变的字段除外，如 IP 头中的 TTL 和 TOS 字段)。

2) ESP

为了提高保密性以及鉴别的支持，IPSec 提供了 ESP(Encapsulating Security Payload，封装安全有效载荷)服务。

AH 与 ESP 提供的安全服务如图 10-16 所示。

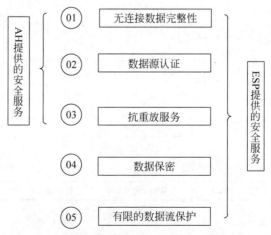

图 10-16　AH 与 ESP 提供的安全服务

保密性通过使用密码算法加密 IP 数据包的相关部分来实现。

数据流保密由隧道模式下的保密服务提供。ESP 通常使用 DES,3DES,AES 等加密算法来实现数据加密,使用 MD5 或 SHA1 来实现数据完整性验证。

AH 和 ESP 的对比如表 10-2 所示。

表 10-2　AH 和 ESP 的对比

对比项目	AH	ESP
协议号	50	51
数据完整性校验	支持	支持(不验证 IP 头)
数据源验证	支持	支持
数据加解密	不支持	支持
抗重放服务	支持	支持
NAT-T(NAT 穿越)	不支持	支持

4. VPN 关键技术

VPN 是一种模拟"专用"广域网,通过构建安全网络平台,在公用通信网络的通信对端之间建立一条安全、稳定的通信隧道,为用户提供安全通信服务。

VPN 通过隧道技术、密码技术、密钥管理技术、用户和设备认证技术来保证安全通信服务,隧道技术是实现 VPN 功能的基本技术。VPN 的分类可以有多种方法,一种是根据形成隧道的协议的不同进行分类,另一种是根据 VPN 所使用的传输网络类型进行分类。

1) 第二层隧道与第三层隧道

VPN 通过隧道技术为数据传输提供安全保护。隧道是由隧道协议形成的。根据形成隧道的协议的不同,隧道又分为第二层隧道与第三层隧道。根据数据链路层协议形成的隧道称为第二层隧道,根据网络层 IP 形成的隧道称为第三层隧道。

1996 年,Microsoft 与 Ascend 提出了在 PPP 的基础上研究 PPTP(Point-to-Point Tunneling Protocol,点-点隧道协议),即 RFC2637,同年 Cisco 提出了将 PPTP 隧道协议与第 2 层转发协议(Layer 2 Forwarding,L2F)结合起来,研究 2 层隧道协议(Layer 2 Tunneling Protocol,L2TP),即 RFC2661。PPTP 与 L2TP 隧道协议的优点是支持流量控制,通过减少丢弃包来改善网络性能。其缺点是:两种协议只支持对隧道两端设备的认证,不能对隧道中通过的每一个数据报文进行认证,因此无法抵御插入攻击、地址欺骗攻击与拒绝服务攻击。PPTP 与 L2TP 隧道协议比较适合于远程访问的 VPN。

IPSec 有两种应用模式:隧道模式与传输模式。当需要通过 IP 网络通信时,IPSec 使用隧道模式,并且通过配置 IPSec 来构建 VPN。IPSec 支持主机与主机、主机与路由器、路由器与路由器之间,以及远程访问用户之间的安全服务。

2) VPN 使用的传输网络类型

L2TP 根据数据链路层协议形成第二层隧道,那么它可以利用分组交换的基础传输网设施,如 IP 网、帧中继网络、ATM 网络,封装的数据链路层采用 PPP。目前在根据网络层 IP 形成的第三层隧道的技术中研究最多的是基于多协议标识交换(MPLS)的 VPN 技术(RFC2917)。MPLS 提供了支持 VPN 的有效机制。采用 VPN 机制,企业或部门之间的分组流可以透明地通过 Internet,有效地提高了应用系统的安全性与服务质量。

10.7 Ad Hoc 网络安全技术

10.7.1 Ad Hoc 网络安全的概念

从网络安全的角度来看,Ad Hoc 网络与传统网络相比有很大的区别。Ad Hoc 网络有许多系统本身的脆弱性,它面临的安全威胁有其自身的特殊性,这就使得传统的网络安全机制不再适用于自组网。Ad Hoc 网络的安全性现状与需求相差甚远。目前,Ad Hoc 网络的安全性已成为一个研究热点。

Ad Hoc 网络的安全性需求与传统网络安全应该一致,它包括机密性、完整性、有效性、身份认证与不可抵赖性等。但是,Ad Hoc 网络在安全需求上也有其特殊的要求。用于军事用途的 Ad Hoc 网络在数据传输安全性上的要求更高。同时,无线通信方式与电池供电也给 Ad Hoc 网络的安全提出了新的问题。

10.7.2 Ad Hoc 网络安全的威胁

由于 Ad hoc 网络本身具有的系统脆弱性,自组网容易遭受到多种攻击。根据攻击目标的不同,可以将攻击分为针对自组网路由协议等基本机制的攻击和针对密钥管理等安全方案的攻击两种类型。根据攻击方式的不同,可以将攻击分为窃听等被动攻击和篡改、重放等主动攻击两种类型。根据攻击来源的不同,可以将攻击分为外部攻击和内部攻击两种类型。

1. 对路由的攻击

针对路由安全的攻击可以分为两类:内部攻击和外部攻击。受到攻击的结点最可怕的后果是成为攻击者的代理,并且施行内部攻击。内部攻击的一种方式是向网络中的其他结点广播错误的路由信息。由于受损结点还能使用自己的私钥产生有效的签名,同时网络拓扑本来也是动态变化的,因此难以正确区分出是拓扑发生变化还是发生攻击。内部攻击对 Ad Hoc 网络安全威胁最严重。

对路由的外部攻击又可以分为两类:被动攻击和主动攻击。被动攻击是指未经授权的结点对路由分组进行监听,通过搜集路由信息有可能推断出结点之间的相对位置,并泄漏地信息。通过侦听网络的路由更新信息,就可能推断出哪些结点相对集中,哪些结点相对较为独立。被动攻击并不破坏路由协议的正常工作,而只是通过侦听来搜集有用信息。通常这种攻击很难被检测出来。路由信息可能暴露结点之间的相互关系,可以推断哪个结点在网络中发挥着重要作用,对其攻击就可能影响到整个网络。

2. 对数据传输的攻击

Ad Hoc 网络中传输的数据与结点状态、位置、口令、私钥等都是被攻击的重点。攻击者可能破坏这些信息、窃取敏感数据与盗用合法服务。传输信息面临的威胁主要有中断、拦截、篡改与伪造。攻击者可以采取有选择地过滤控制和路由更新分组、中途拦截、篡改和伪造虚假的路由信息,以破坏路由协议的正常工作,造成系统拒绝服务与数据丢失。

3. 对信任关系的攻击

信任层次关系反映出结点的安全性、重要性、性能以及路径的关系。攻击方可以通过非法获取权限的方法访问机密信息。被攻陷的内部用户很容易发起对信任关系的内部攻击。

4. 假冒攻击

假冒攻击是攻击者伪装成其他可信任的结点，甚至变成超级拥有者，以取得对配置系统的访问权限的攻击方式。如果没有适当的身份认证，被攻陷的结点就可能在不被察觉的情况下接入网络，并发送错误的路由信息。

5. 拒绝服务攻击

对 Ad Hoc 网络实施无线干扰和电池消耗是实现拒绝服务攻击的有效方法。对路由协议的外部主动攻击总体上都属于拒绝服务攻击，它会破坏结点之间的正常通信；通过向网络中插入外部分组，可以造成链路拥塞；通过简单地重放分组向结点发送过时的路由信息，可以扰乱正常路由，严重时会引起网络瘫痪。

10.7.3　Ad Hoc 网络安全体系结构

基于当前 Ad Hoc 网络安全体系结构研究有几种基本的安全模型：基于口令的认证协议、多层次安全保护对策、分布式密钥管理模型以及分级混合网络体系结构。

1. 基于口令的认证协议

如果将 Ad Hoc 网络应用在一个房间中召开的无线网络会议系统中，与会者彼此之间都非常熟悉和信任，会议期间他们可通过便携式个人计算机进行通信。参加者没有采取任何识别和认证对方身份的手段。他们既不共享任何私钥，也没有任何可供认证的公钥。这时，攻击者能窃听并修改在该无线信道上传输的数据，并且有可能冒充其中的与会者。针对这种情况，Asokan 等在加密密钥交换协议(Encrypted Key Exchange，EKE)的基础上，提出了基于口令的认证协议。在 EKE 中，所有的与会者都参与会议密钥的生成，这保证了最终的密钥不会仅由极少数的与会者产生。攻击者的干扰无法阻止密钥的生成。同时，EKE 还提供了一种完善的口令更新机制，即使攻击者知道了当前的口令，他也无法知道以前的口令，从而使以前的会议信息不会泄密。与会者之间的安全连接通过不断变化的口令建立。

2. 多层次安全保护对策

Ad Hoc 网络的保护方法可以分为两种：预防式保护与反应式保护。预防式保护可以采取各种加密技术，增加攻击者侵入的难度；反应式保护通过攻击检测、采取反应措施，尽可能地减少系统受到攻击时的损失。实验证明，无论采取多么周密的预防式保护措施，要在无线、移动、多跳与自组织的网络环境中检测出所有的入侵行为都是不可能的，必须将预防式与反应式保护方法相结合，从物理层、数据链路层与网络层等多层次研究安全保护对策。

3. 分布式密钥管理模型

在对安全性敏感的军事环境下，由于结点很容易受到攻击，因此有必要建立较好的信任机制。由于结点被俘获的可能性也很大，因此有必要采用分布式的网络结构，以免因中心结点被俘而导致整个网络崩溃。同时，由于信道干扰造成较大传输延时，使得基于同步的方案在 Ad Hoc 网络中没有实际意义。

4. 分级混合网络体系结构

分级混合网络(Hierarchical Hybrid Networks)体系结构将结点分为小组，保证结点在小组之间漫游的移动安全性。如果移动结点的归属小组失效，该结点就会及时脱离系统。相互认证同时保护了主机和外部小组。具有容错能力的认证方案保证系统在主机失效后仍然能工作。该安全通信方案采用加密技术和基于公钥的认证技术。它假设结点 X 使用密钥 J 发送分组 P。在发送给其他结点之前，先用密钥 K 把分组 P 加密。当作为接收方接收到一个分组时，首先只解密分组头部分。如果分组的目的地址是该结点地址，则再解密分组的内容，否则进行分组转发。

10.8 WSN 安全技术

10.8.1 WSN 安全的概念

无线传感器网络(Wireless Sensor Network，WSN)的安全技术研究是当前的热点和富有挑战性的课题。无线传感器网络有些应用是在军事与公共安全领域，要求安全性很高，而无线传感器网络部署区域的开放性与无线信道的广播特性，使得无线传感器网络极易受到攻击。

作为任务型的网络，无线传感器网络不仅要进行数据传输，而且要进行数据采集、融合和协同工作。传感器结点本身受到计算与存储资源、能源的限制，必须在计算复杂度和安全强度之间进行权衡。另外，一个实际传感器网络的结点数可能达到成千上万，还必须在单个结点的安全性与对整个网络的安全影响之间进行权衡。因此，如何保证任务执行的机密性、数据产生的可靠性、数据融合的高效性与数据传输的安全性，就成为传感器网络安全问题需要全面考虑的内容。

因此，无线传感器网络的网络安全研究面临着以下的挑战。

(1) 无线传感器网络结点能量与计算、存储、带宽资源的限制，这些因素限制着结点自身对抗网络攻击的能力。

(2) 无线信道的开放性使得结点之间通信的数据极易被识别、截获与干扰。

(3) 无线传感器网络中没有中心结点集中管理整个网络的安全问题，只能采取分布式结构，由结点自身或相邻结点之间自组织地对抗网络攻击。

10.8.2 物理层攻击

针对物理层的攻击主要有两种类型：拥塞攻击与物理破坏。

1. 拥塞攻击

无线环境是一个开放的环境，所有无线设备共享这样的开放空间。如果两个结点发射的信号在同一个频段上或频点很接近，都会因为相互干扰而不能正常通信。攻击结点可以通过在传感器网络的工作频段上不断发送无用信号，使得在攻击结点通信半径内的传感器网络结点都不能正常工作。当这种攻击结点达到一定的密度时，就会造成整个无线网络瘫痪。拥塞攻击对单频点无线通信网络非常有效。攻击者只要获得或检测到目标网络通信的中心频率，就可以通过在这个频点附近发射无线电波进行干扰。全频段、持续拥塞攻击虽然非常有效，但是它有很多实施方面的困难。

2. 物理破坏

由于无线传感器网络的结点数可能达到成千上万，并且分布在一个很大的区域内，因此保证每个结点的物理安全是不可能的。敌方人员很可能俘获一些结点，通过分析其内部敏感信息和上层协议机制，破解网络的安全体系，利用它干扰网络正常功能或破坏网络。

10.8.3 数据链路层攻击

针对数据链路层的攻击主要有3种类型：碰撞攻击、耗尽攻击与非公平竞争攻击。

1. 碰撞攻击

无线传感器网络的数据链路层存在多结点同时争用共享无线通信信道而出现"冲突"和发送帧的"碰撞"，造成发送失败，这是在传统局域网阶段就大量讨论的问题。攻击者完全可以使用"拥塞攻击"中的手段，大量制造"碰撞"，使无线传感器网络不能正常工作。

2. 耗尽攻击

耗尽攻击是指利用协议漏洞，通过持续通信的方式，使传感器结点能量资源耗尽。例如，攻击者可以利用链路层的错包重传机制，使结点不断重复发送同一个数据包，最终耗尽结点电池的能量。

3. 非公平竞争攻击

如果网络数据帧的通信机制中有优先级控制，则攻击者可以利用被俘结点或恶意结点，在网络上不断发送高优先级的数据帧，占据信道，从而导致其他结点在通信过程中处于劣势。这是一种弱DoS攻击方式，攻击者需要完全了解传感器网络的MAC层协议机制，并利用MAC的协议来进行干扰性攻击。

10.8.4 网络层攻击

针对网络层的攻击主要有4种类型：丢弃和贪婪破坏攻击、方向误导攻击、汇聚结点攻击与黑洞攻击。传感器网络是一个规模很大的对等、多跳的网络。每个结点既是终端结点，也是转发结点，这就给攻击者更多破坏的机会。要进行网络层的攻击，攻击者必须俘获网络中的物理结点并进行详细的协议分析，从而对物理层、数据链路层与网络层协议有完整的了解。攻击者可以复制一些使用同样通信协议的恶意结点，放到网络中冒充合法的路由结点。

1. 丢弃和贪婪破坏攻击

恶意结点在冒充数据转发结点的过程中，可能随机丢掉其中的一些数据包，即丢弃攻击；另外，也可能将自己的数据包以很高的优先级发送，从而破坏网络正常的通信秩序。

2. 方向误导攻击

恶意结点在接收到一个数据包后，还可能通过修改源地址和目的地址，选择一条错误的路径发送出去，从而导致网络中的路由混乱。如果恶意结点将收到的数据包全部转向网络中的某个结点，该结点必然会因为通信阻塞和能量耗尽而失效，从而形成方向误导攻击。虚假路由信息通过欺骗、分割网络、增加端-端延时以及选择性的转发等方法，导致数据分组不能传送到目的结点。

3. 汇聚结点攻击

有些传感器网络中设置了汇聚结点或群首结点。汇聚结点与群首结点承担着更多的责任，在网络中的地位相对比较重要。攻击者可能利用路由信息，判断出这些结点的物理位置进行攻击，将会给网络造成比较大的威胁。

4. 黑洞攻击

基于距离向量的路由机制通过路径长短进行路由选择，这样的策略很容易被恶意结点利用。恶意结点通过发送零距离公告，使周围结点将所有数据包都发送到恶意结点，而不能到达正确的目标结点，这样就会在无线传感器网络中形成一个路由黑洞。传输层和应用层的安全问题一般与具体的系统紧密联系。很多研究是针对传输层和应用层的安全问题展开的。

10.9　树立正确的三观

广大读者朋友在学习计算机网络技术的同时，应该加强自身道德修养，树立正确的世界观、人生观和价值观，不制造计算机病毒，不利用计算机网络传播病毒，不攻击他人计算机系统。在敏感热点时政问题上，读者朋友需要保持客观的心态，可以多关注，但应该做到不信谣，不传谣，时刻保持头脑清醒。

习　　题

(1) 简述网络安全的重要性。
(2) 网络故障排除工具有哪些？
(3) 如何进行有效的端口防护？
(4) 简述防火墙的定义及分类。
(5) 简述防火墙的体系结构。
(6) 简述双重宿主主机型防火墙的工作原理及特点。
(7) 简述被屏蔽主机型防火墙的工作原理及特点。
(8) 简述被屏蔽子网型防火墙的工作原理及特点。
(9) 简述分布式防火墙的概念及特点。
(10) 简述内部防火墙的应用规则。
(11) 简述外部防火墙的应用规则。
(12) 常见的安全应用协议有哪些？

参 考 文 献

[1] 谢希仁.计算机网络[M].3版.大连：大连理工大学出版社,2000.
[2] Stallings W. Network Security Essentials Application and Standards Third Edition[M].白国强,等译.北京：清华大学出版社,2007.
[3] 黄传河.网络规划设计师教师[M].北京：清华大学出版社,2009.
[4] 施游,张友生.网络规划设计师考试全程指导[M].北京：清华大学出版社,2009.
[5] 张军征.校园网络规划与架设[M].北京：电子工业出版社,2009.
[6] 吴功宜,吴英.计算机网络高级教程[M].2版.北京：清华大学出版社,2015.
[7] 吴功宜,吴英.计算机网络教程[M].6版.北京：电子工业出版社,2018.
[8] 吴树芳,喻武龙.计算机网络技术基础[M].成都：电子科技大学出版社,2019.
[9] 王莉丽,李丽红,张碧波.计算机网络与云计算技术及应用[M].北京：中国原子能出版社,2019.

图书资源支持

感谢您一直以来对清华版图书的支持和爱护。为了配合本书的使用,本书提供配套的资源,有需求的读者请扫描下方的"书圈"微信公众号二维码,在图书专区下载,也可以拨打电话或发送电子邮件咨询。

如果您在使用本书的过程中遇到了什么问题,或者有相关图书出版计划,也请您发邮件告诉我们,以便我们更好地为您服务。

我们的联系方式:

地　　址: 北京市海淀区双清路学研大厦 A 座 701

邮　　编: 100084

电　　话: 010-83470236　010-83470237

资源下载: http://www.tup.com.cn

客服邮箱: 2301891038@qq.com

QQ: 2301891038(请写明您的单位和姓名)

用微信扫一扫右边的二维码,即可关注清华大学出版社公众号"书圈"。

资源下载、样书申请

书圈

扫一扫,获取最新目录

课程直播